EXCEL达人速成记

旅行手帐

Speed up!

不一样的职场生活

Different workplace life

德胜书坊 著

中国青年出版社

图书在版编目（CIP）数据

Excel达人速成记+旅行手帐 / 德胜书坊著. — 北京：中国青年出版社，2019.1
（不一样的职场生活）
ISBN 978-7-5153-5335-7
I.①E… II.①德… III. ①表处理软件 IV. ①TP391.13
中国版本图书馆CIP数据核字（2018）第228596号

不一样的职场生活——
Excel达人速成记+旅行手帐
德胜书坊 著

出版发行：中国青年出版社
地　　址：北京市东四十二条21号
邮政编码：100708
电　　话：(010) 50856188 / 50856199
传　　真：(010) 50856111
企　　划：北京中青雄狮数码传媒科技有限公司
策划编辑：张　鹏
责任编辑：张　军
封面设计：张旭兴
印　　刷：北京凯德印刷有限责任公司
开　　本：889 x 1194　1/24
印　　张：10
版　　次：2019年3月北京第1版
印　　次：2019年3月第1次印刷
书　　号：ISBN 978-7-5153-5335-7
定　　价：59.90 元
（附赠独家秘料，获取方法详见封二）

本书如有印装质量等问题，请与本社联系
电话：(010) 50856188 / 50856199
读者来信：reader@cypmedia.com
投稿邮箱：author@cypmedia.com
如有其他问题请访问我们的网站：http://www.cypmedia.com

EXCEL 速成记 达人

旅行手帐

Speed up!

不一样的职场生活

Different workplace life

序言 Preface

为你的职场生活 添上色彩！

本系列图书所涉及内容

职场办公干货知识+简笔画/手帐/手绘/健身，

带你体验不一样的职场生活！

《不一样的职场生活——Office达人速成记+工间健身》

《不一样的职场生活——PPT达人速成记+呆萌简笔画》

《不一样的职场生活——Excel达人速成记+旅行手帐》

《不一样的职场生活——Photoshop达人速成记+可爱手绘》

本系列图书特色

市面上办公类图书都会有以下通病：

理论多，举例少——讲不透！

解析步骤复杂、冗长——看不明白！

本系列书与众不同的地方：

多图，少文字——版式轻松，文字接地气！

从实际应用出发，深度解析——超级实用！

微信+腾讯QQ——多平台互动！

干货+手绘/简笔画——颠覆传统！

更适合谁看?

想快速融入职场生活的职场小白，**速抢购！**

想进一步提高，但又不愿报高价培训班的办公老手，**速抢购！**

想要大幅提高办公效率的加班狂人，**速抢购！**

想用小绘画丰富职场生活但完全零基础的手残党，**速抢购！**

附赠资源有什么?

你是不是还在犹豫，这本书到底买的**值不值?**

非常肯定地告诉你：六个字，**值！超值！非常值！**

简笔画/手帐/手绘内容将以图片的形式赠送，以实现“个性化”定制；

Word/Excel/PPT专题视频讲解，以实现“神助攻”充电；

更多的实用办公模板供读者下载，以提高工作效率；

更好的学习平台（微信公众号ID：DSSF007）进行实时分享！

更好的交流圈（QQ群：498113797）进行有效交流！

系列书使用攻略

德胜书坊
在看什么，笑得这么开心？
不一样的职场生活
这本书很有趣！讲解了更多的办公干货，还附赠了简笔画教程。
职场办公干货知识
Excel PS PPT Word
简笔画
呆萌人物、Q版表情、手帐元素
不一样的职场生活
办公知识超实用，办公效率大大提高！
简笔画呆萌可爱，可以放松心情~
不一样的职场生活系列丛书共有四本
Office办公达人速成记 + 工间健身
PT达人速成记 + 萌简笔画
oshop达人速成记 + 可爱手绘
Excel数据分析达人速成记 + 旅行手帐
真是给我这种职场小白指明了方向！

目录 CONTENTS

Excel?!……So easy!
新思路，新起点
为你打造不一样的
电子表格!
Microsoft
Excel
Office 365
正在启动...

Chapter 01

与Excel交朋友

别小看 Excel，好好对待它，
它会给你惊喜！

SECTION 01

Excel有啥好学的

职场人为什么要学习Excel？下面先来看一个统计：如今职场中95%的财务人员会经常使用Excel，但是其中只有5%的人能够熟练操作Excel，然而99%的CFO都可以轻松玩转Excel。当然了，你可以说，我并不向往CFO这种高精尖的职位。那就说点接地气的，现代办公处处都讲究数据化管理，身为职场人的你是不是没事就得做个表，分析分析数据。假如有Excel这一硬技术傍身，那你就可以将那些难搞的数据轻松搞定！

01 必学的Excel技能

长期加班的表哥表妹们是否思考过，你们真的了解Excel吗？真的用对了Excel吗？Excel除了可以用来制表、记录数据外还有哪些作用？掌握哪些技能才能真正玩转Excel？小德子总结了一下，Excel的主要功能大致可以分为下面几种。

1. 制作电子表格

Excel首要功能是建立电子表格，通过表格形式管理数据。电子表格中每个单元格中数据的相互关系一目了然，从而使数据的处理和管理更简单直观。

2. 快速的计算功能

Excel的计算功能非常强大，从最简单的自动求和到公式及各类函数，只要用对方法，再海量的数据都可以分分钟计算出准确的结果。

M18

员工月考勤表

月份	3	本月应出勤天出		22	上报日期	2017/3/31		
编号	员工姓名	性别	部门	月工资	出勤天数	请假天数	缺勤天数	应扣工资
Q0001	亚瑟	男	市场部	¥ 3,500.00	22	0	0	¥ -
Q0002	韩信	男	人事部	¥ 3,200.00	22	0	0	¥ -
Q0003	赵云	男	财务部	¥ 4,000.00	20	2	0	¥ 363.00
Q0004	武则天	女	销售部	¥ 5,000.00	21	1	0	¥ 227.00
Q0005	嬴政	男	人事部	¥ 2,500.00	18	4	1	¥ 568.00
Q0006	妲己	女	市场部	¥ 4,300.00	22	0	0	¥ -
Q0007	阿珂	女	销售部	¥ 2,800.00	22	0	0	¥ -
Q0008	安琪拉	女	销售部	¥ 3,100.00	22	0	1	¥ 140.00
Q0009	白起	男	后勤部	¥ 5,700.00	22	0	0	¥ -
Q0010	扁鹊	男	人事部	¥ 3,200.00	21	1	0	¥ 140.00
Q0011	蔡文姬	女	销售部	¥ 4,800.00	22	0	0	¥ -

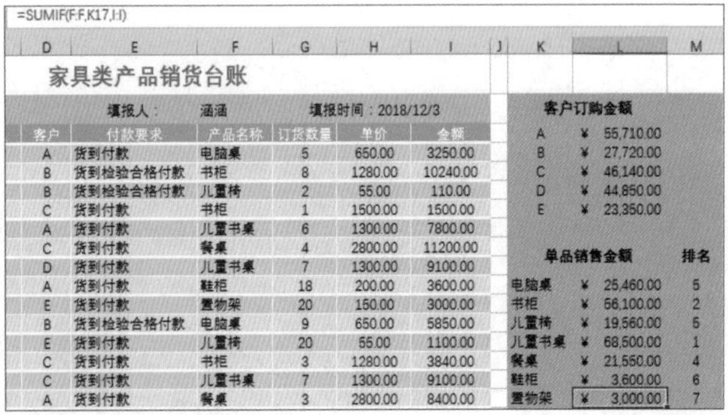

=SUMIF(F:F,K17,I:I)

家具类产品销货台账

填报人：涵涵　填报时间：2018/12/3

客户	付款要求	产品名称	订货数量	单价	金额
A	货到付款	电脑桌	5	650.00	3250.00
B	货到检验合格付款	书柜	8	1280.00	10240.00
B	货到检验合格付款	儿童椅	2	55.00	110.00
C	货到付款	书柜	1	1500.00	1500.00
A	货到付款	儿童书桌	6	1300.00	7800.00
C	货到付款	餐桌	4	2800.00	11200.00
D	货到付款	儿童书桌	7	1300.00	9100.00
A	货到付款	鞋柜	18	200.00	3600.00
E	货到付款	置物架	20	150.00	3000.00
B	货到检验合格付款	电脑桌	9	650.00	5850.00
E	货到付款	儿童椅	20	55.00	1100.00
C	货到付款	书柜	3	1280.00	3840.00
C	货到付款	儿童书桌	7	1300.00	9100.00
A	货到付款	餐桌	3	2800.00	8400.00

客户订购金额

A	¥ 55,710.00
B	¥ 27,720.00
C	¥ 46,140.00
D	¥ 44,850.00
E	¥ 23,350.00

	单品销售金额	排名
电脑桌	¥ 25,460.00	5
书柜	¥ 56,100.00	2
儿童椅	¥ 19,560.00	5
儿童书桌	¥ 68,500.00	1
餐桌	¥ 21,560.00	4
鞋柜	¥ 3,600.00	6
置物架	¥ 3,000.00	7

3. 精准的数据分析功能

排序、筛选和分类汇总是最简单的数据分析手段，数据透视表是最具特色的数据分析表格。

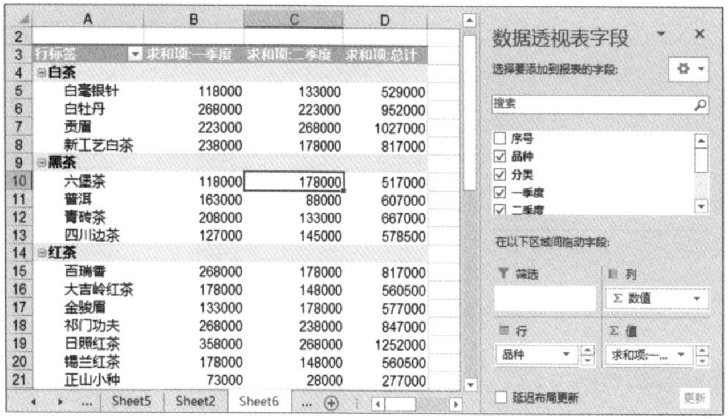

4. 制作图表功能

Excel具有很强的图表处理功能，可以方便地将工作表中的有关数据制作成专业化的图表。

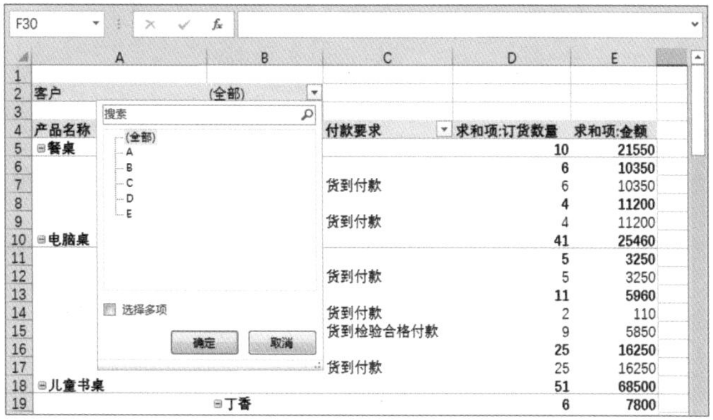

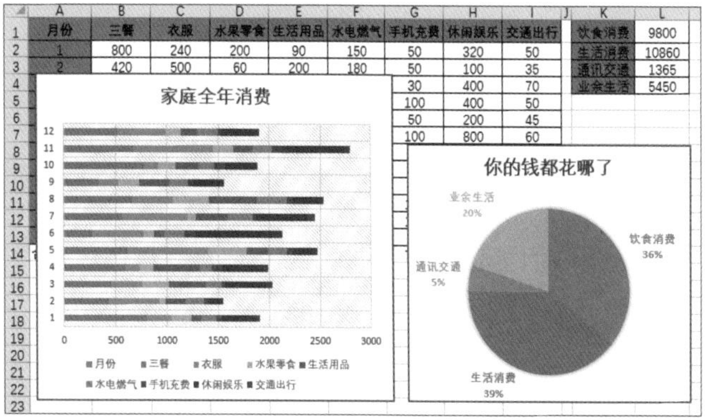

02 Excel与日常的碰撞

Excel不仅是职场人工作上的好帮手，在工作之余人们也越来越多的使用Excel来记录和整理自己的生活。

下面是一份用Excel制作的生活手帐。小德子推荐用户们尝试着制作这种手帐，通过制作生活手帐可以清楚的认识到自己都将时间花费在了哪些事情上。从而可以更好的规划未来的时间。

Step 01 建立这样一张表，然后像写日记一样记录自己每天所做的事，如图❶所示。

> **小贴示**
>
> 记录的事情可以尽量详细，时间区间根据自己的实际情况来定，假如你每天都需要处理很多很琐碎的事情，就尽可能设置小一些的时间区间。

时间 \ 第2周	2018/3/5	2018/3/6	2018/3/7	2018/3/8	2018/3/9	2018/3/10
	星期一	星期二	星期三	星期四	星期五	星期六
7:00-7:30	洗漱	吃早饭	睡觉	跑步	跑步	睡觉
7:30-8:00	吃早饭	送娃上学	吃早饭	吃饭	送孩上学	睡觉
8:00-8:30	去上班	去上班	去客运站	去上班	去上班	睡觉
8:30-9:00	整理资料	工作	坐车	开会	工作	吃饭
9:00-9:30	开会	工作	拜访新客户	开会	工作	去超市
9:30-10:00	工作	工作	拜访新客户	送货	工作	购物
10:00-10:30	工作	工作	拜访新客户	送货	采购	购物
10:30-11:00	工作	工作	拜访新客户	送货	采购	购物
11:00-11:30	工作	工作	拜访新客户	送货	电话约客户	接朋友
11:30-12:00	吃饭	休息	拜访新客户	休息	电话客情回访	逛街
12:00-12:30	休息	吃饭	吃饭	上网	吃饭	逛街
12:30-13:00	玩游戏	玩游戏	吃饭	吃饭	喝咖啡	逛街
13:00-13:30	听音乐	玩游戏	休息	玩游戏	上网	买学习资料
13:30-14:00	工作	工作	老客户分销	去市场	约客户	闲聊
14:00-14:30	工作	工作	老客户分销	销量调查	客户谈订单	闲聊
14:30-15:00	工作	工作	老客户分销	销量调查	客户谈订单	看球赛
15:00-15:30	工作	工作	老客户分销	销量调查	签合同	看球赛

Step 02 将同一类事情填充上相同的颜色，这是为后面的时间统计做准备，如图❷所示。

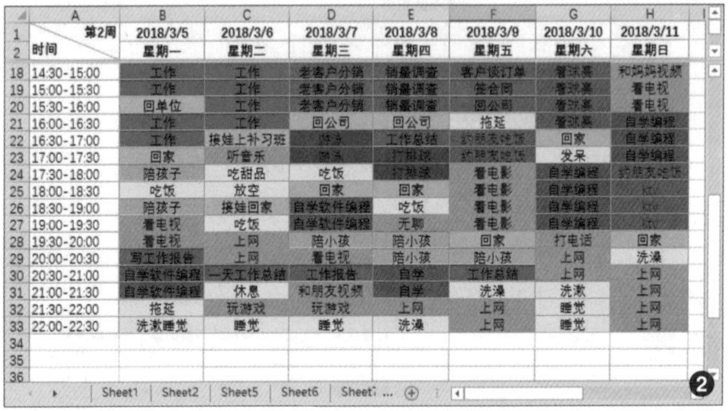

时间 \ 第2周	2018/3/5	2018/3/6	2018/3/7	2018/3/8	2018/3/9	2018/3/10	2018/3/11
	星期一	星期二	星期三	星期四	星期五	星期六	星期日
14:30-15:00	工作	工作	老客户分销	销量调查	客户谈订单	看球赛	和妈妈视频
15:00-15:30	工作	工作	老客户分销	销量调查	签合同	看球赛	看电视
15:30-16:00	回单位	工作	老客户分销	销量调查	回公司	看球赛	看电视
16:00-16:30	工作	工作	回公司	回公司	拖延	看球赛	自学编程
16:30-17:00	工作	接娃上补习班	游泳	工作总结	约朋友吃饭	回家	自学编程
17:00-17:30	回家	听音乐	游泳	打排球	约朋友吃饭	发呆	自学编程
17:30-18:00	陪孩子	吃甜品	吃饭	打排球	看电影	自学编程	约朋友吃饭
18:00-18:30	吃饭	放空	回家	回家	看电影	自学编程	ktv
18:30-19:00	陪孩子	接娃回家	自学软件编程	吃饭	看电影	自学编程	ktv
19:00-19:30	看电视	吃饭	自学软件编程	无聊	看电影	自学编程	ktv
19:30-20:00	看电视	上网	陪小孩	陪小孩	回家	打电话	回家
20:00-20:30	写工作报告	上网	看电视	陪小孩	陪小孩	上网	洗澡
20:30-21:00	自学软件编程	一天工作总结	工作报告	自学	工作总结	上网	上网
21:00-21:30	自学软件编程	休息	和朋友视频	自学	洗澡	洗漱	上网
21:30-22:00	拖延	玩游戏	玩游戏	上网	上网	睡觉	上网
22:00-22:30	洗漱睡觉	睡觉	睡觉	洗澡	上网	睡觉	上网

Step 03 按照单元格颜色查找相同底色的单元格个数，如图❸所示。

> **小贴示**
>
> 查找单元格个数可以通过“查找和替换”对话框来完成。按Ctrl+F键可以快速打开“查找和替换对话框”。

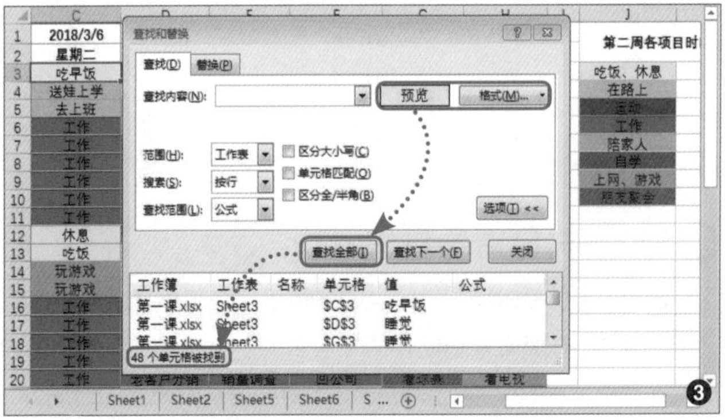

Step 04 制作图表，时间去向一目了然，如图❹所示。

这个例子只是Excel在日常生活中一个微小的应用。如果你的电脑里也安装了Excel不妨用TA来做更多有价值的事。让Excel解放出更多埋头于办公室的时间。

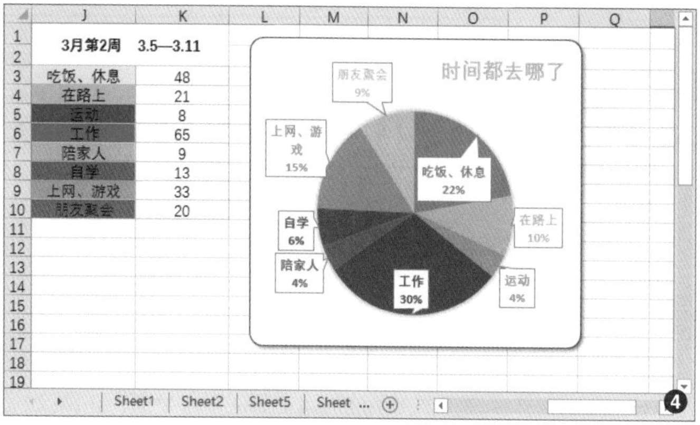

本书后半部分的简笔画主题为旅行手帐，由此小德子有感而发。旅行少不了一些费用的统计与筹划，人说计划不到就受穷。这时Excel就派上了用场。

在旅行前，可以先做好右图这张表格，把一些所需的费用先记录下来，并计划好预估费用。

日期	交通费用	餐饮费用	住宿费用	游玩费用	费用总计	预计总费用
2018/10/1						¥4,000
2018/10/2						¥6,000
2018/10/3						¥6,000
2018/10/4						¥6,000
2018/10/5						¥6,000
2018/10/6						¥6,000
2018/10/7						¥4,000
总计						¥38,000

备注：

游玩费用包含：景点门票、路上零食、礼物

机票：1410/人

酒店：620/标间

TAXT：70/1.5公里

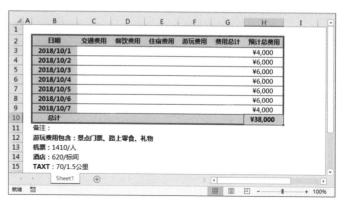

在旅行时，每天记录所需费用。在旅行结束后，对照该表格，自己可以总结一下，看看哪些费用超出了预算。从而为以后出行计划做出参考。

日期	交通费用	餐饮费用	住宿费用	游玩费用	费用总计	预计总费用
2018/10/1	1530	400	620	0	¥2,550	¥4,000
2018/10/2	1000	1500	620	2500	¥5,620	¥6,000
2018/10/3	630	1000	620	3400	¥5,650	¥6,000
2018/10/4	870	960	620	5600	¥8,050	¥6,000
2018/10/5	610	820	620	4800	¥6,850	¥6,000
2018/10/6	950	680	620	4650	¥6,900	¥6,000
2018/10/7	1500	300	620	0	¥2,420	¥4,000
总计					¥38,040	¥38,000

SECTION 02

学习Excel从何着手?

由简至繁，循序渐进是学习的基本法则。

01 熟悉工作界面

大部分人学习Excel的目的是为了解决工作中的问题和提升工作效率。想学习Excel的朋友可以从熟悉Excel的工作界面开始。Excel的工作界面主要由快速访问工具栏、选项卡、功能区、工作表、工作表标签、显示比例工具几大部分组成。选项卡和功能区是重点，新手用户需要仔细观察Excel界面中有哪些选项卡，不同的选项卡中都包含有哪些命令按钮。也可以尝试着点击命令按钮，先自行判断，这个按钮是用来执行什么操作的。每项菜单命令后都隐藏着无数的玄机，需要用户不断的学习摸索才能掌握其中的奥秘。

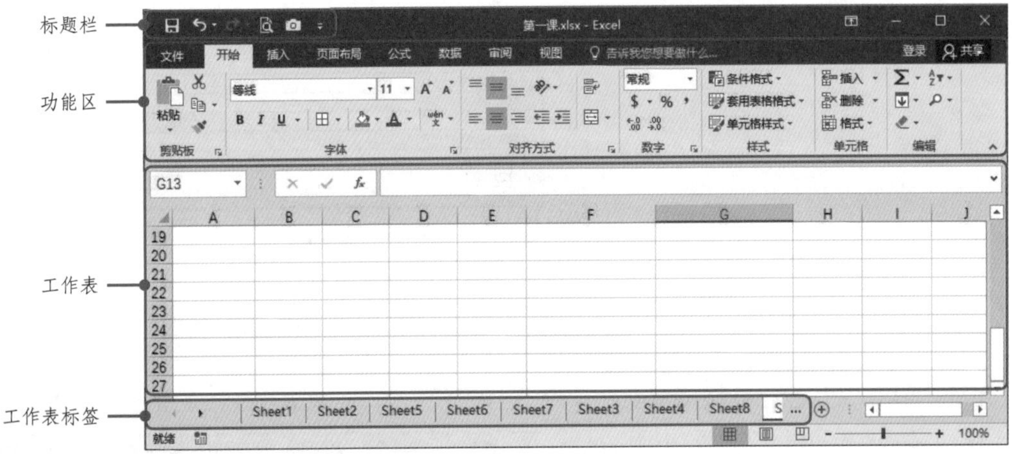

02 经常使用快捷键

在学习Excel的过程中用户要培养使用快捷键的习惯，使用快捷键可以提高制作报表的速度。首先介绍几个最简单并且只要操作Excel就都会用到的快捷键：保存（Ctrl+S）、复制（Ctrl+C）、粘贴（Ctrl+V）、剪切（Ctrl+X）、撤销上一步操作（Ctrl+Z）、恢复撤销（Ctrl+Y）、建立新的Excel文件（Ctrl+N）快捷键。

将光标移动到功能按钮上方，凡是可以用快捷键操作的命令，屏幕上方都会出现快捷键的提示，用户在闲暇时可以先熟悉哪些快捷键对应哪些命令，方便日后使用。

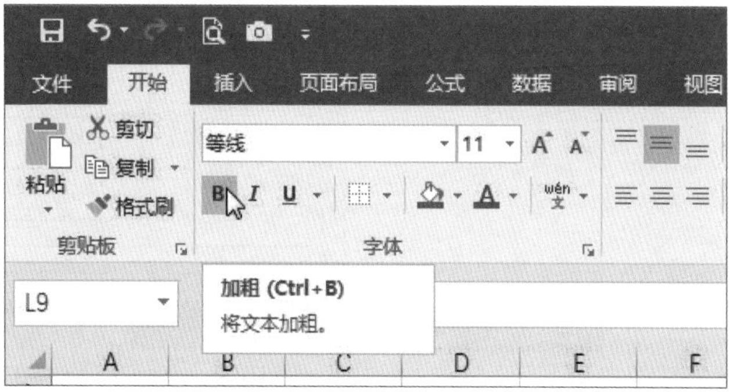

另外，一些对话框也可以用快捷键打开，例如一些比较常用的，Ctrl+F和Ctrl+H打开“查找和替换”对话框（这两种快捷键的区别在于自动打开“查找”或“替换”选项卡）。

Ctrl+1打开“设置单元格格式”对话框。在这个对话框中可以对单元格的格式、文本对齐方式、字体、表格边框、底纹等进行设置，并且操作频率很高。

此外还有其他一些常用的打开对话框的快捷键，例如Shift+F3打开“插入函数”对话框。Ctrl+G打开“定位”对话框等。

03 要做规范的表

使用Excel做表的最终目的是为了数据分析，有些人制作出的表格看上去干净利落，没什么毛病，其实毫无操作性，根本无法进行数据分析，只能用来“欣赏”。例如下边这张表就是一个中看不中用的表。

这张表中有多处合并单元格，以至于表格无法进行正常的数据分析，由于数据没有合理分列，要想计算也很困难。另外表中还有一些格式书写的错误。如果想从这张表中筛选5月1号的茶叶销售数据，很显然结果并不是我们想要的。而且你会发现当你试图为任何一列数据进行排序时都是无法实现的。

	A	B	C	D	E	F
1	日期	名称	单位	零售价	供应价	备注
2	2017、5/1	碧螺春	五斤	720	620	A市场1号仓出货
3			两斤	720	620	A市场1号仓出货
4			五斤	710	620	C市场1号仓出货
5			九斤	720	620	A市场2号仓出货
6		铁观音	三斤	580	500	A市场2号仓出货
7	2017、5/2		十五斤	575	500	C市场2号仓出货
8			六斤	600	500	B市场2号仓出货
9			六斤	580	500	A市场2号仓出货
10		西湖龙井	十斤	1000	850	B市场2号仓出货
11			三斤	720	850	B市场2号仓出货
12			十二斤	980	850	C市场1号仓
13						

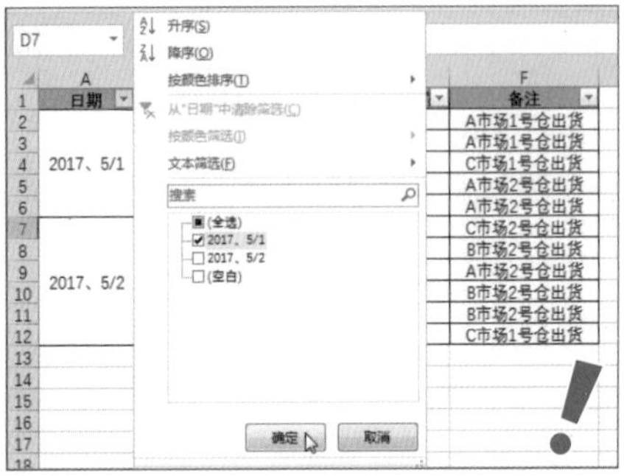

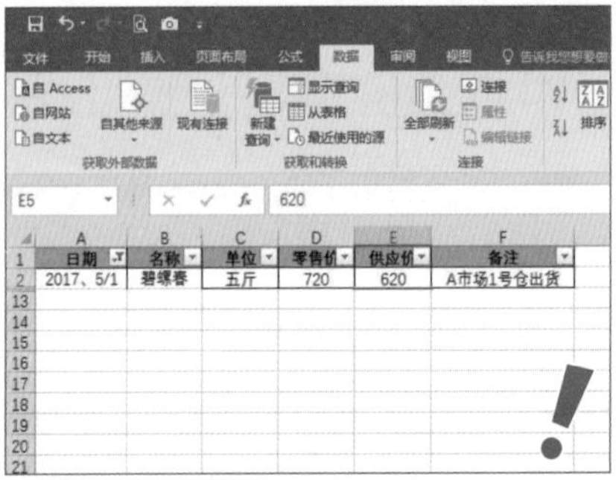

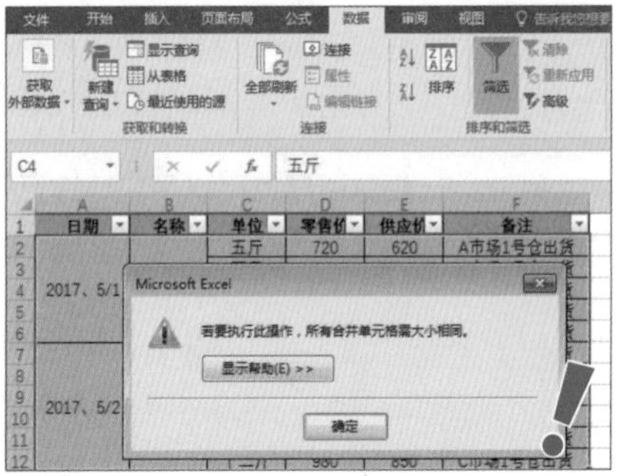

在这种情况下要想对表格进行操作就必须对表格进行规范的整理，现在下边这张表是重新整理后的表格，此时的表格行列关系分明，不存在合并单元格、不存在一列记录多重信息的情况、书写格式正确、需要参与数据分析的数字全部小写。

	A	B	C	D	E	F	G	H	I	J	K
1	日期	名称	市场	出货仓	单位	数量	零售价	供应价	销售金额	成本	利润
2	2017/5/1	碧螺春	A市场	1号仓	斤	5	720.00	620.00			
3	2017/5/1	铁观音	A市场	2号仓	斤	3	580.00	500.00			
4	2017/5/1	西湖龙井	B市场	2号仓	斤	10	1000.00	850.00			
5	2017/5/1	碧螺春	A市场	1号仓	斤	2	720.00	620.00			
6	2017/5/1	西湖龙井	B市场	2号仓	斤	3	720.00	850.00			
7	2017/5/2	铁观音	C市场	2号仓	斤	15	575.00	500.00			
8	2017/5/2	铁观音	B市场	2号仓	斤	6	600.00	500.00			
9	2017/5/2	碧螺春	C市场	1号仓	斤	5	710.00	620.00			
10	2017/5/2	铁观音	A市场	2号仓	斤	6	580.00	500.00			
11	2017/5/2	碧螺春	A市场	2号仓	斤	9	720.00	620.00			
12	2017/5/2	西湖龙井	C市场	1号仓	斤	12	980.00	850.00			
13											

04 认真学函数

也许你到现在为止还在用Excel充当计算器，计算一些简单的加、减、乘、除。其实计算器的说法也没啥毛病，在小德子看来Excel确实是一个计算器，只不过这个计算器比普通的计算器要高级很多。

先来看一个简单的自动计算：

这是Excel中最简单也是使用率最高的一种计算方式，只需要单击一下“自动求和”按钮，系统就会自动在单元格内输入公式，在按下Enter键后会显示出计算结果。看到了吧，在Excel中进行计算原来可以这么简单。

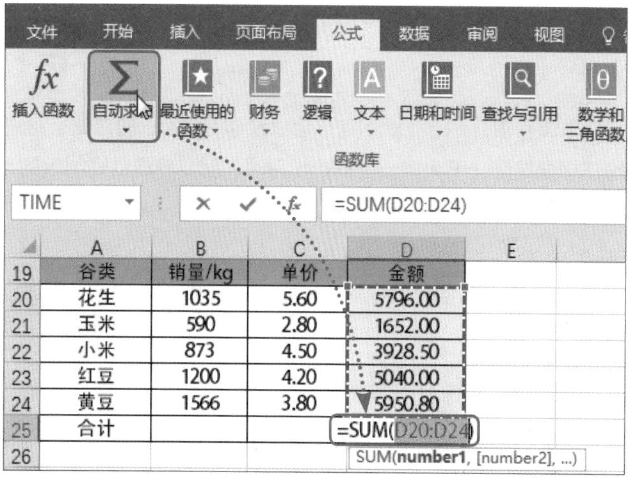

下面再来看一个Excel秒变私人秘书的应用。

应用函数嵌套制作一个重要事件提醒表，这个公式可以对未来一个星期内的事件进行提醒。

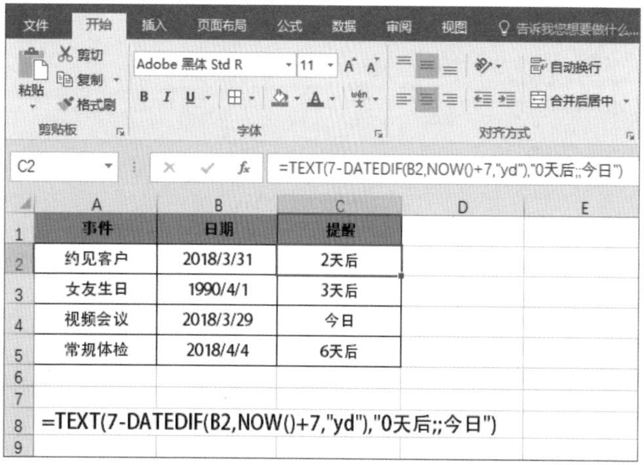

小贴示

Excel函数共包含11类，分别是数据库函数、日期与时间函数、工程函数、财务函数、信息函数、逻辑函数、查询和引用函数、数学和三角函数、统计函数、文本函数以及用户自定义函数。这些函数收纳在函数库中。在下文中会用具体实例讲解不同函数的用法。

你准备好和Excel交朋友了吗，认真的与TA相处，TA会告诉你很多数据处理的小秘密。小德子也会使尽浑身解数总结经验，将更好的学习方法分享给大家。

QUESTION

学习心得

本课着重介绍了Excel的作用以及学习Excel的方法。通过这一课的学习，相信大家应该对Excel有了一定的了解。这里，小德子想要提醒一下大家，在开始学习时，就要养成良好制表的习惯。规范制表，这样才不会有后顾之忧！

还在等什么！赶紧撸起袖子一起来学Excel吧！

Chapter

02

数据的可读性很重要

规范制表，
是一个很好的习惯

SECTION 01

没有规矩，就不成方圆

Excel最基础的操作是制表，数据表看上去是否规矩顺眼，取决于你对数据和表格本身做了哪些调整。

01 设置格式很重要

在单元格中输入内容看似简单其实学问很深，因为单元格和数据的格式决定了数据在工作表中的存在形式，设置格式首先能够使工作表看上去整洁美观，最重要的是为创建各种类型表格打好基础，方便对数据的分析。

1. 使用规范的日期格式

在制表时经常需输入日期，有时会输入不规范的日期，这将会增加后期数据统计分析的难度，所以输入日期的格式必须规范。

对不起，你输入了一组假日期

如图❶所示，这张值班表中的日期是随手输入的，输入的时候只是图方便，并没有注意格式的问题，看起来好像是没什么不对劲。其实如果仔细观察会发现当选中一个日期时“数字”组内的“数字格式”框中显示的是“常规”，这说明，这组“日期”其实并不是被Excel认可的真正的日期。

设置日期格式

这种不规范的日期是不能通过常规方法修改日期格式的。用户可以自己试一下：选中表格中所有日期，按“Ctrl+1”组合键，打开“设置单元格格式”对话框，选择一个合适的日期类型，如图❷所示。

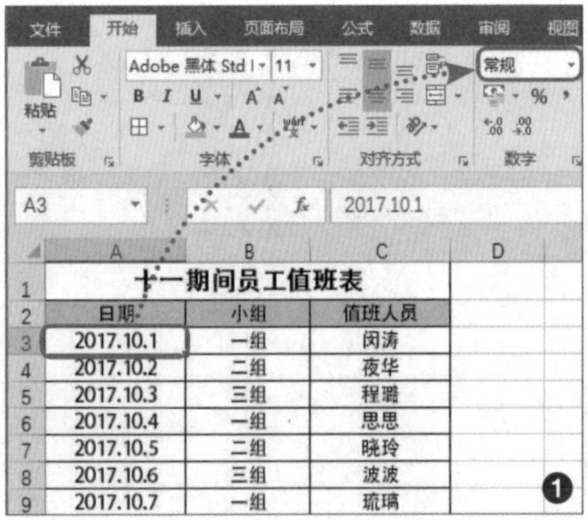

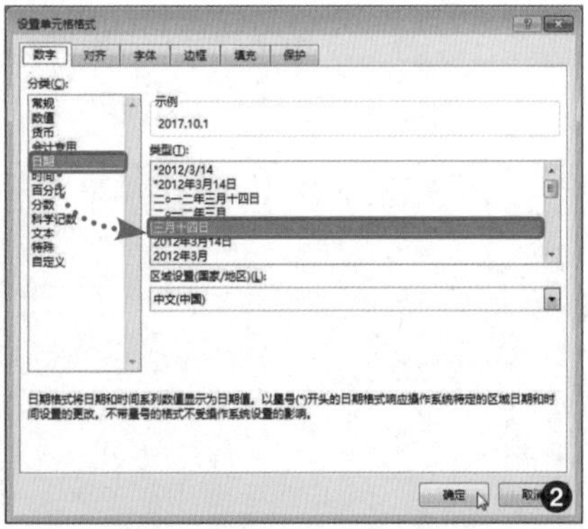

事实证明这组日期没有被修改成所选的日期类型。只是这个时候所选日期的格式已经由“常规”默默的变成了“日期”。

修改成正确的日期格式

使用“Ctrl+H”组合键打开“查找和替换”对话框。将日期中使用的“.”全部替换为“/”，如图❸所示。

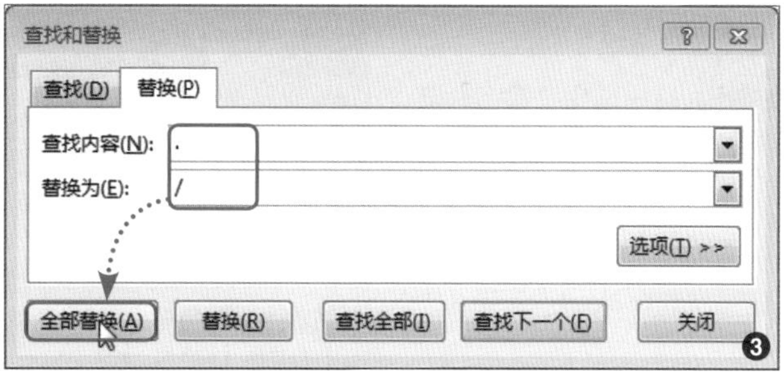

表格中的日期随即变成了在“设置单元格格式”对话框中选好的类型，如图❹所示。

	A	B	C
1	十一期间员工值班表		
2	日期	小组	值班人员
3	十月一日	一组	闵涛
4	十月二日	二组	夜华
5	十月三日	三组	程璐
6	十月四日	一组	思思
7	十月五日	二组	晓玲
8	十月六日	三组	波波
9	十月七日	一组	琉璃

知识加油站：规范输入日期

输入日期时用“-”或“/”作为年月日之间的连接符，Excel便可自动将其识别为规范的日期。例如：在单元格中输入“2017-10-1”或“2017/10/1”Excel都认为TA是日期，只是，这两种日期回车后的显示形式都是“2017/10/1”。如果直接输入“10/1”回车后，会显示为当前年份的“10月1日”。

2. 快速设置小数位数

小德子先来问一个问题，Excel单元格中怎么输入“2.00”？假如直接输入“2.00”的话，按Enter键，单元格中就会显示为“2”，那么“.00”到底该怎么输入？下面就让小德子来揭晓答案吧。

Step 01 选中需要设置的单元格区域，在“开始”选项卡中的“数字”组内单击“数字格式”下拉按钮，从中选择“数字”选项，如图❶所示。

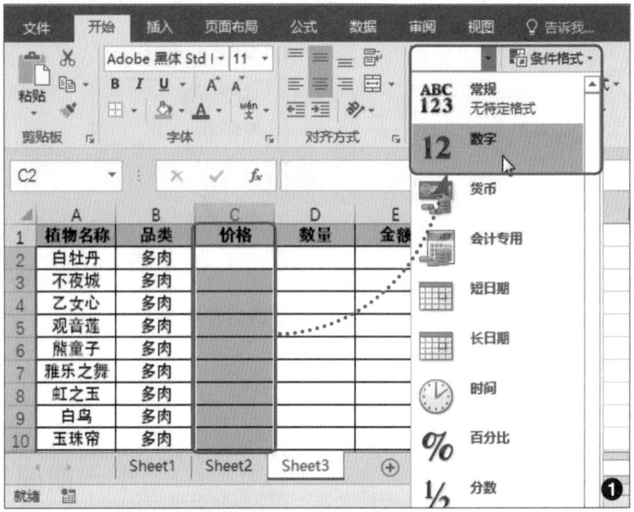

Step 02 这时候在所选区域内输入“2”，回车后单元格内显示为“2.00”，如图❷所示。

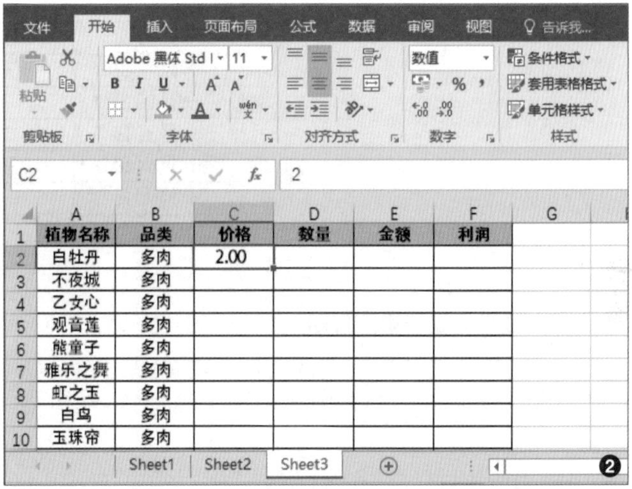

知识加油站：小数点默认的显示方式

“数值”格式下输入的数字默认为两位小数。即使输入超过两位小数的数值，单元格内也只按照四舍五入显示两位小数。例如输入“1.5555”，按Enter键后会显示为“1.56”。“1.56”只是显示出来的样式，数值本身还是“1.5555”。

Step 03 选中“金额”和“利润”数据所在列，在“数字格式”中选择“货币”选项，如图❸所示。选区内的数值前就会自动添加货币符号。

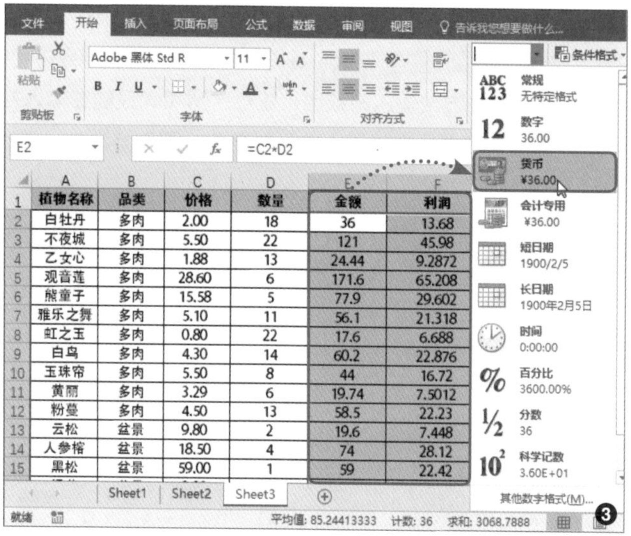

Step 04 单击“数字”组中的“增加小数位数”按钮，可快速增加小数位数，如图❹所示。

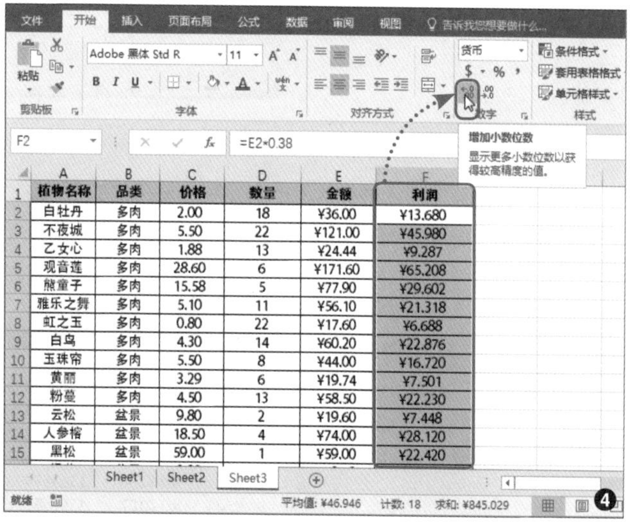

小贴示

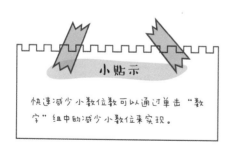

快速减少小数位数可以通过单击“数字”组中的减少小数位来实现。

如果需要输入大量相同小数位数的数据，小德子推荐一招，保你事半功倍。

通过“文件”菜单中的“选项”按钮，打开“Excel选项”对话框。在“高级”界面中勾选“自动插入小数点”复选框，如图

❺所示。然后设置小数“位数”。在单元格中输入“15”，按Enter键后会自动得到“0.15”，输入的数值自动缩小了100倍。以此类推，如果设置的小数“位数”是“3”，则输入的数值会自动缩小1000倍。

不过用这种方法输入小数也有缺点，比如，只能在输入相同位数小数的时候使用，还有，输入整数会很麻烦。所以一定要根据数据的实际情况来设置，并及时取消。取消方法为：再次打开“Excel选项”对话框，取消“自动插入小数点”复选框的勾选。

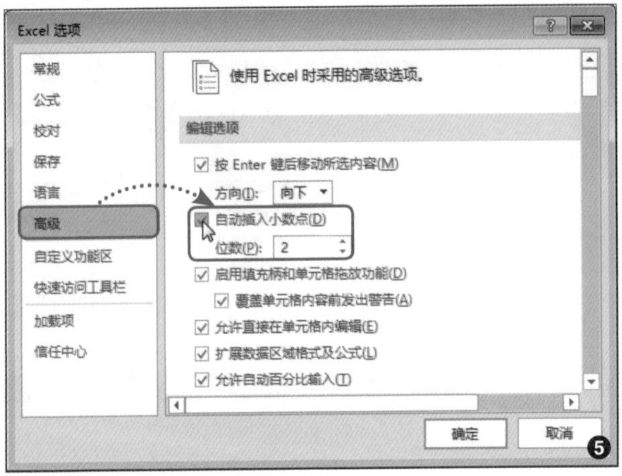

3. 单元格格式由你定

当Excel内置的单元格格式不能满足我们对格式的要求时，要学会另辟蹊径自己定义单元格的格式。听起来是不是很酷？先来看一下原始表格，如图❶所示。现在需要将这张表中的电话号码分段显示，隐藏客户出生日期，用符号表示回访情况。

	A	B	C	D	E	F
1	客户信息					
2						
3	客户姓名	会员编号	电话号码	出生日期	居住地址	回访情况
4	张女士	XD-0101	13056568742	1988/12/5	黄浦区	
5	董小姐	XD-0102	13065547333	1975/4/5	静安区	
6	赵小姐	XD-0103	13415644233	1990/11/26	普陀区	
7	王先生	XD-0104	13245641266	1995/4/20	虹口区	
8	刘女士	XD-0105	13589898898	1983/7/7	宝山区	
9	陈先生	XD-0106	13645749892	1900/1/19	嘉定区	
10	宋夫人	XD-0107	13556556200	1960/3/28	虹口区	
11	卞小姐	XD-0108	13056145412	1973/7/24	静安区	
12	沈先生	XD-0109	13826356542	1980/5/17	黄浦区	
13	岳小姐	XD-0110	13626598808	1971/8/6	静安区	
14	韩先生	XD-0111	13856468985	1992/6/19	静安区	

❶

Step 01 选中所有包含电话号码的单元格，按Ctrl+1组合键打开“设置单元格格式”对话框。打开“数字”选项卡，选择“自定义”选项，在“类型”文本框中输入“000 0000 0000”，如图❷所示。最后单击“确定”。

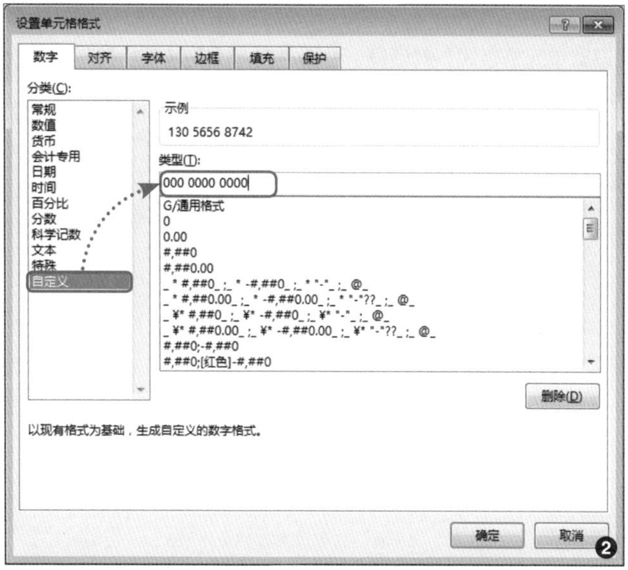

Step 02 接下来选中表格中所有“出生日期”。打开“设置单元格格式”对话框，选择“自定义”选项，在“类型”文本框中输入“保密”，如图❸所示。单击“确定”按钮。

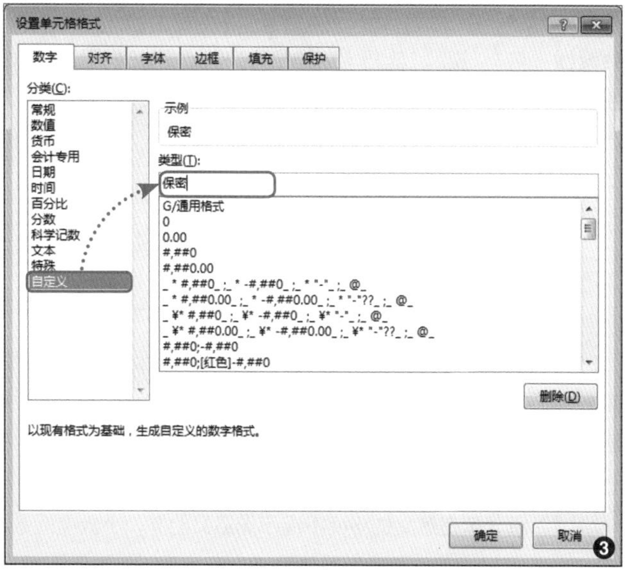

小贴示

我们也可以使用其他文本内容或符号代替客户的出生日期，直接在“类型”文本框中输入需要显示的文本或符号即可。

Step 03 最后选中所有需要标记“回访情况”的单元格。打开“设置单元格格式”对话框，选择“自定义”选项，在“类型”文本框中输入“[=0]"√";[=1]"○"”。单击“确定”按钮（“√”和“○”符号可以通过软键盘中的特殊符号插入），如图❹所示。

Step 04 在回访情况列中输入“0”按Enter键后自动返回“√”，输入“1”会返回“○”，如图❺所示。

小贴示

出生日期被文字代替，其实并不是出生日期被删除了，而是被隐藏了。当再次将这些单元格设置成日期格式时，出生日期就会重新显示。

	A	B	C	D	E	F
1	客户信息					
2						
3	客户姓名	会员编号	电话号码	出生日期	居住地址	回访情况
4	张女士	XD-0101	130 5656 8742	保密	黄浦区	√
5	董小姐	XD-0102	130 6554 7333	保密	静安区	√
6	赵小姐	XD-0103	134 1564 4233	保密	普陀区	√
7	王先生	XD-0104	132 4564 1266	保密	虹口区	○
8	刘女士	XD-0105	135 8989 8898	保密	宝山区	○
9	陈先生	XD-0106	136 4574 9892	保密	嘉定区	√
10	宋夫人	XD-0107	135 5655 6200	保密	虹口区	√
11	卞小姐	XD-0108	130 5614 5412	保密	静安区	√
12	沈先生	XD-0109	138 2635 6542	保密	黄浦区	○
13	岳小姐	XD-0110	136 2659 8808	保密	静安区	√
14	韩先生	XD-0111	138 5646 8985	保密	静安区	√
15						

❺

小德子在这里重点说一下占位符在自定义单元格格式中的应用，自定义单元格格式并不像设置其他单元格格式那样按部就班，他充满了灵活性，只有掌握了自定义单元格格式的规则才能让单元格中的内容随着自己的心意而显示。通过前面的示例，我们已经知道了自定义单元格格式在哪里设置，自定义单元格格式中的常用占位符有“#”、“0”，这些都是数字占位符。在控制数字的显示上有非常明显的作用。

“#”只显示有意义的零而不显示无意义的零。小数点后数字如大于“#”的数量，则按“#”的位数四舍五入，小数点后数字如小于“#”的数量，按照原数值显示。

"0"在输入小数时如果单元格中数值的小数位数大于占位符小数位数，则按照占位符的数量四舍五入显示，如果小于占位符的数量，则用0补足，例如"123.456"，如果想四舍五入到2位小数可以自定义单元格格式为"0.00"。

02 数据字体设置

设置Excel表格中数据的字体是美化工作表的一部分，合适的字体会使数据表看起来更美观。用户可以在原有字体基础上进行修改，也可以将自己中意的字体设置为默认字体。

1. 修改字体

选中需要修改字体的单元格，按Ctrl+1组合键打开"设置单元格格式"对话框，在"字体"选项卡中可以对"字体"、"字形"以及"字号"进行设置。

2. 设置默认字体

用户可以根据自己的习惯和喜好设置Excel的默认字体。设置方法如下：在"文件"菜单中单击"选项"按钮，打开"Excel选项"对话框。在"常规"界面的"新建工作簿时"组中单击"使用此字体作为默认字体"右侧的下拉按钮，从中选择需要的字体。随后还可以对默认"字号"进行设置。

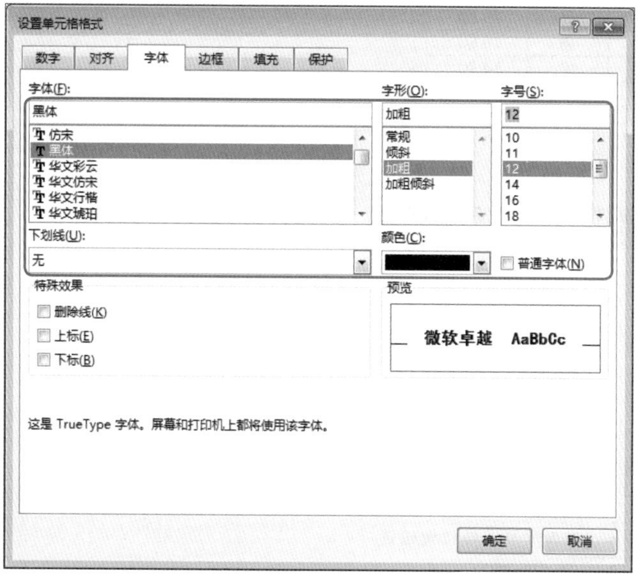

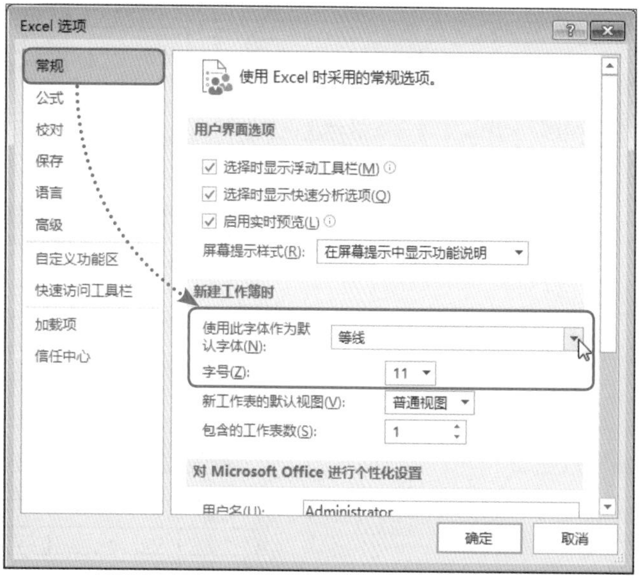

03 数据颜色设置

讲到数据颜色的设置，小德子想起一件有趣的事，前几天一个同事让我帮他看看他的表格。据说是没法输入内容了。小德子的一贯作风可是助人为乐，能帮的忙肯定得帮啊，于是决定帮忙。下面用配图的方式给大家讲讲事情的经过。

打开表格，一看果然如此。在他所说的那些单元格中无论输入什么内容都显示不出来。看了单元格格式也没做任何设置，想想就这家伙的Excel水平也不可能对单元格做什么高级的设置。编辑栏中是有内容显示的，这说明内容是输入到单元格中了的，为什么不显示？小德子也开始疑惑了。

小德子苦思冥想了半天忽然意识到了问题所在，原来这个二货无意中把字体颜色设置成了白色，在单元格无填充色的情况下可不是就看不见所输入的内容了嘛！

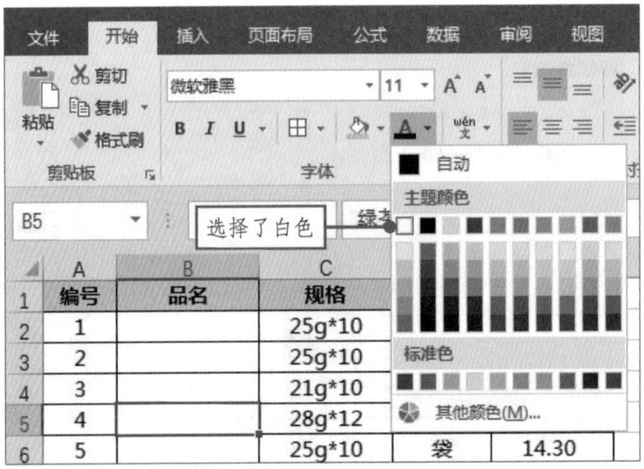

把字体颜色修改过来就好了。操作方法为：选中所有需要修改字体颜色的单元格，在“开始”选项卡中的“字体”组内单击“字体颜色”下拉按钮，在展开的列表中选择合适的颜色即可。

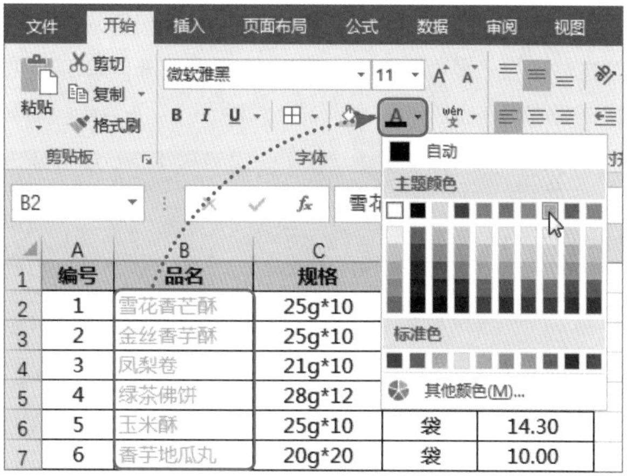

知识加油站：设置字体其他的颜色

“字体颜色”列表中提供的颜色基本可以满足用户平常对字体颜色的设置需要，但是如果有的用户还想让字体展现更多个性的颜色，可以在“颜色”对话框中设置。单击“字体颜色”下拉列表中的“其他颜色”选项便可打开“颜色”对话框。在“标准”界面中选择基础颜色，在“自定义”界面拖动小三角可以对所选基础颜色的深浅进行调整。

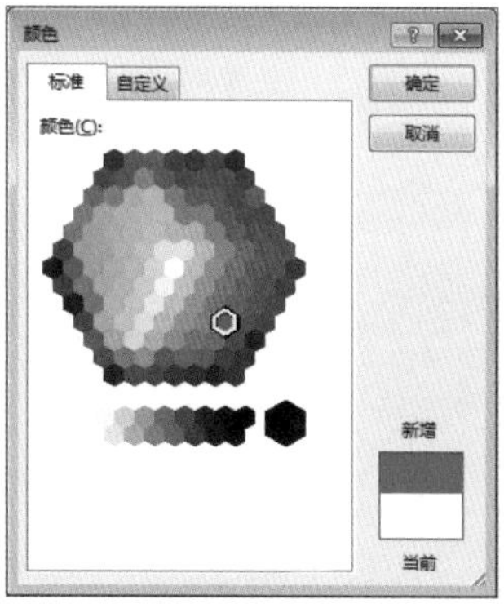

04 数据对齐不容忽视

在输入数据时，如果只保持默认的对齐方式，会给人凌乱的感觉。设置对齐方式很简单，就是随手的事。

“开始”选项卡中的“对齐方式”组中有六个设置对齐方式的按钮，分别是设置垂直对齐方式的“顶端对齐”、“垂直居中”、“底端对齐”和设置水平对齐方式的“左对齐”、“居中”、“右对齐”，如图❶所示。只要选中需要设置对齐方式的单元格，单击对应的按钮，数据即可按照相应的方式对齐到单元格。

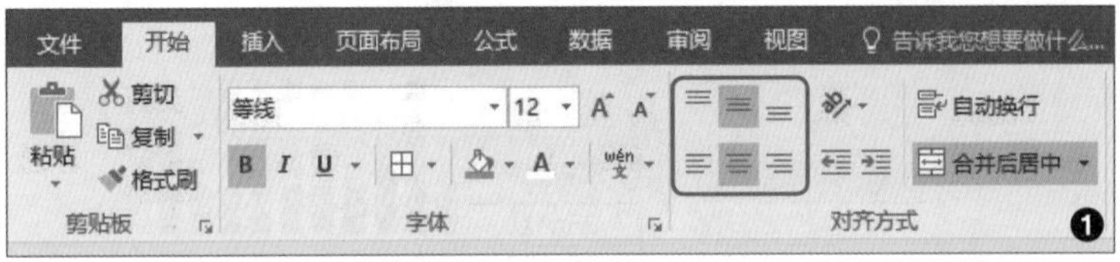

如果想进行更多对齐方式的设置可以打开“设置单元格格式”对话框。在“对齐”选项卡中除了能设置对齐方式、缩进量等，还可以在对话框右上方区域拖动黑色线条调整文本在单元格中的方向，如图❷所示。

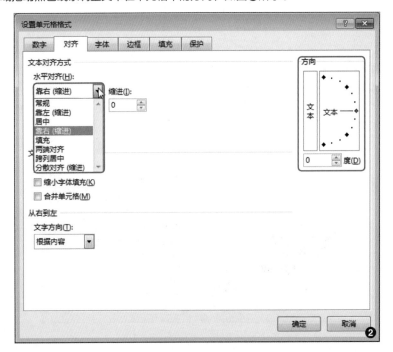

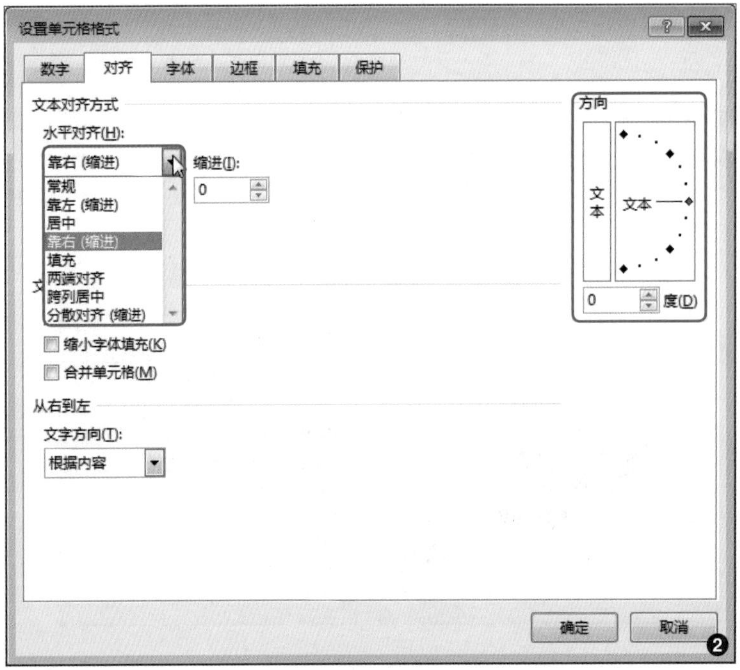

让你的数据表成为主角

数据表颜值高不高关键看有没有用心“打扮”你的工作表。如果懂一些Excel表格化妆术，那何愁自己的表格不美。

01 表格行高和列宽的设置

Excel表格在默认的情况下使用固定的行高和列宽，如果单元格中的字体过大，整个表格就显得不协调了，这时候我们可以重新设置行高和列宽。

Step 01 选中表格，打开“开始”选项卡，在“单元格”组中单击“格式”按钮，在展开的列表中选择“自动调整列宽”选项，Excel根据表格中的内容自动调整列宽。

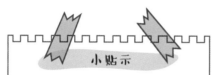

小贴示

自动调整行高和列宽也可以使用快捷键，只是这两组快捷键操作起来比较麻烦，所以平时的使用率并不高，大家了解一下就好，自动调整行高的快捷键为“Alt+O+R+A”，自动调整列宽的快捷键为“Alt+O+C+A”。

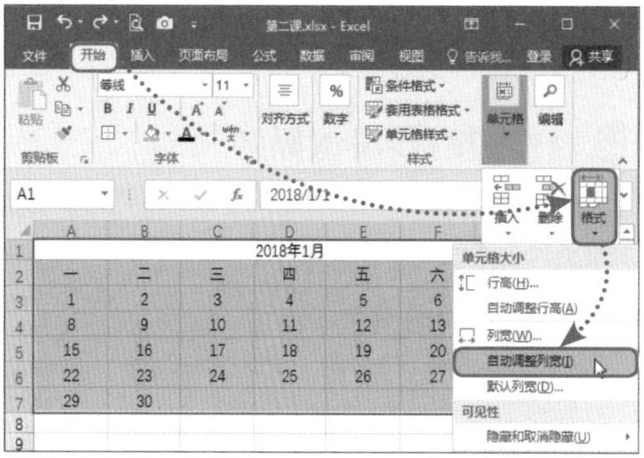

Step 02 在“格式”下拉列表中选择“自动调整行高”选项，行高也会根据表格内容自动调整。

小贴示

在“格式”列表中选择“行高”或“列宽”选项，系统会弹出对话框，在对话框中输入数值，可以精确调整行高和列宽。

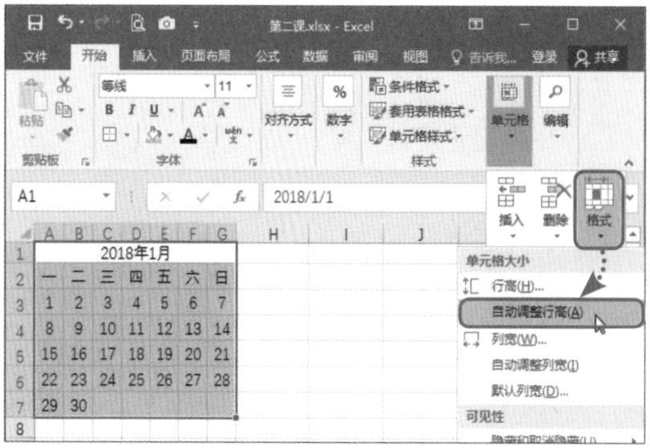

Step 03 手动调整行高和列宽也很简单。将光标放在行号的边线上，光标变成双向箭头时按住鼠标左键拖动鼠标即可调整该行的行高。同时调整多行的行高时只要先将这些行同时选中然后再拖动即可。列宽的调整方法和行高相同。

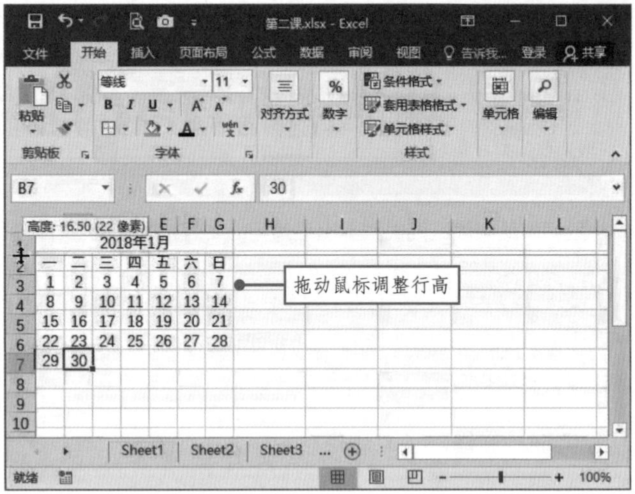

02 表格边框线设置原则

为了方便浏览，增强表格完整性，需要为表格设置边框线。用户可以选择不同颜色和线条样式的边框线。在设置边框线的时候要避免内边框线比外边框线粗的情况。

1. 快速添加边框

选中表格区域，打开“开始”选项卡，在“字体”组中单击“边框”下拉按钮。在展开的列表中选择“所有框线”选项，可以快速为表格添加边框。边框颜色默认为黑色。

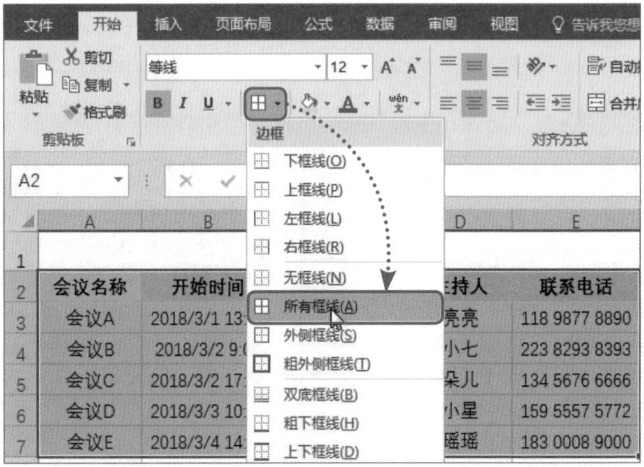

2. 给边框上个彩妆

Step 01 选中表格区域，按Ctrl+1组合键打开“设置单元格格式”对话框。打开“边框”选项卡，选择合适的线条样式，设置好颜色，单击“内部”按钮，完成内部框线的设置。

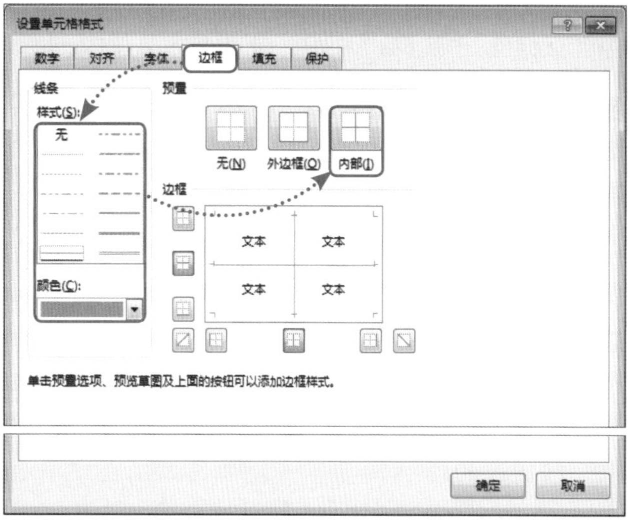

Step 02 重新选择线条样式和颜色，也可保持内部框线的线条和颜色，单击“外边框”按钮，完成外框线的设置。最后单击“确定”按钮关闭对话框。

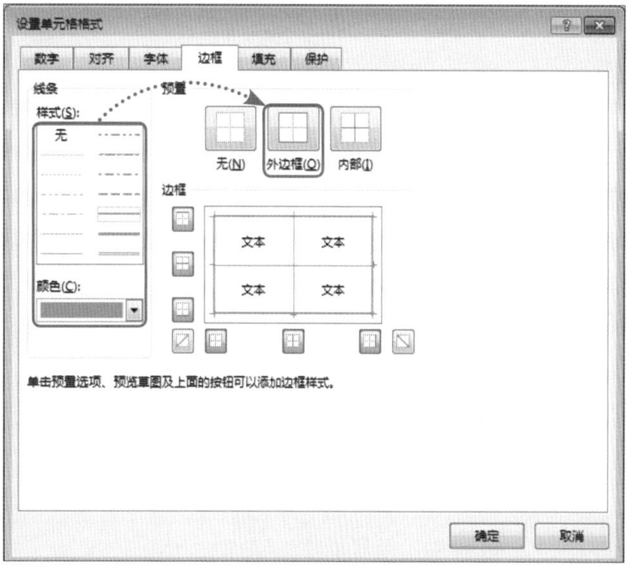

	A	B	C	D	E
1	2018年3月会议安排				
2	会议名称	开始时间	结束时间	主持人	联系电话
3	会议A	2018/3/1 13:00	2018/3/1 14:00	亮亮	118 9877 8890
4	会议B	2018/3/2 9:00	2018/3/2 12:00	小七	223 8293 8393
5	会议C	2018/3/2 17:30	2018/3/2 18:30	朵儿	134 5676 6666
6	会议D	2018/3/3 10:30	2018/3/3 11:00	小星	159 5557 5772
7	会议E	2018/3/4 14:00	2018/3/4 18:00	瑶瑶	183 0008 9000
8					

03 表格底色填充原则

为单元格填充底色可以突出显示含有重要数据的单元格，另外也可以起到美化表格的作用。在设置的时候要避免使用和字体颜色相同的底色。下面小德子将结合前面讲过的知识在Excel中制作一份独特的项目计划时间表。

Step 01 参照日历在工作表中输入2018年1—4月的全部日期，调整好行高和列宽，设置文本对齐方式为“垂直居中”和“水平居中”，加粗字体，最后为日历和计划表添加边框，如图❶所示。

Step 02 按住Ctrl键配合鼠标拖拽选中四个日历表。按Ctrl+1组合键打开“设置单元格格式”对话框，打开“填充”选项卡，选择合适的“图案颜色”和“图案样式”，如图❷所示。设置好后单击“确定”按钮关闭对话框。

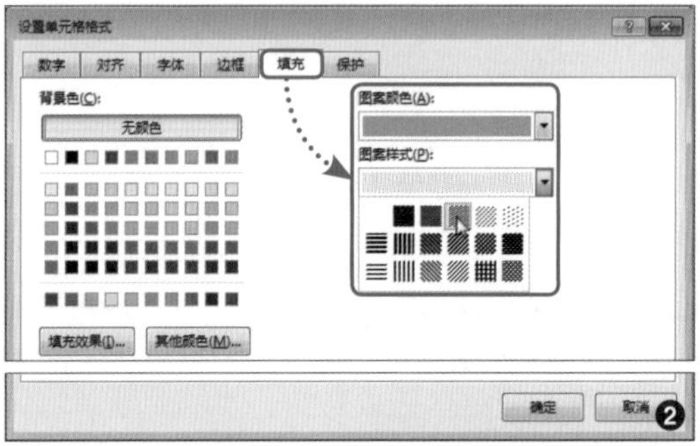

Step 03 根据项目计划开始和结束时间，在日历中选择单元格区域。在“开始”选项卡的“字体”组中单击“填充颜色”下拉按钮。在列表中选择与项目阶段对应的颜色。依次在日历中标记出项目每个阶段对应的颜色，如图❸所示。

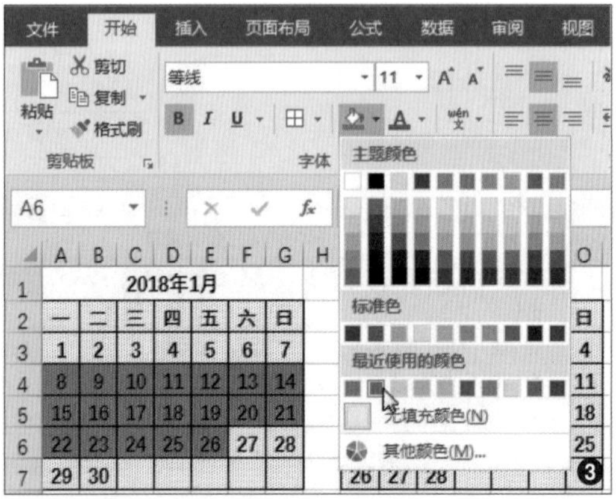

Step 04 选择合适的颜色填充日历顶端写有月份的单元格，随后将这几个单元格中的文本修改成白色，最终结果如图❹所示。

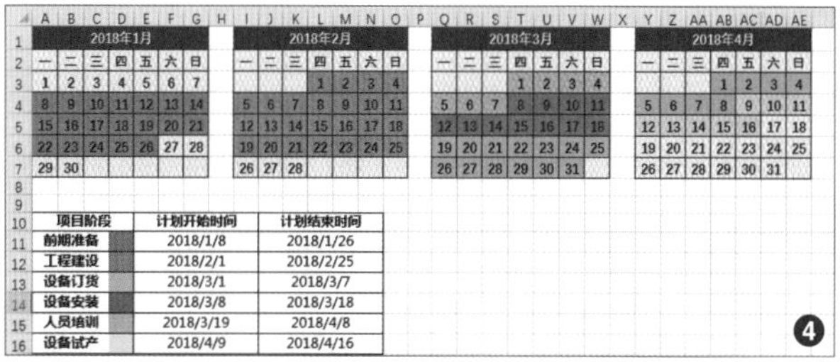

取消单元格底色的填充也十分的简单。我们可以选中指定区域取消底色填充，也可以一次性删除工作表中的所有底色填充。

Step 01 在工作表左上角行号和列标相交处单击，全选整个工作表，如图❶所示。

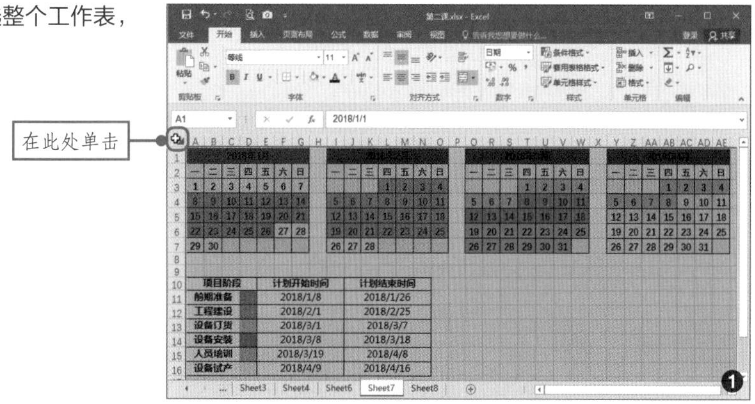

Step 02 打开“开始”选项卡，在“字体”组中单击“填充颜色”下拉按钮，在下拉列表中选择“无填充颜色”选项，即可清除所有底色填充，最终结果如图❷所示。

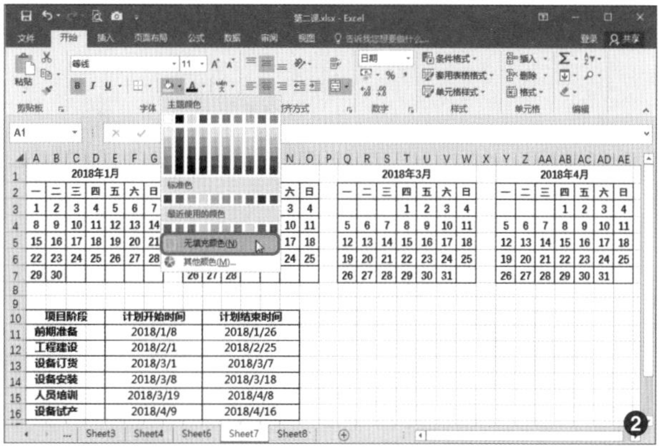

04 不从A1单元格开始

一般情况下制作表格都是从A1单元格开始的，从A1单元格开始制作出来的表格添加边框线后在工作表界面是看不到顶端和左侧框线的，如果用户非要在工作界面将顶端和左侧的边框线显示出来，那就把A列和1行空出来吧。

Step 01 选中A列，在“单元格”组中单击“插入”按钮。即可在所选列左侧插入一个空白列。

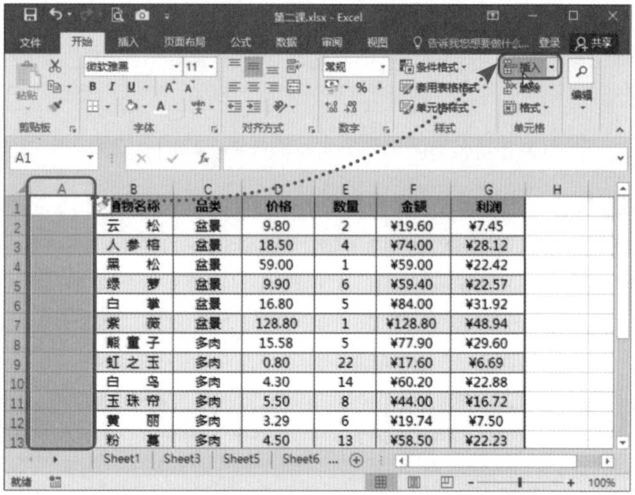

Step 02 同样，先选中第一行，单击“插入”按钮，选中的行上方随即被插入一个空白行。表格的边框也就显示出来了。

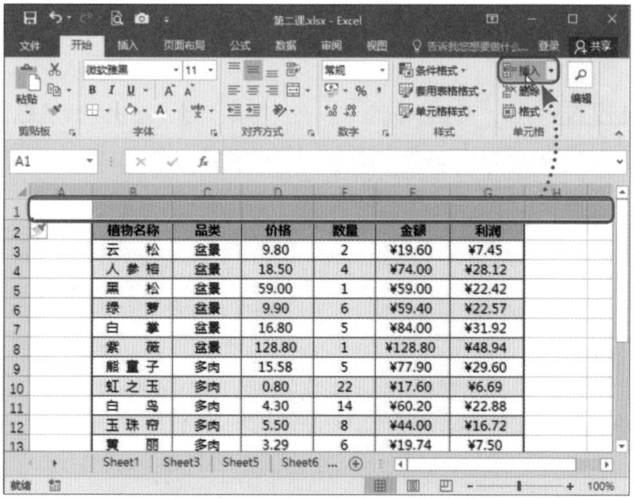

小贴示

选中行或列后，直接按“Ctrl+shift+=”组合键，可以快速插入行或列。同时选中多行或多列可以一次插入多行或多列。

同时选中连续的多行或多列，可以在所选区域之前插入多行或者多列。另外右击选区，在右键菜单中选择“插入”命令同样也可以插入行或列。

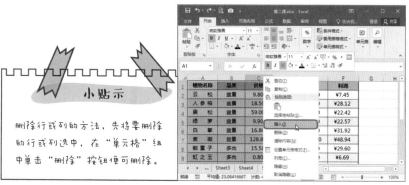

小贴示

删除行或列的方法，先将要删除的行或列选中，在“单元格”组中单击“删除”按钮便可删除。

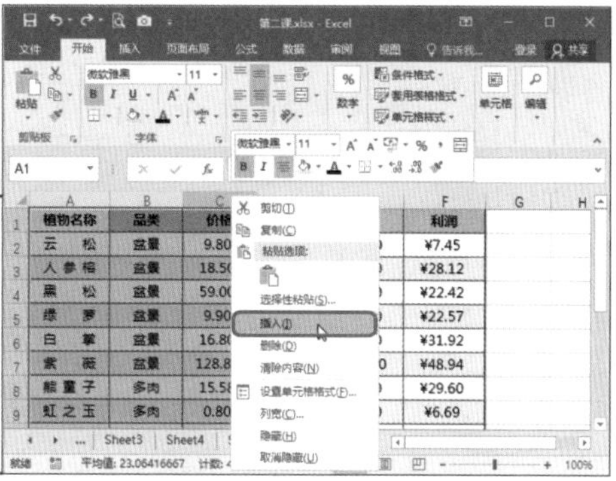

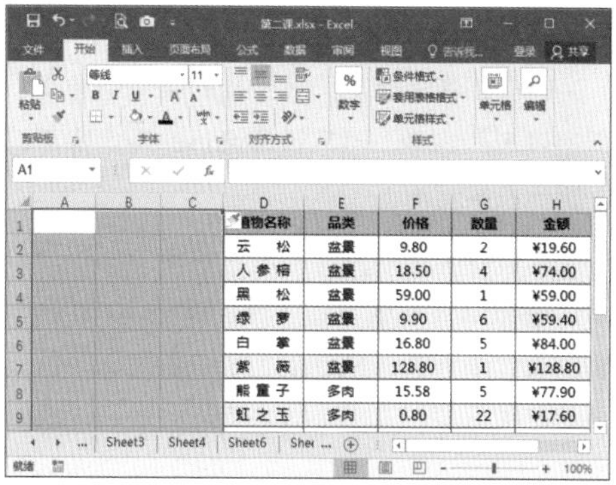

05 网格线隐藏妙用

Excel有隐藏工作表中网格线的功能，隐藏网格线有什么作用呢？那就是为了让表格更加的突出。网格线究竟该如何隐藏，小德子教你一招搞定。

打开“视图”选项卡，在“显示”组中取消勾选“网格线”复选框即可隐藏网格线。被隐藏网格线的只有当前工作表，其他工作表不受影响。再次勾选“网格线”复选框可重新显示网格线。

Excel默认的网格线颜色是灰色，如果想让工作表变得特别一点可以尝试换一换网格线的颜色。更改网格线颜色的方法为：在“文件”菜单中单击“选项”按钮，打开“Excel选项”对话框。进入“高级”界面，单击“网格线颜色”下拉按钮，设置网格线颜色。同样这种方法也只对当前打开的工作表有效。

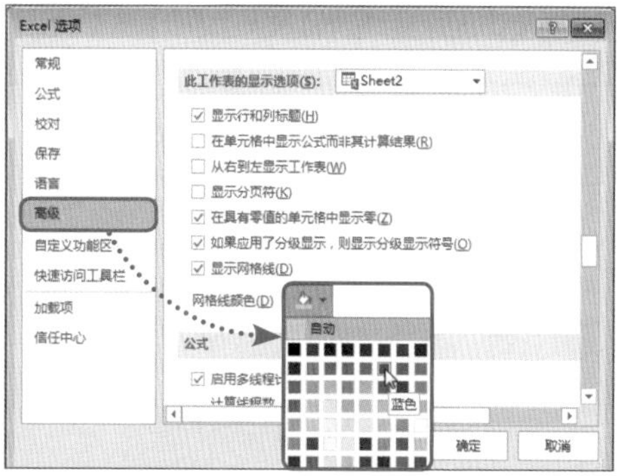

06 为工作表标签添加底色

生活中人们经常用颜色做标记，比如警告常用红色，安全会用绿色等等。而在Excel中当工作簿中的工作表较多时，也可以用颜色来做标记，从而更加直观的区别不同工作表。

右击工作表标签，在弹出的菜单中选择“工作表标签颜色”命令，然后选择合适的颜色即可将该颜色设置为标签颜色。

设置好工作表标签后如果要新增同样标签颜色的工作表可以复制这个工作表。按住Ctrl键拖拽需要复制的工作表标签，拖动到目标位置后松开鼠标，工作表即可被复制。工作表标签颜色也会一同被复制。

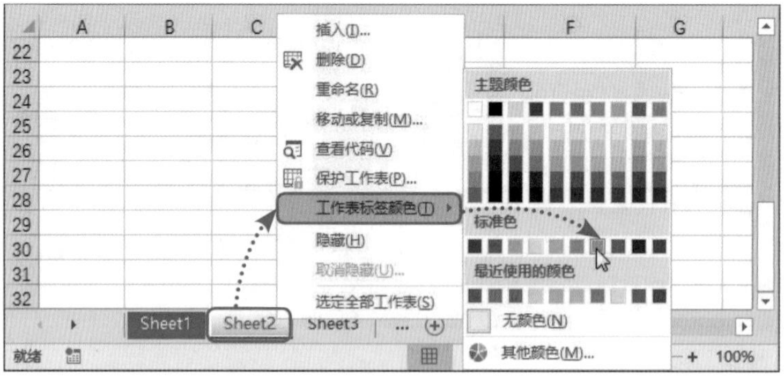

小贴示

右击工作表标签，选择“工作表标签颜色”选项，在颜色列表中选择“无颜色”选项，可以清除标签颜色。同时选中多个工作表可以一次性清除多个标签的颜色。按住Ctrl键依次单击工作表标签可以同时选中多个工作表。

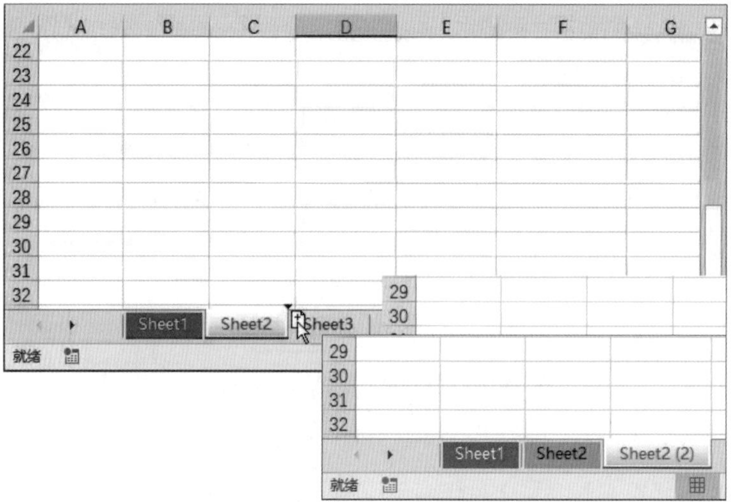

07 删除/隐藏工作表

确定不再使用的工作表可以直接删除，如果有用，但是暂时不想让其他人看到的工作表可以先隐藏起来，等到需要用的时候再取消隐藏。

Step 01 右击工作表标签，在弹出的菜单中选择“删除”命令。可以将工作表删除。被删除的工作表不可再恢复。

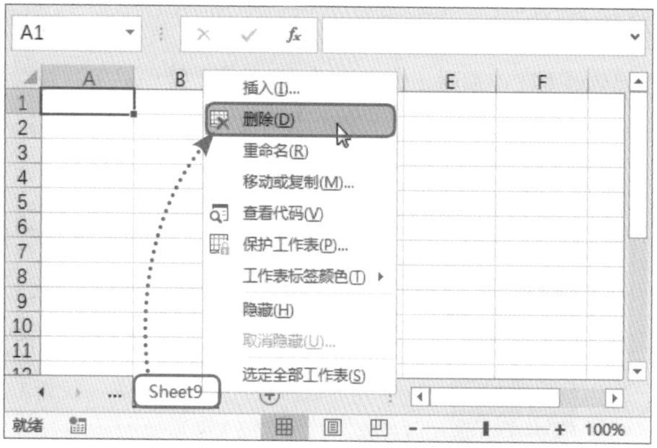

Step 02 右击工作表标签在右键菜单中选择“隐藏”命令，可以将当前工作表隐藏。

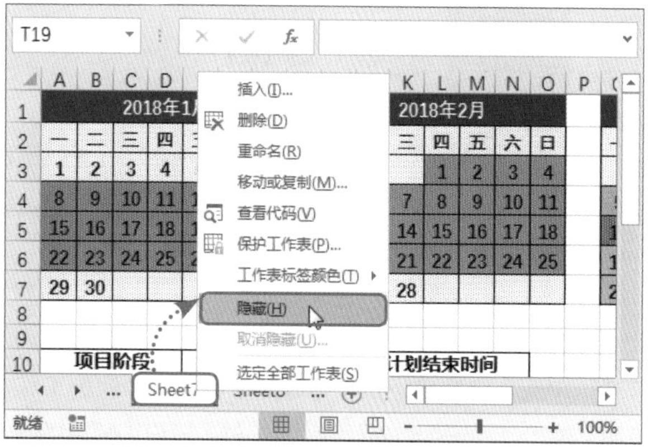

Step 03 右击任意工作表标签，在右键菜单中选择“取消隐藏”命令，弹出“取消隐藏”对话框。选中想要取消隐藏的工作表，单击“确定”按钮便可重新显示隐藏的工作表。

知识加油站：快速隐藏工作簿中所有工作表

打开“视图”选项卡，在“窗口”组中单击“隐藏”按钮可隐藏工作簿中的所有工作表。单击“取消隐藏按钮”方可取消隐藏。

08 保护好你的数据表

为什么要对工作簿或工作表进行保护设置？简单直接的来说，就是让不相干的人无法查看或修改你的报表。如果你在工作中经常跟机密数据打交道，如果自己的报表中应用了很多公式，怕一不小心被“恶人”修改，那真得好好学学如何保护工作表。

1. 设置加密文档

打开“文件”菜单，在“信息”界面单击“保护工作簿”按钮。在下拉列表中选择“用密码进行加密”选项。系统会弹对话框，分两次输入密码。关闭工作簿。再次打开时会弹出密码框只有输入正确的密码才能打开工作簿。

这个方法是最保险的，别人没有密码就无法查看文档。但一定要记住密码，否则连你自己都无法打开，那就尴尬了！！

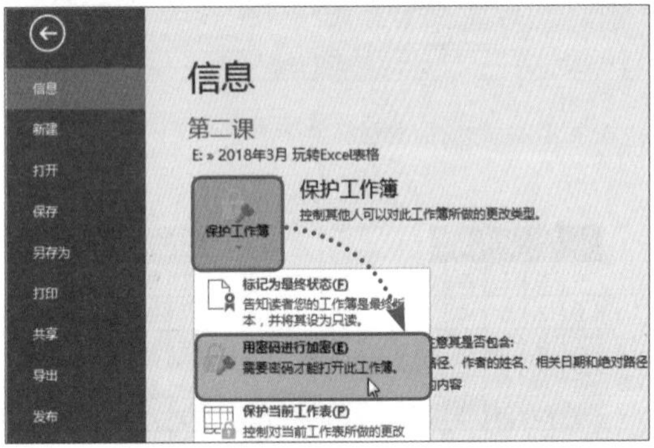

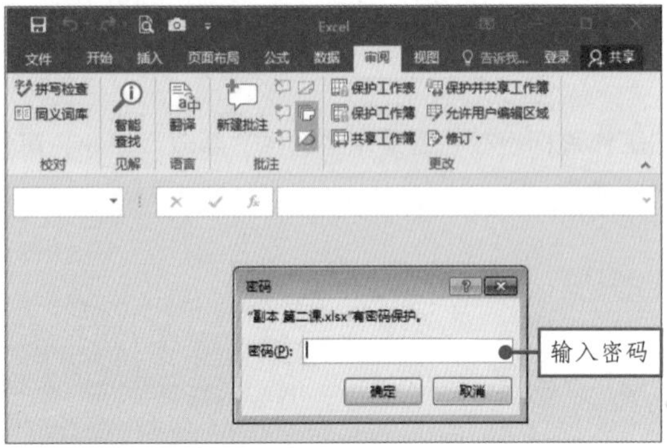

2. 可以查看表格，但不可更改

打开“审阅”选项卡，在“更改”组中单击“保护工作表”按钮。弹出“保护工作表”对话框，输入密码，随后确认输入密码。设置完成后，无法在当前工作表中编辑任何内容。

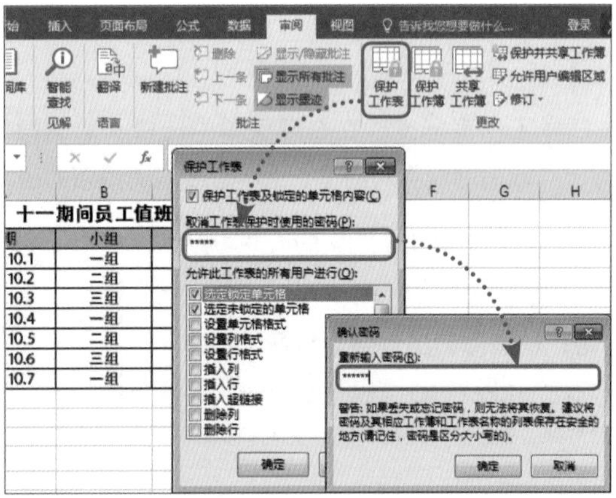

扫描延伸阅读

3. 保护表格中的公式不被更改

Step 01 选中工作表中所有单元格，按Ctrl+1组合键打开“设置单元格格式”对话框，打开“保护”选项卡。取消勾选“锁定”复选框。单击“确定”按钮，关闭对话框，如图❶所示。

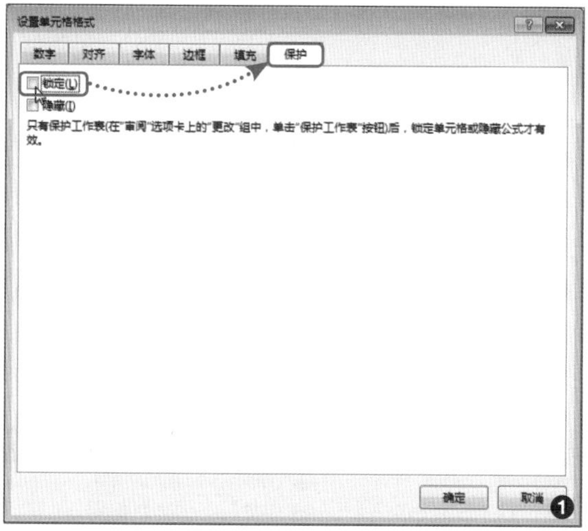

Step 02 在“开始”选项卡中单击“查找和选择”按钮，从中选择“公式”选项，如图❷所示。工作表中含有公式的单元格随即被全部选中。

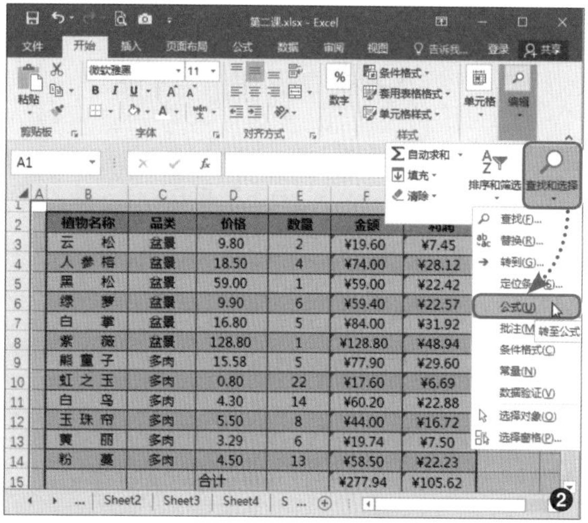

Step 03 再次打开“设置单元格格式”对话框，在“保护”选项卡中勾选“锁定”和“隐藏”复选框。单击“确定”按钮关闭对话框。返回工作表，打开“审阅”选项卡，在“更改”组中单击“保护工作表”按钮。随后分两次在对话框中输入密码，如图❸所示。

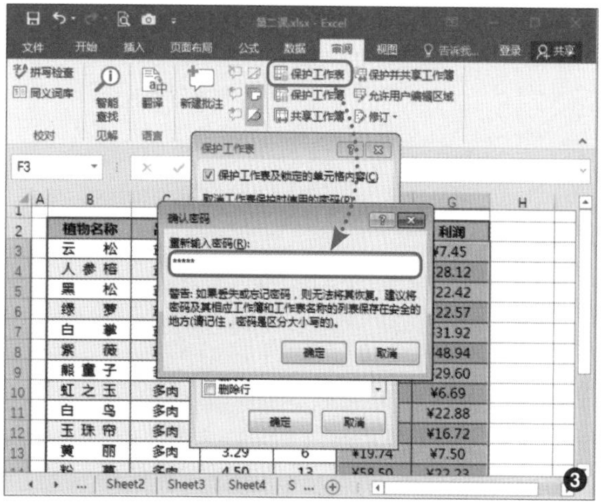

Step 04 选中含有公式的单元格，在编辑栏中没有显示任何内容，说明公式已经被隐藏了，如果用户试图修改公式，则弹出提示对话框，如图❹所示。

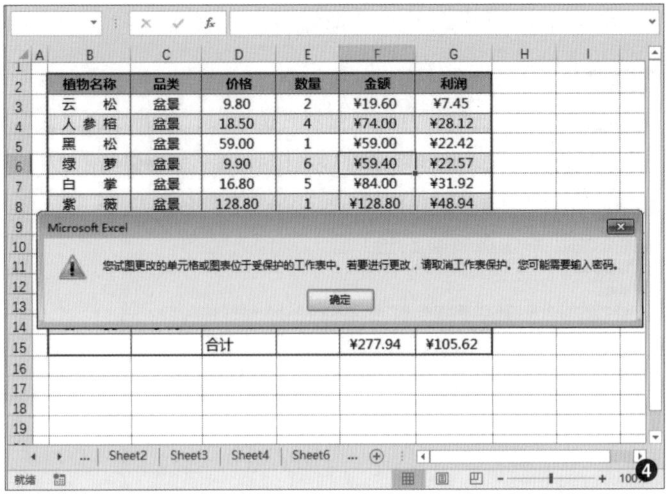

小贴示

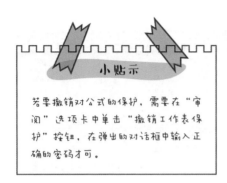

若要撤销对公式的保护，需要在“审阅”选项卡中单击“撤销工作表保护”按钮，在弹出的对话框中输入正确的密码才可。

4. 限制编辑，有密码才能编辑

Step 01 打开“审阅”选项卡，在“更改”组中单击“允许用户编辑区域”按钮。在“允许用户编辑区域”对话框中，单击“新建”按钮，如图❶所示。

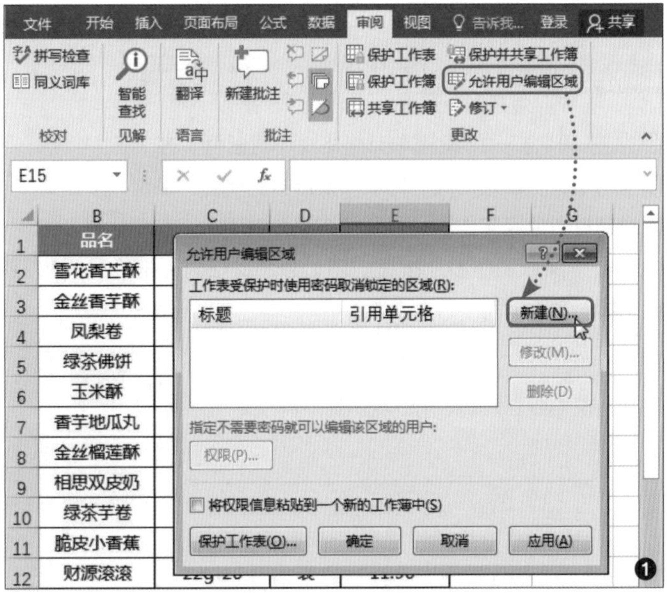

Step 02 打开“新区域”对话框，在“引用单元格”文本框中输入要使用密码编辑的单元格区域，并设置“区域密码”，如图❷所示。单击“确定”按钮关闭对话框，在随后的对话框中再次输入密码进行确认。

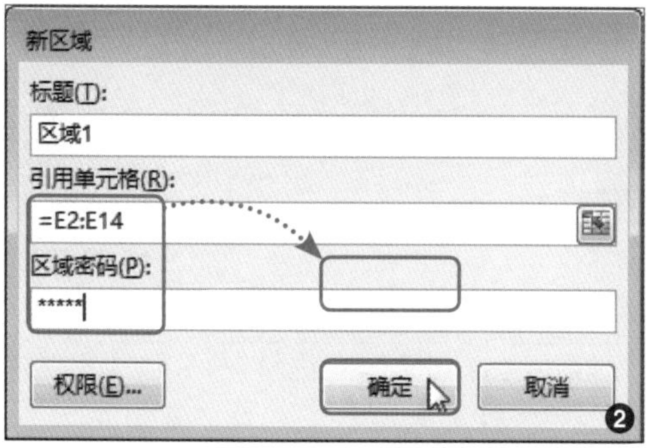

Step 04 此时工作表中只有“引用单元格”文本框中的单元格区域可以使用输入密码的方式进行编辑，其他单元格均不可编辑，如图❹所示。

Step 03 返回“允许用户编辑区域”对话框，单击“保护工作表”按钮。打开“保护工作表”对话框。不设密码，保持其他选项为默认状态，如图❸所示。然后单击“确定”按钮。

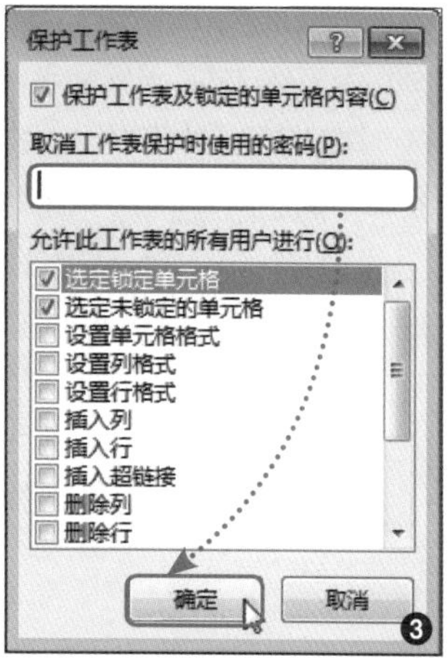

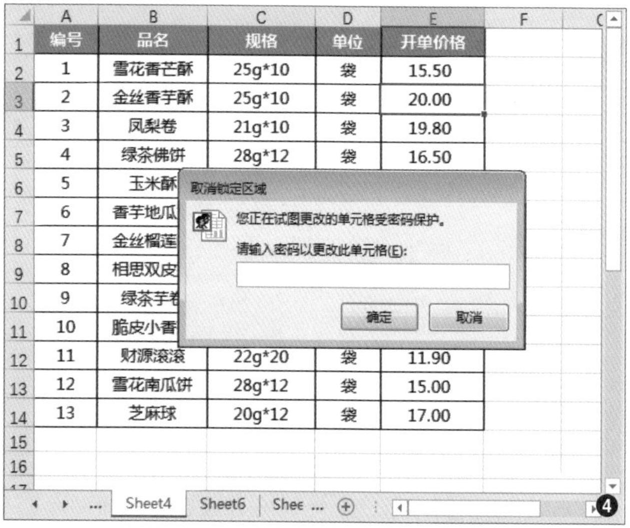

QUESTION

学习心得

本课我们介绍了Excel数据格式以及表格样式的设置操作，其中包括数字格式的设置、数据的对齐、表格行和列的基本操作以及工作簿/表的保护操作等。通过这一课的学习，大家对Excel表格的基本格式了解了多少呢？欢迎大家到“德胜书坊”微信平台和相关QQ群中分享自己的心得，希望能够对至今迷茫的表哥表妹们有所帮助！

表格格式很重要！从它身上能看出你是否用了心！

Chapter 03

不再充当“廉价劳动力”

拒绝重复劳作，
提倡高效办公！

SECTION 01

输入数据，你真的会吗？

在Excel中输入数据，你会吗？听到这种提问你的第一反应肯定是，这有何难，打字谁不会！但是小德子说的可不是单纯的打字那么简单。小德子要教给大家的是快速高效的数据输入技巧。

01 告别重复输入

制作报表时常常需要输入重复的内容，纯粹靠手动一遍遍输入无疑是浪费时间、浪费精力，下面小德子将介绍快速输入重复内容的方法。

1. 复制粘贴实现重复输入

Step 01 选中需要复制的内容，打开“开始”选项卡，在“剪贴板”组中单击“复制”按钮。所选区域周围会出现滚动的虚线。

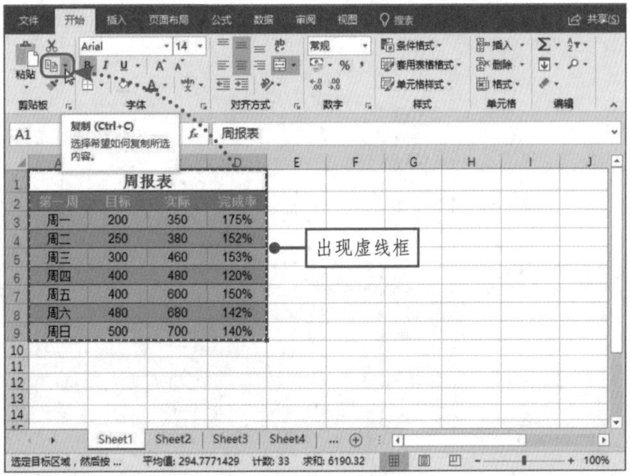

Step 02 选中粘贴区域左上角单元格，在“剪贴板”组中单击“粘贴”下拉按钮，在展开的列表中选择“保留源格式”选项。复制的内容自所选单元格起被粘贴了出来。

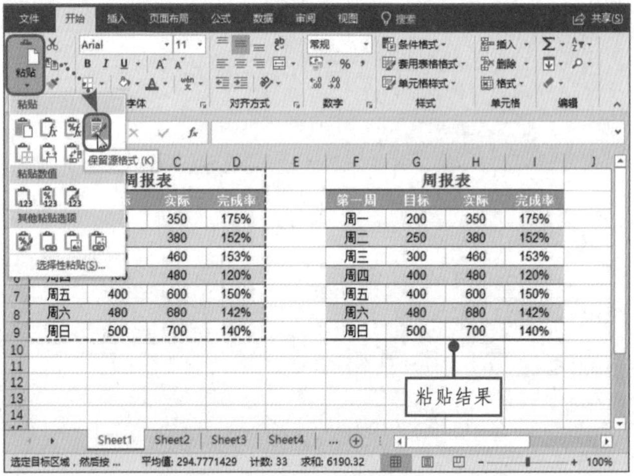

只需要复制一次，用户就可以循环的执行粘贴操作，这是因为被复制的内容已经保存在了剪贴板中。单击“剪贴板”组右下角的“对话框启动器”按钮，可以打开“剪贴板”，“剪贴板”中显示最近复制或剪切过的内容。单击“全部清空”按钮可以清空剪贴板。

复制粘贴的快捷键是Ctrl+C和Ctrl+V这两组快捷键在制表的过程中使用率非常高，它们相对于功能按钮，操作起来要更方便快捷，需要注意的是使用快捷键会默认“保留源格式”的粘贴方式，所以当表格使用较复杂的底纹、边框时不推荐使用Ctrl+C和Ctrl+V。

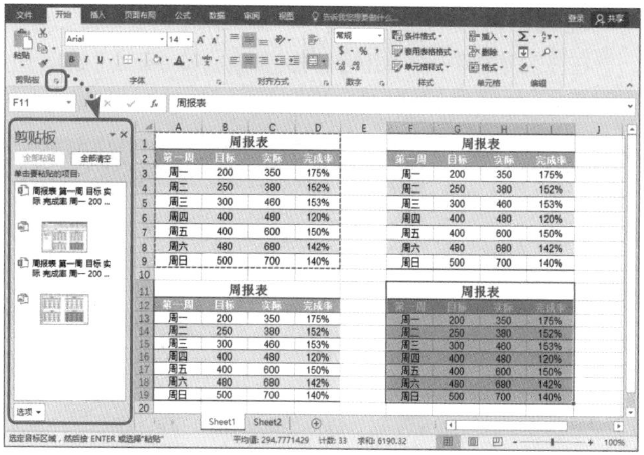

知识加油站：粘贴选项介绍

“保留源格式”即保留单元格的所有格式。例如边框、底纹、文本颜色、字体、字号等等。“粘贴”列表中还包含其他的粘贴方式，比较常用的有“值”，即去除所有单元格格式和字体样式，只粘贴单元格中的数据。其他粘贴效果大家可以依次尝试，此处不再一一叙述。

2. 不相邻单元格一秒输入相同数据

按住Ctrl键，依次选中不相邻的单元格。在选中的最后一个单元格中输入数据，按下Ctrl+Enter组合键，数据随即出现在所有被选中的单元格中。

员工姓名	工号	部门	学历	基本工资
康桥	QD001	运营部		
小敏	QD002	生产部		
余明	QD003	采购部		
董浩	QD004	市场部		
梁上	QD005	财务部		
程海	QD006	后勤部		
思琪	QD007	生产部	本科	
于玲	QD008	运营部		

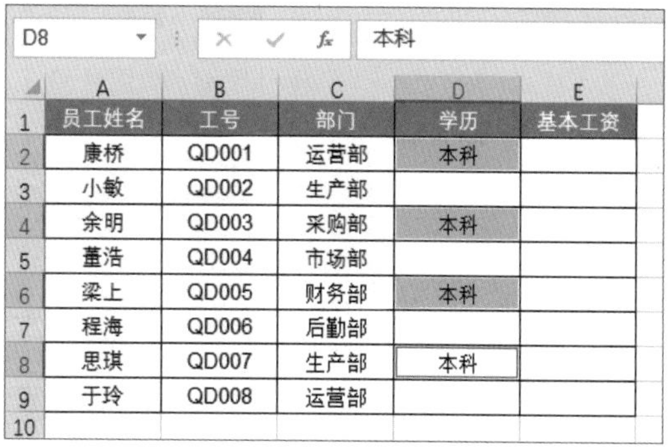

员工姓名	工号	部门	学历	基本工资
康桥	QD001	运营部	本科	
小敏	QD002	生产部		
余明	QD003	采购部	本科	
董浩	QD004	市场部		
梁上	QD005	财务部	本科	
程海	QD006	后勤部		
思琪	QD007	生产部	本科	
于玲	QD008	运营部		

3. 相同内容闪电填充

在选区内的第一个单元格中输入数据，在“开始”选项卡中单击“填充”下拉按钮，从中选择“向下”选项。然后选区内的空白单元格随即被第一个单元格中的数据填充。

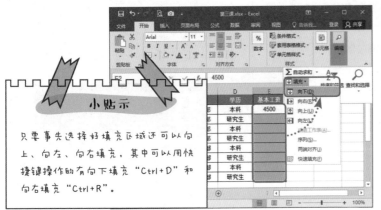

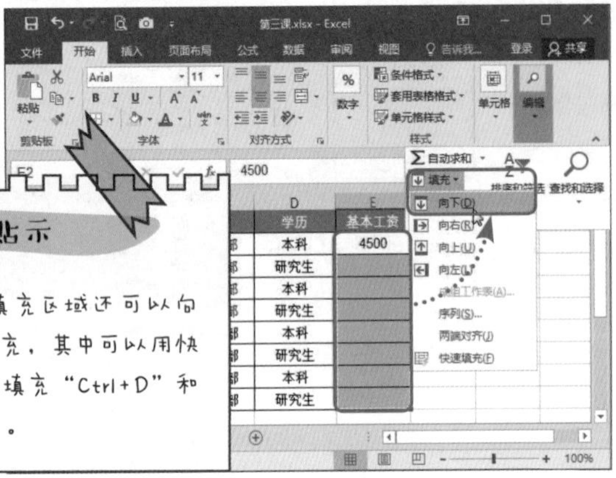

小贴示

只要事先选择好填充区域还可以向上、向左、向右填充，其中可以用快捷键操作的有向下填充“Ctrl+D”和向右填充“Ctrl+R”。

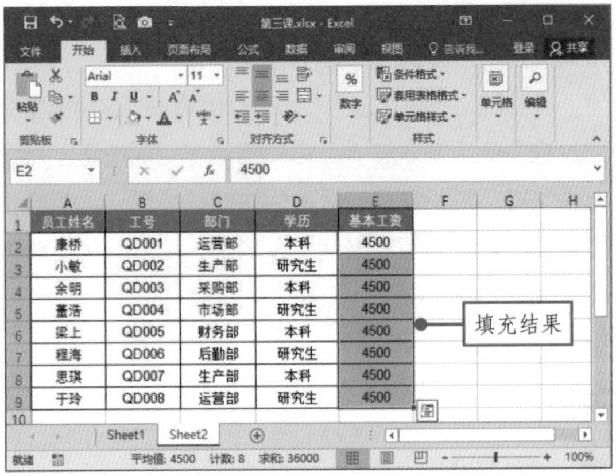

4. 快速输入部分相同内容

如果一个区域内每个单元格中都只有部分内容相同，我们该如何快速录入这些相同部分的内容呢？

Step 01 选中需要输入部分相同内容的单元格区域，按Ctrl+1组合键打开“设置单元格格式”对话框，在“数字”选项卡中选择“自定义”选项。在“类型”文本框中输入“上海市@”。单击“确定”按钮关闭对话框。

Step 02 这时候无论在选区内的单元格中输入什么内容，回车后所输内容之前都会出现“上海市”。

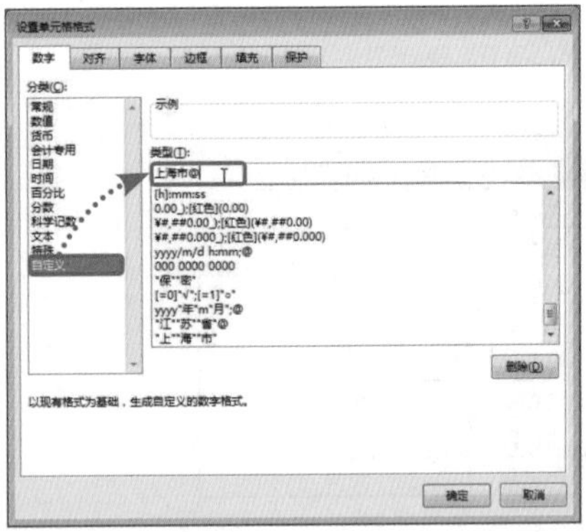

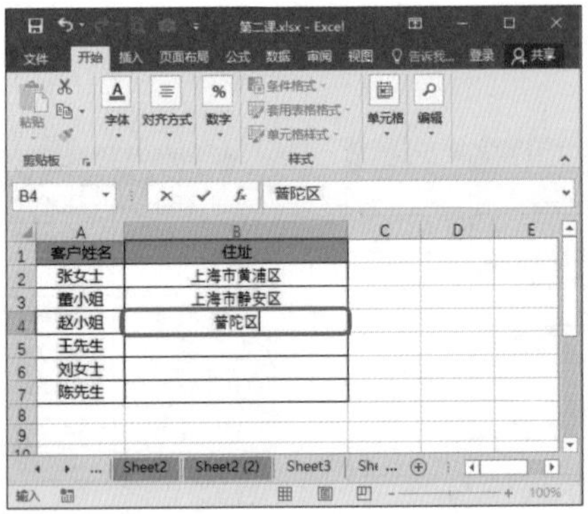

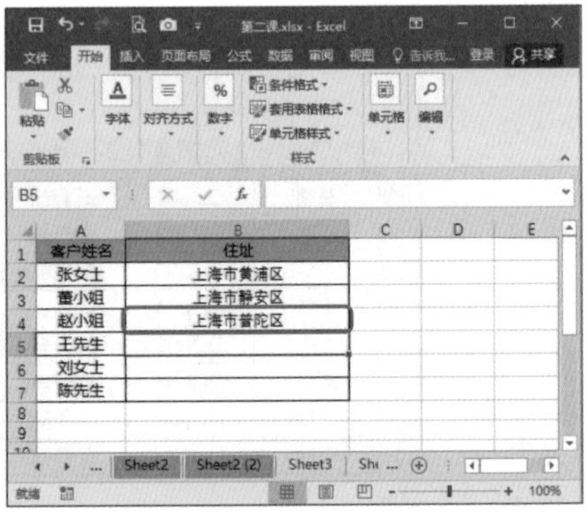

02 错误数据统一替换

制作表格的时候难免出错，如果及时发现就及时纠正，如果报表做好了才发现有错误，那也不必着急。使用查找替换可以轻松修正问题。

常规替换很简单，只要Ctrl+H调出“查找和替换”对话框，输入需要查找的内容，然后替换为正确的内容就OK了。

而涉及到一些实际情况时往往不是单纯的查找出错误数据直接替换那么简单。例如右图中这个报表，现在需要将“入库数量”和“出库数量”为“1”的数值修改成“0”，该怎么办？下面小德子就来解决这个问题。

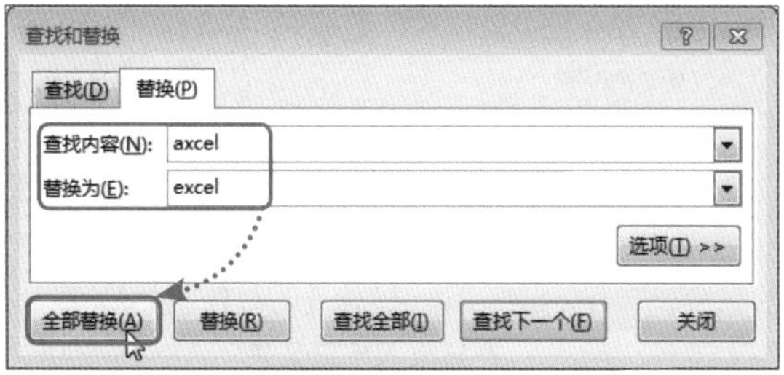

	A	B	C	D
1	产品出入库记录表			
2	日期	产品名称	入库数量	出库数量
3	2018/4/1	产品A	0	6
4	2018/4/1	产品B	15	1
5	2018/4/1	产品C	0	11
6	2018/4/1	产品D	0	12
7	2018/4/1	产品E	21	0
8	2018/4/2	产品C	3	0
9	2018/4/2	产品B	0	1
10	2018/4/2	产品A	5	20
11	2018/4/3	产品C	12	13
12	2018/4/3	产品A	0	18
13	2018/4/3	产品B	2	4
14	2018/4/4	产品C	1	0
15	2018/4/4	产品B	0	6
16	2018/4/4	产品A	4	5

Step 01 按Ctrl+F组合键打开“查找和替换”对话框，在“查找内容”文本框中输入“1”，单击“查找全部”按钮，对话框下方出现一个列表，显示查找到的数据。显然这并不是我们想要的结果，如图❶所示。

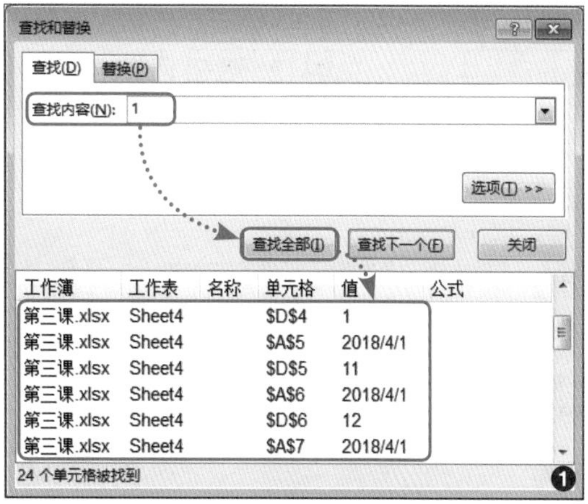

Step 02 在列表中选中任意一个查找到的“1”，勾选“单元格匹配”复选框，再次单击“查找全部”按钮，如图❷所示。这次对话框下方的列表中就会显示查找到了工作表中所有数值“1”的单元格。

小贴示

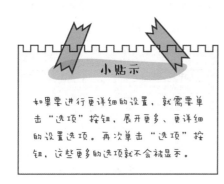

如果要进行更详细的设置，就需要单击“选项”按钮，展开更多、更详细的设置选项。再次单击“选项”按钮，这些更多的选项就不会被显示。

Step 03 切换到“替换”选项卡，在“替换为”文本框中输入“0”，如图❸所示。单击“全部替换”按钮。就可以将工作表中的数值“1”全部替换成“0”，最终替换结果如图❹所示。

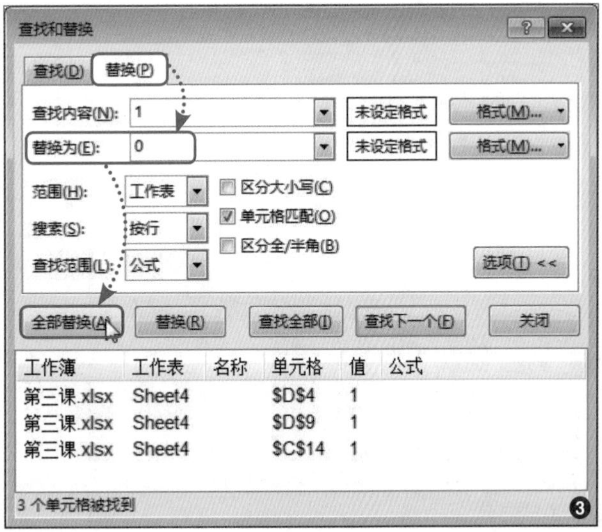

	A	B	C	D	E
1	产品出入库记录表				
2	日期	产品名称	入库数量	出库数量	
3	2018/4/1	产品A	0	6	
4	2018/4/1	产品B	15	0	
5	2018/4/1	产品C	0	11	
6	2018/4/1	产品D	0	12	
7	2018/4/1	产品E	21	0	
8	2018/4/2	产品C	3	0	
9	2018/4/2	产品B	0	0	
10	2018/4/2	产品A	5	20	
11	2018/4/3	产品C	12	13	
12	2018/4/3	产品A	0	18	
13	2018/4/3	产品B	2	4	
14	2018/4/4	产品C	0	0	
15	2018/4/4	产品B	0	6	
16	2018/4/4	产品A	4	5	
17					

03 有序数据快速输入技巧

有序数据也可以快速的录入，比如从1输到1000，真的用键盘一个一个敲的话估计等到输完黄花菜都凉了。但是你若懂得有序数据的填充技巧，输几个数字有什么难的，动动鼠标就可以搞定了呀!

Step 01 在单元格中输入“1”，然后选中这个单元格，在“开始”选项卡中单击“填充”下拉按钮，从中选择“序列”选项。

Step 02 弹出“序列”对话框，选中“列”单选按钮，设置“步长值”为“1”，“终止值”为“1000”，单击“确定”按钮。工作表中自“1”向下会自动填充“2~1000”的数值。

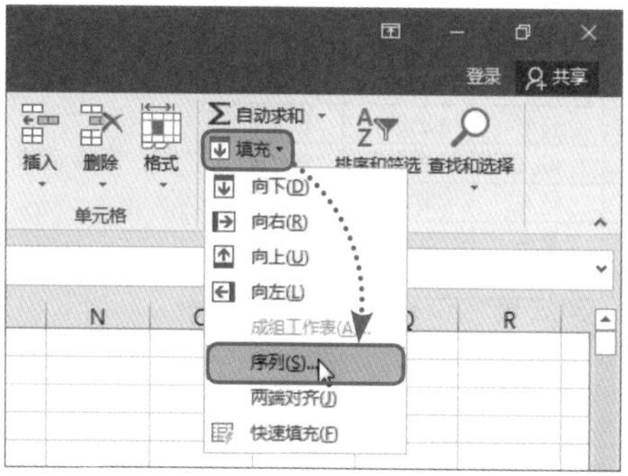

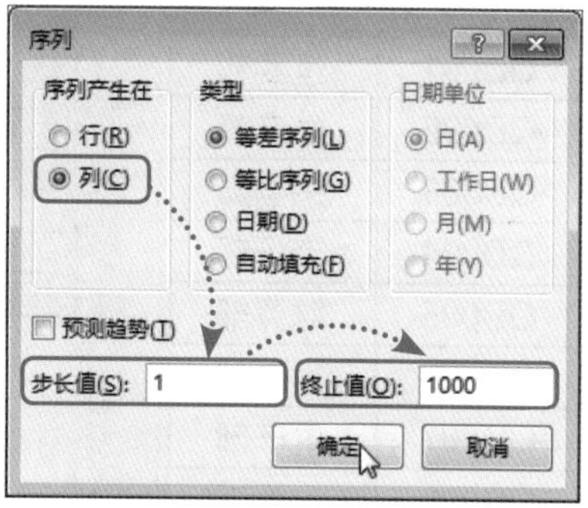

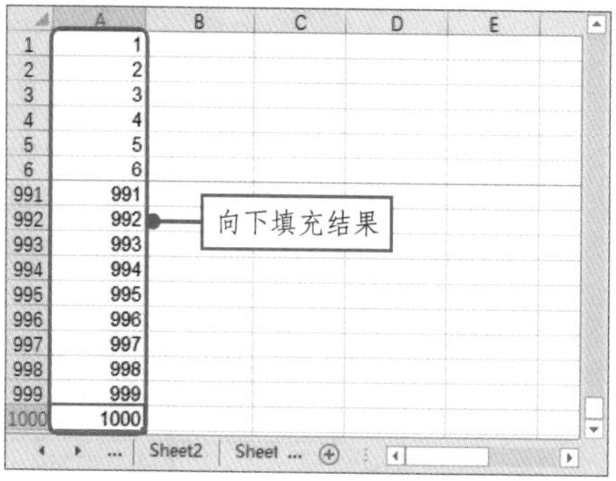

日期的填充也很常用，方法和数字填充相同，在没有特定终止值的情况下，用户可以先选定填充区域，Excel会自动填充到选区的最后一个单元格。

用户还可以使用“序列”来进行填充。在“填充”下拉列表中选择“序列”选项，然后在打开的对话框中，将“类型”设为“日期”，此时“日期单位”栏中的选项会变成可选状态。用户根据需要选择好日期单位即可。

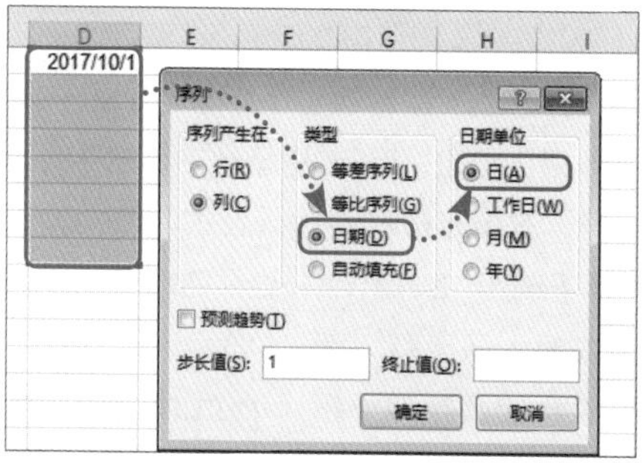

知识加油站：关于步长值的设置

简单来说，在序列填充中如果选择“等差序列”，前一个数加步长值等于后一个数，比如1、2、3、4、5…他们的步长值就是1，若选择“等比序列”，前一个数乘步长值等于后一个数，比如1、3、9、27、81…它们的步长值就是3。Excel默认输入的步长值是1，因为这是最常用的。

了解了步长的概念后，我们平时在使用Excel时可以使用鼠标拖拽的方法快速填充有序数据，如图❶所示。在单元格A2中输入“1”，在A3中输入“2”，这相当于设定了步长值为“1”。选中A2:A3单元格区域，将光标放在单元格区域右下角，当光标变为十字形状时按住鼠标左键，向下拖动鼠标。松开鼠标后，鼠标拖过的单元格中按“1”的步长值有序的填充了数值。

这时选区的右下角会出现“自动填充选项”按钮，如图❷所示。单击这个按钮，在展开的列表中可以对刚填充的区域进行更多设置。

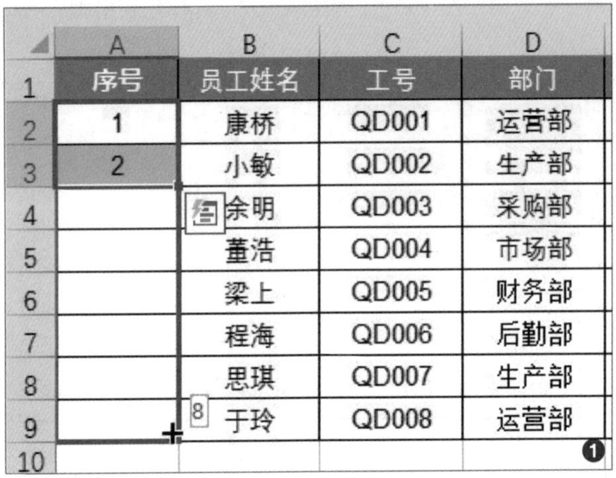

序号	员工姓名	工号	部门
1	康桥	QD001	运营部
2	小敏	QD002	生产部
	余明	QD003	采购部
	董浩	QD004	市场部
	梁上	QD005	财务部
	程海	QD006	后勤部
	思琪	QD007	生产部
	于玲	QD008	运营部

序号	员工姓名	工号	部门
1	康桥	QD001	运营部
2	小敏	QD002	生产部
3	余明	QD003	采购部
4	董浩	QD004	市场部
5	梁上	QD005	财务部
6	程海	QD006	后勤部
7	思琪	QD007	生产部
8	于玲	QD008	运营部

有时候一些普通的操作配合公式一起使用往往会有意想不到的效果，比如，用ROW函数来填充序列，就可以实现真正的自动编号。在单元格A2中输入公式“=ROW()−1”然后向下填充公式即可形成1、2、3、4…这样的编号。不管我们在这些编号之间删除或插入多少行，编号都会按照顺序重新调整。

序号	员工姓名	工号	部门	学历
1	康桥	QD001	运营部	本科
2	小敏	QD002	生产部	研究生
3	余明	QD003	采购部	本科
4	董浩	QD004	市场部	研究生
5	梁上	QD005	财务部	本科
6	程海	QD006	后勤部	研究生
7	思琪	QD007	生产部	本科
8	于玲	QD008	运营部	研究生
9	余明	QD003	采购部	本科

小贴示

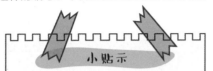

ROW()计算当前所在行的行号，我们是在第2行中输入的公式所以需要-1，即上一行的行号，来得到第一个序号“1”。

04 轻松输入常用数据

对于常用的数据，为了方便输入，我们可以将这些数据设置为自定义序列。那么如何自定义序列呢，下面将由小德子为大家介绍具体操作方法。

Step 01 打开“文件”菜单，单击“选项”按钮，打开“Excel选项”对话框，切换到“高级”界面，单击“编辑自定义列表”按钮，如图❶所示。

Step 02 弹出“自定义序列”对话框。在“输入序列”列表中输入自定义序列。单击“添加”按钮，即可将自定义序列添加到“自定义序列”列表框中，如图❷所示。最后单击“确定”按钮关闭对话框。

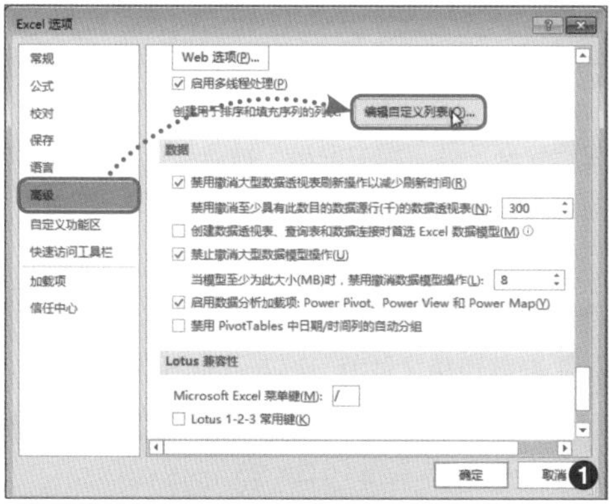

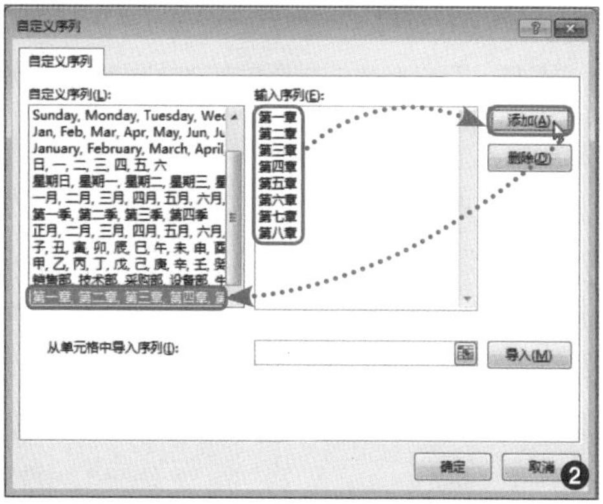

自定义序列添加完成后应该如何应用呢?

返回工作表，输入自定义序列的第一个数据，向下填充即可将自定义序列的数据输入到单元格中。

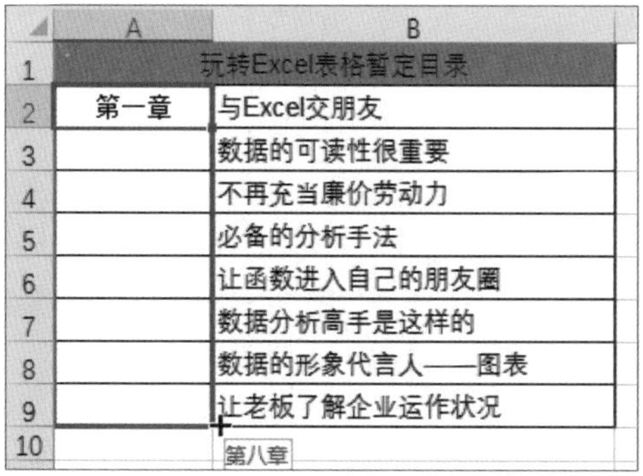

	A	B
1	玩转Excel表格暂定目录	
2	第一章	与Excel交朋友
3		数据的可读性很重要
4		不再充当廉价劳动力
5		必备的分析手法
6		让函数进入自己的朋友圈
7		数据分析高手是这样的
8		数据的形象代言人——图表
9		让老板了解企业运作状况
10		第八章

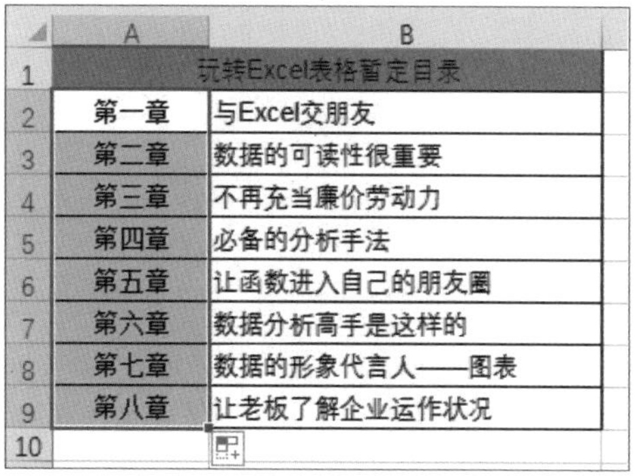

	A	B
1	玩转Excel表格暂定目录	
2	第一章	与Excel交朋友
3	第二章	数据的可读性很重要
4	第三章	不再充当廉价劳动力
5	第四章	必备的分析手法
6	第五章	让函数进入自己的朋友圈
7	第六章	数据分析高手是这样的
8	第七章	数据的形象代言人——图表
9	第八章	让老板了解企业运作状况
10		

SECTION 02

数据验证功能不能看表面

在Excel中输入数据时，为了确定输入信息的准确性，提高输入速度，减少工作量，可以使用数据验证功能添加验证条件，限定信息范围。

扫描延伸阅读

01 限制输入范围

设置允许输入的条件，可以有效的将所输的数据限制在正确的范围内，避免出错。

Step 01 选中需要限制输入范围的单元格，打开“数据”选项卡，在“数据工具”组中单击“数据验证”按钮，如图❶所示。

Step 02 打开“数据验证”对话框，在“设置”选项卡中设置“验证条件”为只允许输入介于“2018/3/1”至“2018/3/10”之间的日期，如图❷所示。

Step 03 数据验证设置完成后，如果在单元格中输入超出验证条件范围的数据，例如输入“2018/4/5”，这个日期已经超出了允许输入的范围，这时候系统就会弹出停止对话框。用户可以选择“重试”或者直接“取消”输入，如图❸所示。

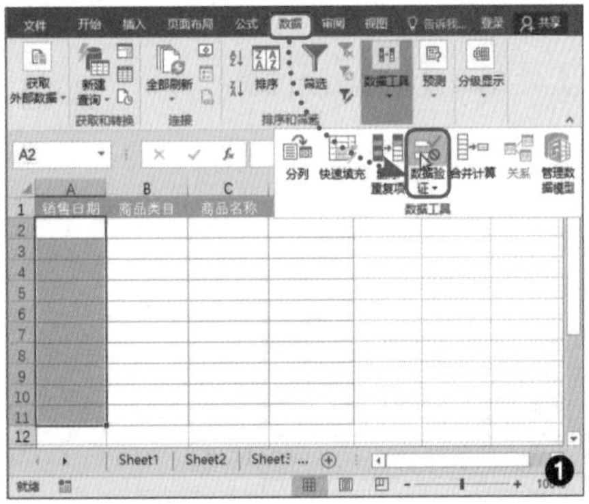

❶

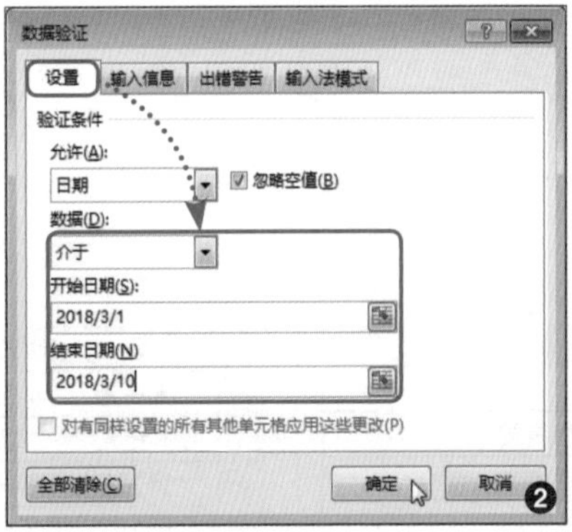

❷

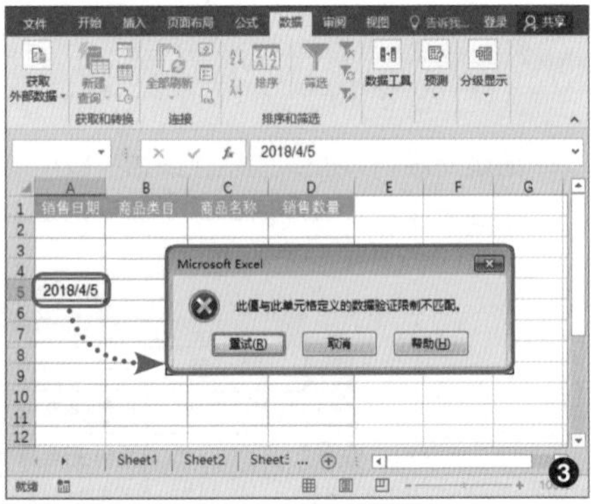

❸

为了让操作者明白为什么无法输入数据，可以在设置验证条件的时候同时设置出错警告，如图❹所示。警告内容尽量简洁明了，这样，即使第一次输入了错误值，在看到出错警告后也可以及时调整输入的数据，如图❺所示。

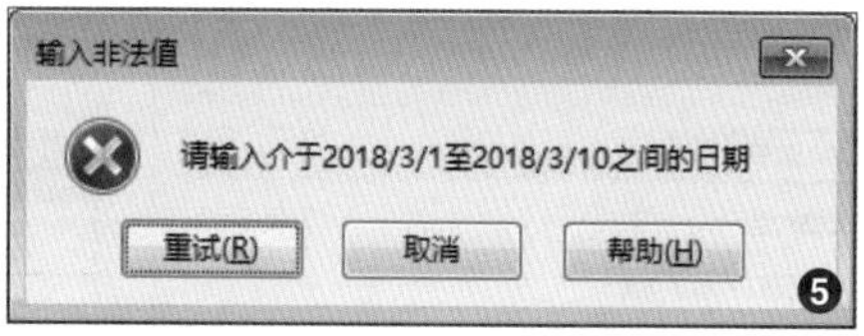

数据验证的条件可以根据实际需要进行自定义，下面小德子介绍一例自定义数据验证条件的应用。右图是一张产品出库记录表，在此需要限制出库数量不得大于入库数量。

	A	B	C	D
1	产品出入库记录表			
2	日期	产品名称	入库数量	出库数量
3	2018/4/1	产品A	0	
4	2018/4/1	产品B	15	
5	2018/4/1	产品C	0	
6	2018/4/1	产品D	0	
7	2018/4/1	产品E	21	
8	2018/4/2	产品C	3	
9	2018/4/2	产品B	0	
10	2018/4/2	产品A	5	
11	2018/4/3	产品C	12	
12	2018/4/3	产品A	0	

Step 01 选中需要输入出库数量的单元格区域，打开“数据验证”对话框，在“设置”选项卡中设置“允许”为“自定义”，在“公式”文本框中输入公式“=AND(D3<=C3)”。单击“确定”按钮关闭对话框，如图❶所示。

Step 02 返回工作表，此时当输入的出库数量大于入库数量时系统会弹出停止对话框，如图❷所示。

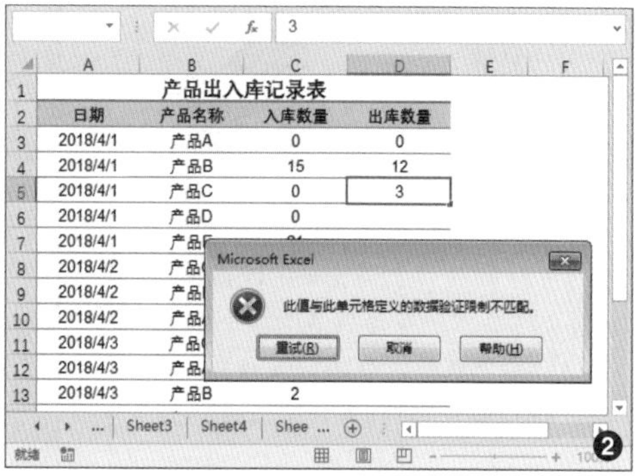

小贴示

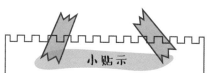

AND函数是逻辑函数，用于判断所有参数是否均为TRUE，本例AND函数的参数是D3<=C3，可以理解为只有D列中的数据小于或等于C列中的数据时公式才能返回TRUE。

02 屏幕提示备注信息

当我们想对某个或某组数据进行信息备注，但又不能破坏表格的整体结构时。可以利用数据验证功能制作一个屏幕提示。

单击“数据验证”按钮，打开“数据验证”对话框，切换到“输入信息”选项卡，输入备注信息。单击“确定”按钮关闭对话框，返回工作表，选中设置了数据验证备注信息的单元格，屏幕上方即可显示备注信息。

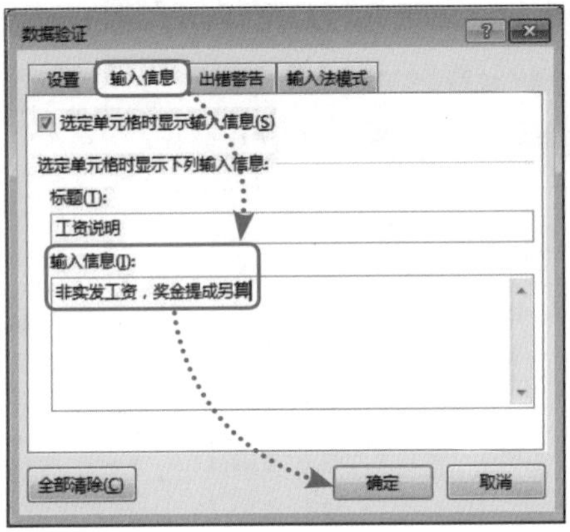

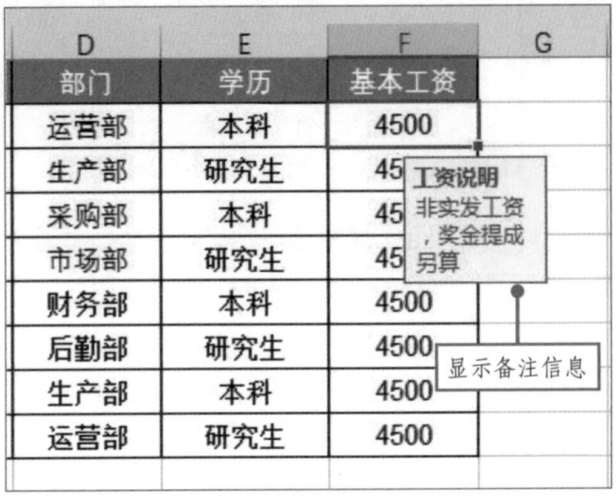

03 奇妙的下拉列表

当需要输入到报表中的内容有一个固定的范围时，比如性别、职务、商品类目等，可以将这部分内容通过数据有效性添加到下拉列表中，这样的话只需要单击鼠标即可轻松完成输入。

Step 01 选中需要添加下拉列表的单元格区域，在“数据”选项卡中单击“数据验证”按钮，打开“数据验证”对话框，在“设置”选项卡中设置“允许”为“序列”，在“来源”文本框中输入将要添加到下拉列表中的内容，每个内容之间用英文逗号隔开。

小贴示

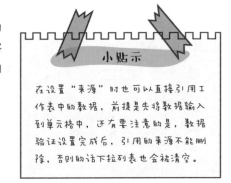

在设置“来源”时也可以直接引用工作表中的数据，前提是先将数据输入到单元格中，还有要注意的是，数据验证设置完成后，引用的来源不能删除，否则的话下拉列表也会被清空。

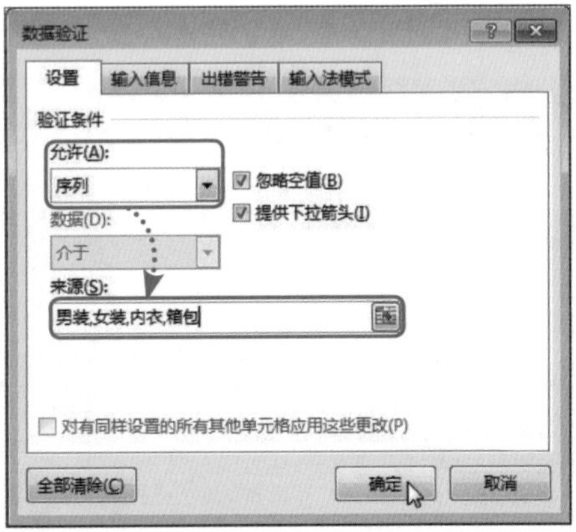

Step 02 返回工作表，选中设置了数据验证的单元格，单元格右侧会出现一个下拉按钮，单击这个按钮会展开下拉列表，从中选择一个选项，该选项即可被输入到单元格中。

解决下拉按钮不显示的问题：

有时候设置了数据验证的条件为“序列”，也引用了正确的“来源”，但是单元格中却没有显示下拉按钮。而且在单元格中仍然只能输入“来源”文本框中引用的数据，如下右图所示。这是为什么呢?

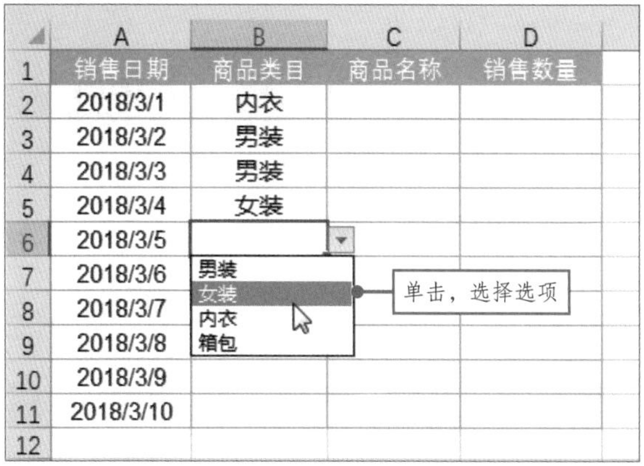

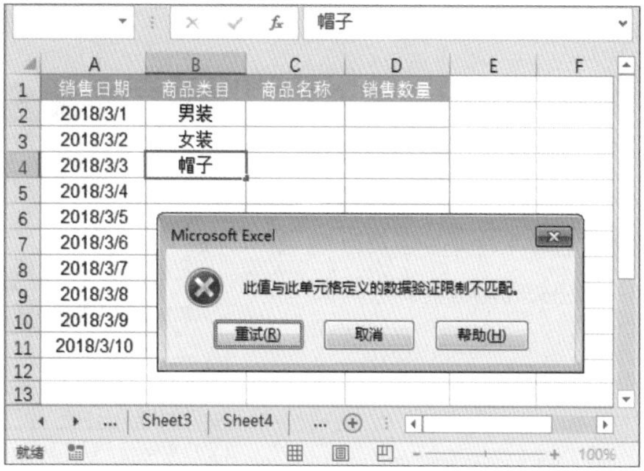

此时需要追根溯源。单击“数据验证”按钮打开“数据验证”对话框。通过观察可以发现“提供下拉箭头”复选框没有勾选。这便是问题的根源所在。勾选该复选框便可显示下拉按钮。

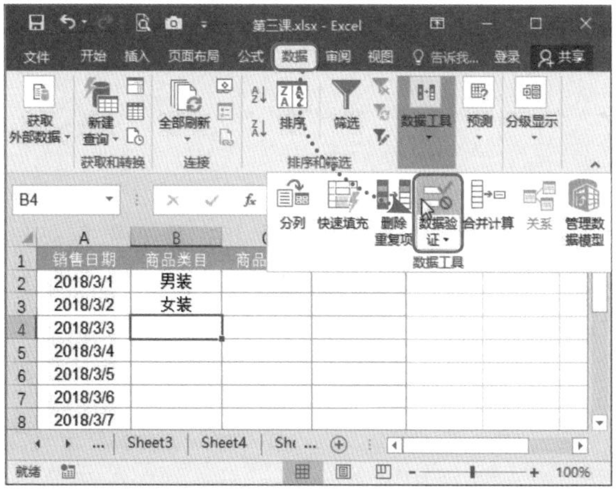

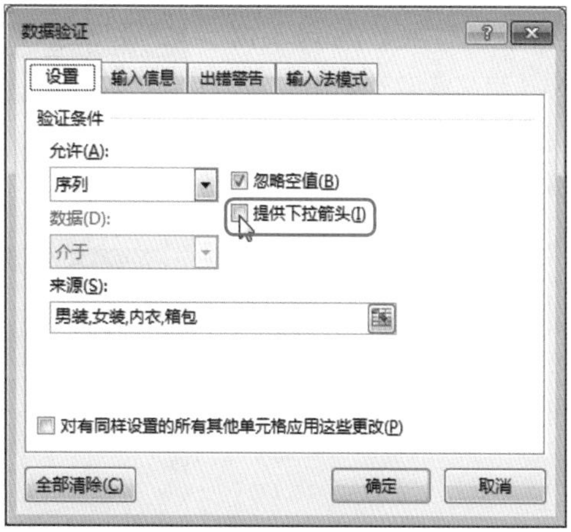

04 多重限制数据输入

通过上一个例子学习了如何利用数据验证在单元格中设置下拉列表，本例增加点难度继续深入学习，已知每一个商品类目中包含的商品名称不同，现在需要根据商品类目来选择商品名称，这就需要对数据输入进行多重限制。下面跟随小德子一起看看对数据输入进行多重限制是如何实现的吧。

首先制作一份商品明细表，列出商品类目和对应的商品名称，分别为“商品类目”和“商品名称”命名，为下一步的数据验证设置做好准备工作。

Step 01 选中商品的品类，打开“公式”选项卡，在“定义的名称”组中单击“定义名称”按钮。打开“新建名称”对话框，输入“名称”为“商品类目”。单击“确定”按钮关闭对话框。

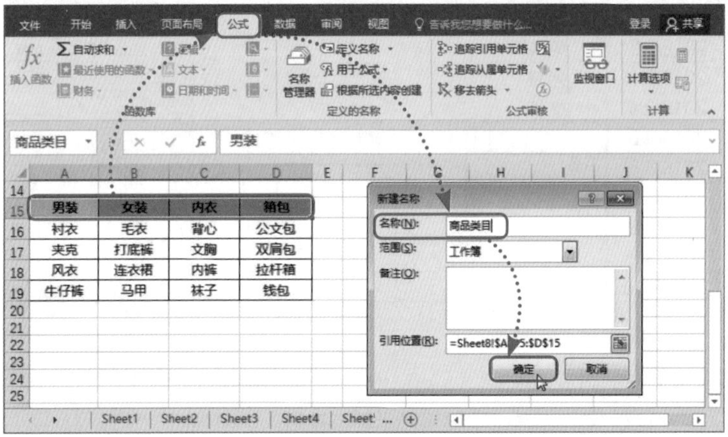

Step 02 选中“男装”品类下的所有商品，再次单击“定义名称”按钮，打开“新建名称”对话框。在“名称”文本框中输入“男装”，单击“确定”按钮。随后依次为“女装”、“内衣”、“箱包”定义名称。

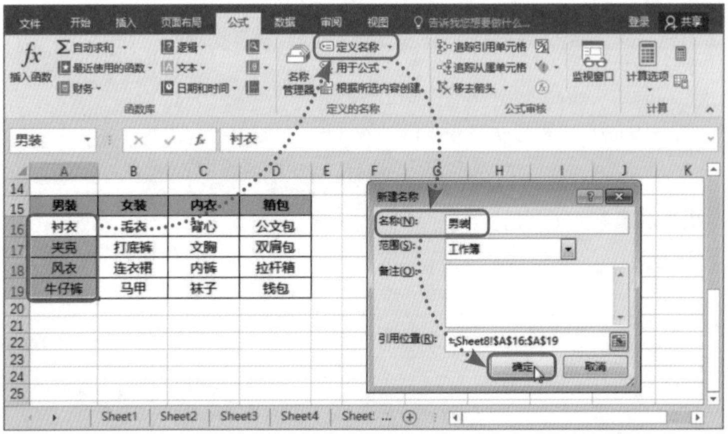

按Ctrl+F3组合键可以打开“名称管理器”对话框，在该对话框中可以查看到定义名称的详细信息，在这里可以对名称进行编辑或删除等操作。

然后，开始设置数据验证。

Step 01 选中商品类目单元格区域，打开“数据”选项卡，在“数据工具”组中单击“数据验证”按钮，如图❶所示。

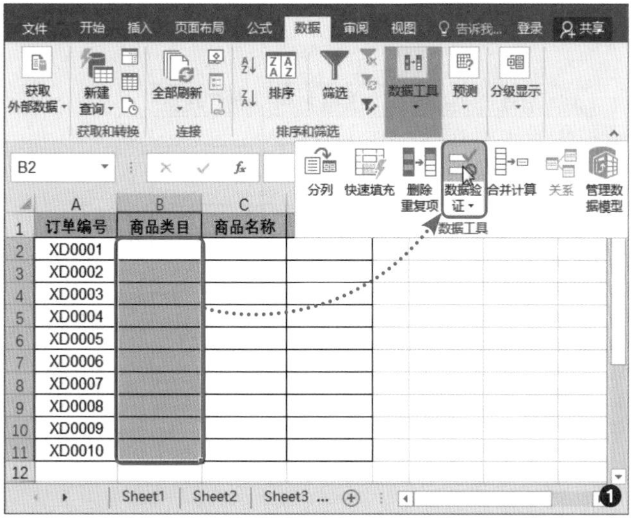

Step 02 打开“数据验证”对话框，将“允许”设为“序列”，将“来源”设为“=商品类目”，如图❷所示。单击“确定”按钮关闭对话框。

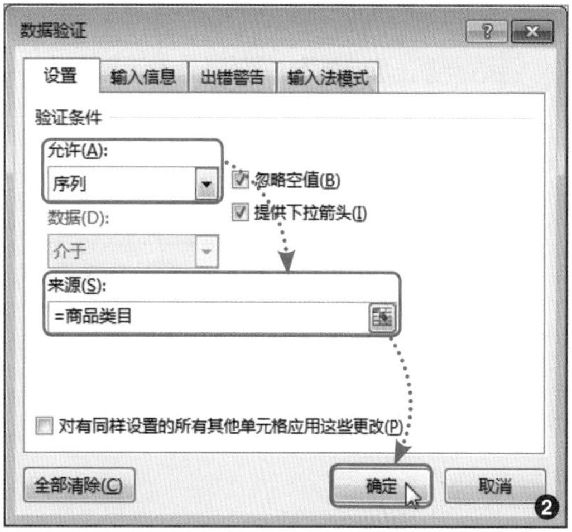

Step 03 在工作表中选中商品名称单元格区域，再次打开“数据验证”对话框，将“允许”设为“序列”，将“来源”设为“=INDIRECT(B2)”，如图❸所示。单击“确定”按钮后可能会弹出提示信息对话框，单击“是”按钮忽略就可以了，如图❹所示。

小贴示

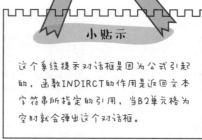

这个系统提示对话框是因为公式引起的，函数INDIRCT的作用是返回文本字符串所指定的引用，当B2单元格为空时就会弹出这个对话框。

在商品类目列中选择一个品类后，商品名称就被限制只能选择该品类所包含的商品了。

	A	B	C	D	E
1	订单编号	商品类目	商品名称	销售数量	
2	XD0001	男装	夹克		
3	XD0002	女装	毛衣		
4	XD0003	内衣	袜子		
5	XD0004	女装	连衣裙		
6	XD0005	箱包	拉杆箱		
7	XD0006				
8	XD0007	男装			
9	XD0008	女装			
10	XD0009	内衣			
11	XD0010	箱包			
12					

	A	B	C	D	E
1	订单编号	商品类目	商品名称	销售数量	
2	XD0001	男装	夹克		
3	XD0002	女装	毛衣		
4	XD0003	内衣	袜子		
5	XD0004	女装	连衣裙		
6	XD0005	箱包	拉杆箱		
7	XD0006	女装			
8	XD0007		毛衣		
9	XD0008		打底裤		
10	XD0009		连衣裙		
11	XD0010		马甲		
12					

05 数据验证一目了然

如果想知道一张表格中是否有单元格设置了数据验证，那不妨来个精确定位，使用定位条件即可轻松定位自己想找的内容。

按Ctrl+G组合键打开“定位”对话框，单击“定位条件”按钮，打开“定位条件”对话框，选中“数据验证”单选按钮，最后单击“确定”按钮，设置了数据验证的单元格就可以全部被选中。如果弹出系统对话框，显示“未找到单元格”，则说明该工作表中没有设置数据验证的单元格。

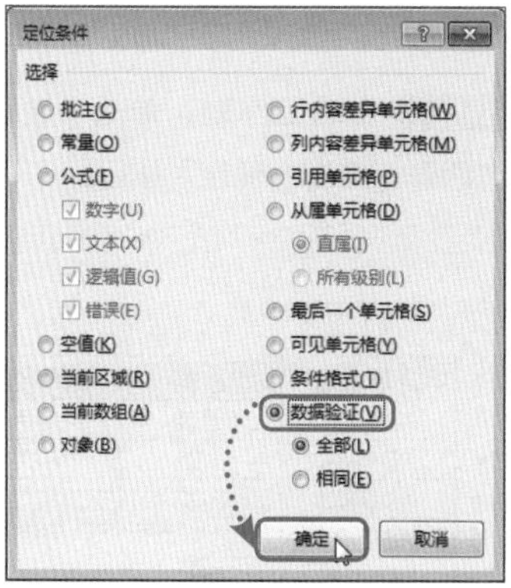

用户还可以通过“圈释无效数据”功能对数据验证结果进行检查，如果检查出错误会直接圈释出来。

单击“数据验证”下拉按钮，在下拉列表中选择“圈释无效数据”选项，即可圈释出工作表中的无效数据验证。

如果要清除圈释，则选择“清除验证标识圈”选项。

06 清除数据验证

不想使用数据验证的时候可以将数据验证删除。直接删除单元格中的内容并不能删除数据验证，那么，数据验证究竟应该如何清除呢？小德子告诉你方法。

Step 01 全选工作表，单击“数据验证”按钮，弹出系统警告对话框，单击“确定”按钮。

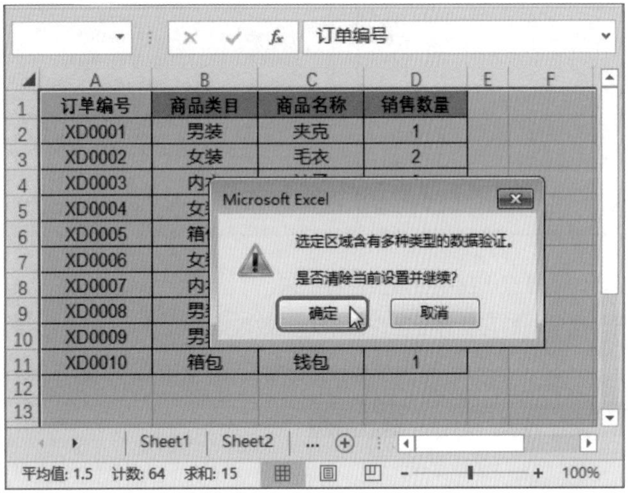

现在有不少用户使用的是老版本的Excel，小德子在这里要提醒一下，Excel 2013之前的版本含Excel 2010、Excel 2007叫做数据有效性。

数据验证在日常工作中的应用还是非常普遍的，小德子在前面介绍了一些比较典型的应用。特别是数据验证和函数的组合应用，使用不同的函数可对单元格做出不同的限制，讲到这里小德子想到一个关于数据验证和函数的组合应用，那就是限制单元格中所输内容的唯一性。最后将这个案例分享给大家。

如右图所示，“=COUNTIF(A:A,A2)=1”这个公式限制A列中不可输入重复的内容。

Step 02 打开“数据验证”对话框，单击“全部清除”按钮，随后单击“确定”按钮关闭对话框，即可删除工作表中的所有数据验证。

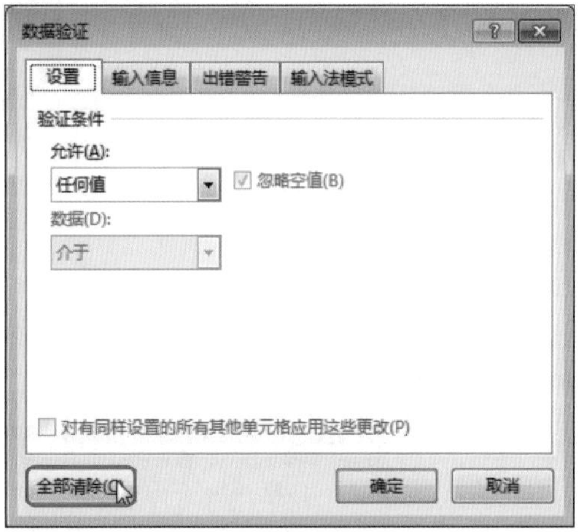

表格数据任我查

当Excel表格中数据较多时，要想从中找到某些内容就会比较困难，那么用什么样的方法能够迅速的查找到目标内容呢？小德子在下面给大家总结了一些方法。

01 对话框查找原则

查找功能一般用于查找重复项，然后做统一替换。查找的内容通常为文本、数值、符号、单元格格式等，查找的范围可以控制，可以在指定的区域内查找，也可以在整个工作表或者是工作簿中进行查找。

通过功能按钮可打开“查找和替换”对话框，方法为：单击“开始”选项卡“编辑”组中的“查找和选择”按钮，在下拉列表中选择“查找”选项。或者通过快捷键“Ctrl+F”打开对话框。

在“查找内容”文本框中输入需要查找的内容，单击“查找下一个”按钮，便可在工作表中依次查看找到的内容。

单击“查找全部”按钮，对话框中显示出查找的所有内容，按“Ctrl+A”组合键，查找到的内容在工作表中全部被选中。这样查看比较方便。

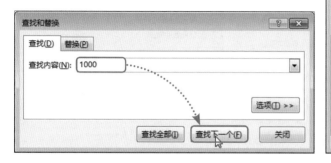

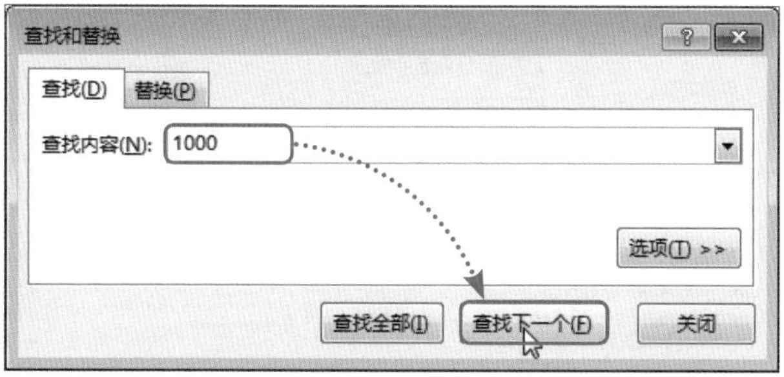

用户也可以根据单元格格式进行查找，首先单击“选项”按钮，展开对话框中的所有选项。

大家可以直接从单元格中选择格式，或是自行设置单元格格式。单击“格式”按钮右侧的下拉按钮，选择“从单元格选择格式”选项，可以直接从单元格中选择需要查找的格式。如果直接单击“格式”按钮，会打开“设置单元格格式”对话框，在该对话框中可自行设置需要查找的单元格样式。

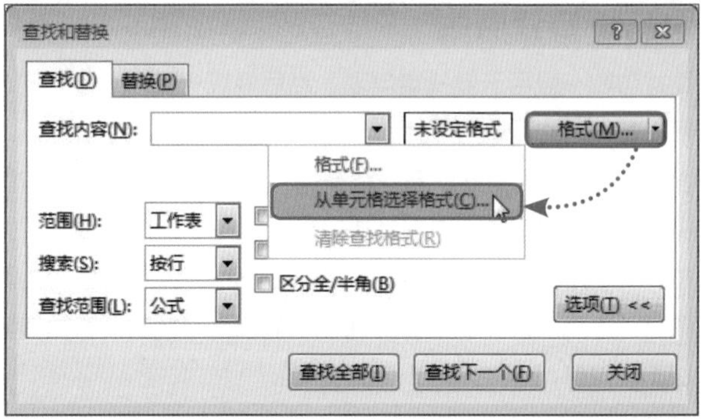

另外，展开对话框中的所有选项后，仔细观察这些选项就会发现，还可以将查找范围设置成整个工作簿、按行或者按列查找内容、查找时区分大小写等。

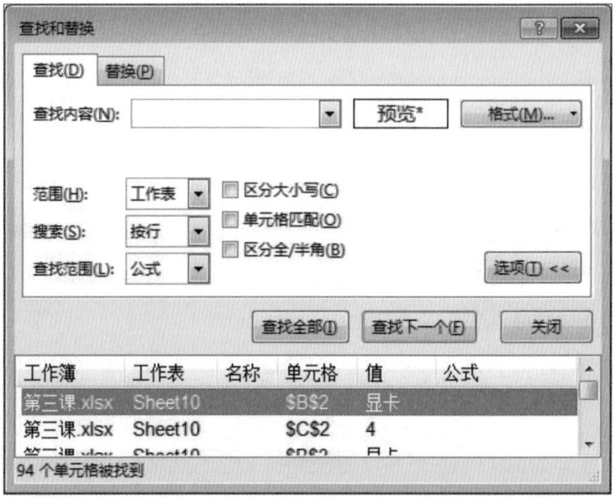

02 模糊查找方法详解

我们这里说的模糊查找指的是使用通配符进行查找，Excel中的通配符主要有星号(*)和问号(?)，可以用来代替一个或多个真正字符。当不知道真正字符或者懒得输入完整的字符时，就可以用通配符代替。下面就来看看通配符在查找中的用法。

通配符	含义
?	任意一个字符
*	任意多个字符
~	代表？或 * 符号本身

“～”通配符需要和“？”或“*”符号配合使用，“～？”代表查找包含“？”符号的内容。而“～*”则代表查找包含“*”符号的内容。

按Ctrl+F组合键打开“查找和替换”对话框，在“查找内容”文本框中输入“显？”并勾选“单元格匹配”复选框，单击“查找全部”按钮，可查找到“显”后面包含一个字的所有内容，如图❶所示。

如果输入“显*”则会查找到所有以“显”开头的内容，如图❷所示。

小贴示

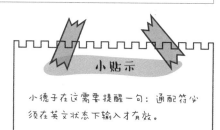

小德子在这需要提醒一句：通配符必须在英文状态下输入才有效。

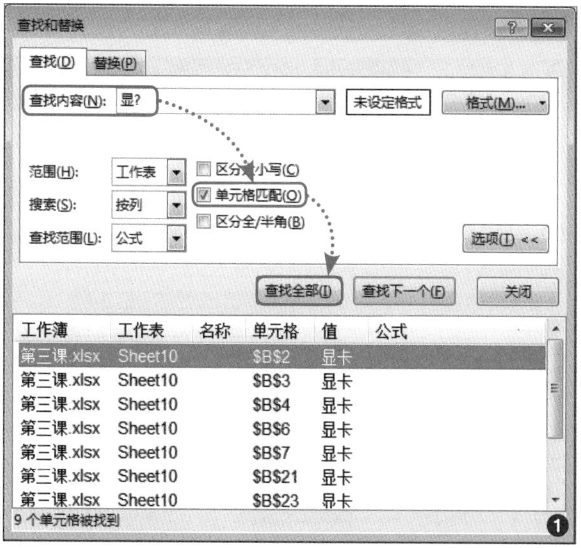

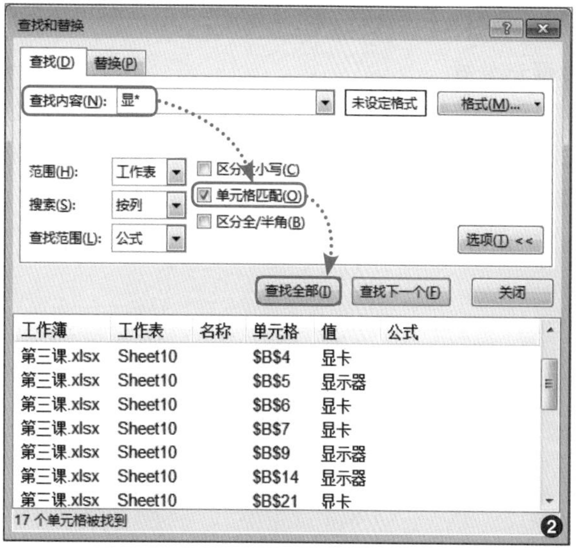

⓷ 公式位置一秒追踪

要想知道一份数据表中哪些单元格应用了公式，不必一个一个单元格的选中再去观察编辑栏，那样太浪费时间了，Excel有定位公式的功能。

1. 定位公式单元格

打开“开始”选项卡，在“编辑”组中单击“查找和选择”按钮，在下拉列表中选择“公式”选项，即可选中使用了公式的单元格。

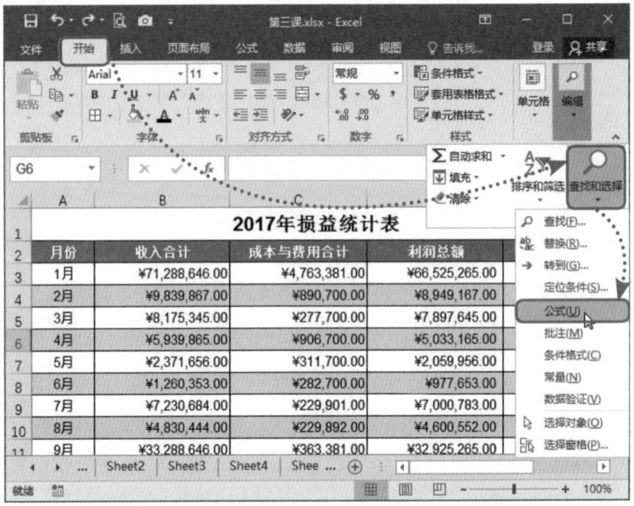

小贴示

在“查找和选择”下拉列表中选择“定位条件”按钮，可以打开“定位条件”对话框，选中“公式”单选按钮也可选中所有公式。

2. 显示公式

打开“公式”选项卡，在“公式审核”组中单击“显示公式”按钮，公式即可显示出来，再次单击“显示公式”按钮可恢复值的显示效果。

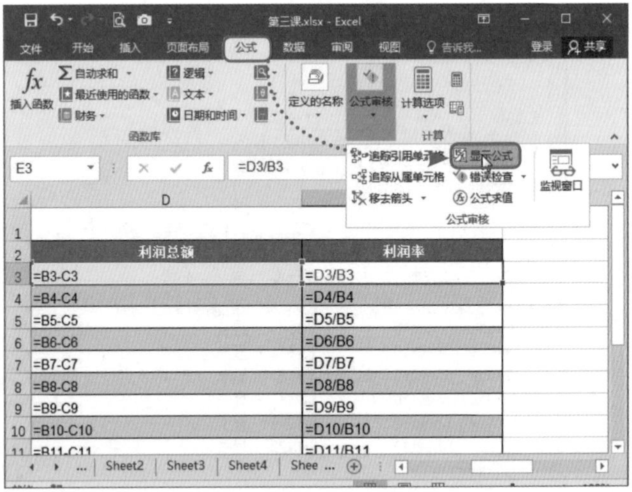

04 查找并突出显示重复值

为单元格数据设置条件格式可以通过颜色、图标和数据条轻松的浏览数据趋势和模式，能够直观的突出重要值。本例将使用条件格式突出显示重复值，筛查重复项。

Step 01 选中需要排查重复项的单元格区域，打开“开始”选项卡，在“样式”组中单击“条件格式”按钮，在下拉列表中选择“突出显示单元格规则”选项，在其下级列表中选择“重复值”选项。

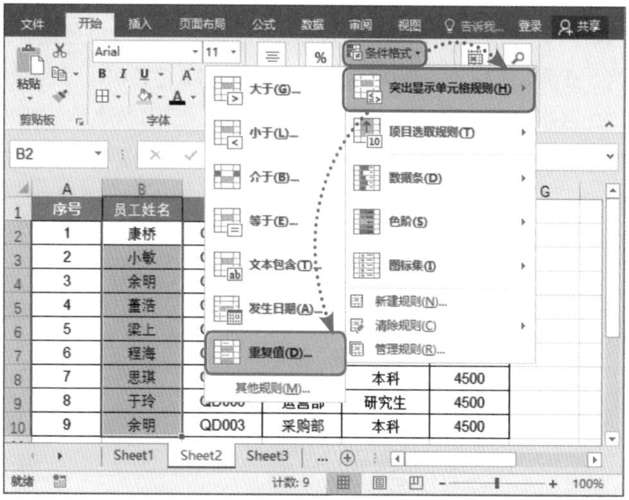

Step 02 弹出“重复值”对话框，设置好重复值的单元格样式，单击“确定”按钮，关闭对话框，选区内重复的数据已经被突出显示了。

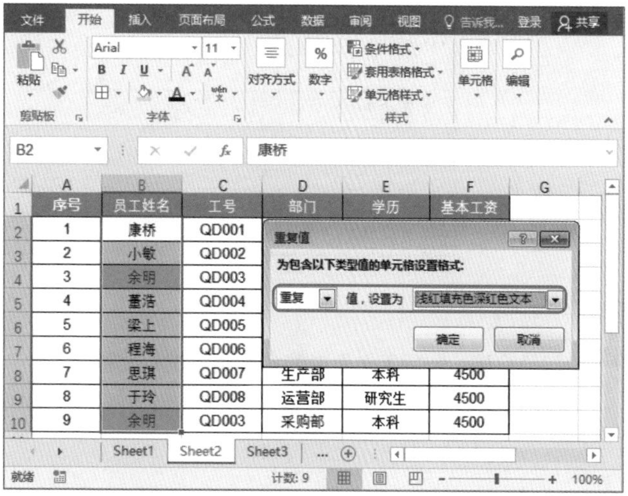

知识加油站：新建格式规则

条件格式在Excel中的用处非常大，除了列表中我们可以见到的功能外，用户甚至可以新建格式规则，自己设定所需数据的单元格格式。在“条件格式”下拉列表中选择“新建规则”选项可以打开“新建格式规则”对话框。在该对话框中便可进行规则设置。

05 精确定位单元格

在工作簿中选择某个工作表中的指定的区域对于你来说或许并不是什么难事，但如何快速的定位到单元格区域你知道吗？可能很多人都还不知道定位功能如何使用，下面小德子给大家介绍一下。

按Ctrl+G组合键可以打开“定位”对话框，定义过名称的单元格会自动出现在“定位”对话框中，选择任意一个名称，单击“确定”按钮后就可以快速定位到该名称对应的单元格区域。在“引用位置”文本框中输入单元格名称，可以快速定位到该单元格，在需要选取较大单元格区域时，例如A1：Q1000，使用“定位”对话框来定位也是个不错的选择。

另外，在单元格或单元格区域名称前加上工作表名称，例如：Sheet2!A1，就可以定位到该工作表中相应的区域。

单击“定位”对话框中的“定位条件”按钮，会打开“定位条件”对话框，我们先观察一下对话框中有哪些选项，对这些选项形成一个初步的印象，以便日后想要定位某些内容的时候可以快速联想到定位条件对话框中有没有这个选项。选中某一个选项即可快速定位到指定的内容。一般我们常用定位条件对话框定位“公式”、“空值”、“可见单元格”、“对象”（即图形、图片）等。

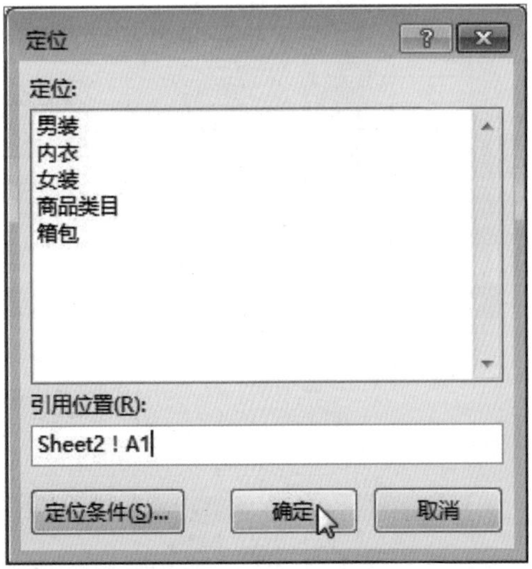

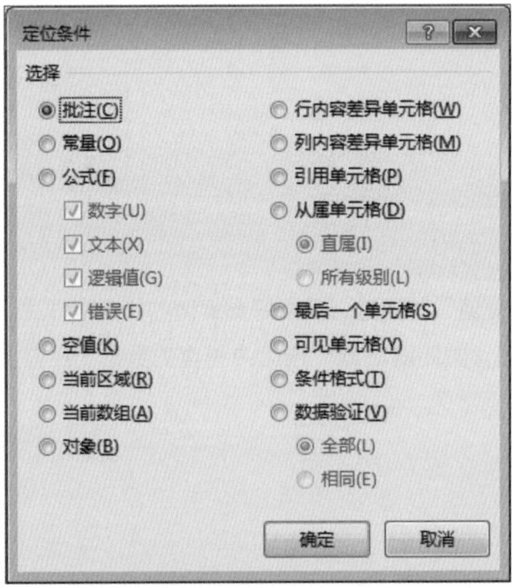

知识加油站：利用工作表中的名称框定位单元格

在工作表中的名称框内输入单元格或单元格区域名称，按下Enter键也可以快速定位到当前工作表中相应的区域。名称框在工作表区域左上方，编辑栏左侧。

06 批量删除空白行

在制作大型表格时，可能会因为反复的插入或删除行的操作而留下空白行，这时需要做的就是批量删除数据表中存在的这些空白行。

Step 01 按Ctrl+G组合键打开“定位”对话框，单击“定位条件”按钮。

Step 02 打开“定位条件”对话框，选中“空值”单选按钮，单击“确定”按钮。数据表中的空行被全部选中。

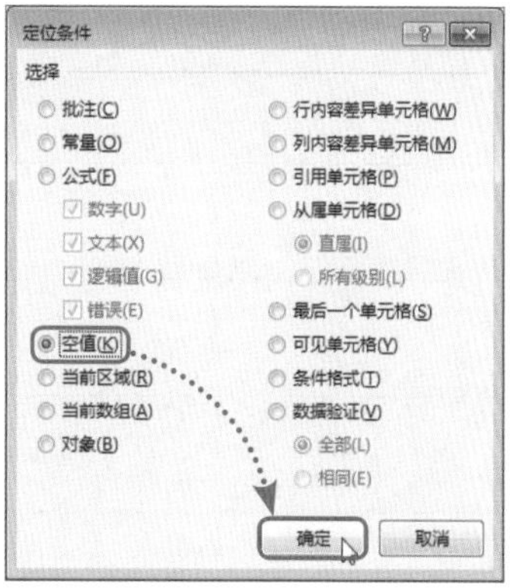

Step 03 在选中的空行上方右击，在弹出的菜单中选择“删除”命令。随后弹出“删除”对话框，选中“下方单元格上移”单选按钮，单击“确定”按钮，报表中的空行即可被全部删除。

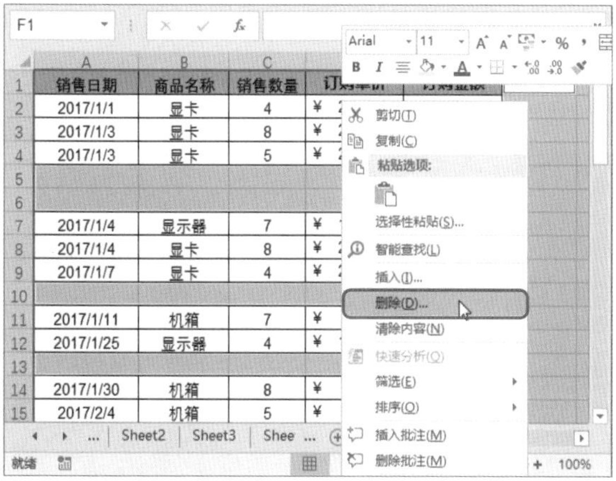

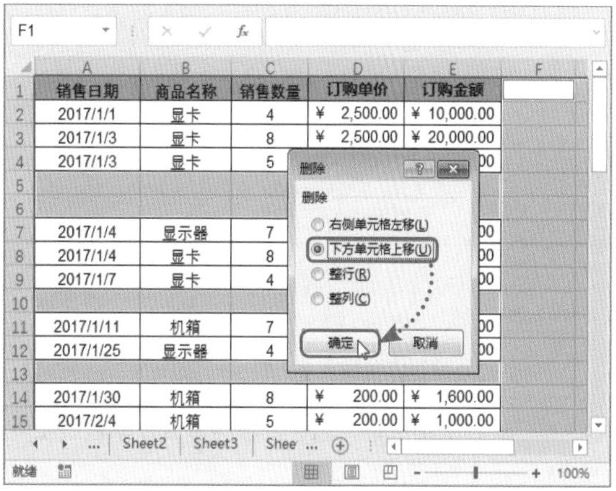

QUESTION

学习心得

这一课我们主要学习了如何快速有效的输入数据，重点包括数据的复制、填充以及数据有效性设置等，另外本课还介绍了数据的查找和定位方法。这些案例都是大家平时在操作Excel的时候经常会遇到的，没有太多生涩难懂的内容。欢迎大家到“德胜书坊”微信平台和相关QQ群中分享自己的心得，希望能够对至今迷茫的表哥表妹们有所帮助！

别小看一些Excel的小技巧，它会使你的办公效率直线上升！

Chapter

04

必备的数据分析手法

Excel 数据分析法，

让数据不再有漏网之鱼

SECTION 01

让你成为排序小超人

在制作大型的数据表时，很难将数据的所有规律一次性的呈现在表格中，比如一张员工信息表，我们可以按照工号的顺序录入数据，也可以按照年龄顺序录入数据。那么问题来了，当想让报表中指定的字段根据要求排列顺序时应该如何操作？重新把所有数据再输入一遍吗？那显然是不科学的。小德子在这里告诉大家，Excel本身带有排序功能，可以让指定的字段乖乖按照指定的方式快速排序。

01 数据排序很简单

排序，是为了帮助用户快速的分析数据，试想一下一份杂乱无章的数据表和一份井井有条的数据表哪个更有助于数据的查看和分析？为数据排序非常的简单，不妨一起来学习一下。

选中需要排序的列中的任意一个单元格，打开“数据”选项卡，在“排序和筛选”组中单击“升序”或“降序”按钮，即可为该列排序。

知识加油站：升序和降序的含义

升序，表示数据从低到高排列，数据最终以上升的趋势排列。而降序与升序相反，表示数据由高到低排列，数据最终以下降的趋势排列。

“表头参与排序”？傻傻弄不清楚！

Excel是默认表头不参与排序的，如图❶、❷所示。这两张表同样是对籍贯进行升序排序，图❶的表头参与了排序，而图❷的表头却没有参与排序。

	A	B
1	张籽沐	安徽
2	葛常杰	北京
3	汪强	广东
4	乔恩	河北
5	南青	湖北
6	王卿	湖南
7	姓名	籍贯
8	赵烨	江苏
9	张美美	上海
10		

❶

	A	B	C
1	姓名	籍贯	年龄
2	张籽沐	安徽	22
3	葛常杰	北京	33
4	汪强	广东	32
5	乔恩	河北	28
6	南青	湖北	22
7	王卿	湖南	20
8	赵烨	江苏	35
9	张美美	上海	43
10			

❷

这是因为Excel根据表格的内容自动判断该表是不是包含表头，左边的表头虽然填充了底纹，但是因为表头和表格中的其他内容都是汉字，Excel将该表“误判”为了没有表头，所以表格中的所有数据都会参与排序。那么表格是否包含表头只能是Excel自行判断吗？其实并非如此。在Excel无法正确判断表格是否包含表头时我们可以自行设置。

单击“排序和筛选”组中的“排序”按钮，打开“排序”对话框，勾选“数据包含标题”复选框。表头将不再参与排序。若取消勾选，则表头参与排序。

排序时如果不希望周围的数据被扩展，跟着一起改变顺序，可以先选中需要排序的数据再单击“排序”按钮，这时候会弹出一个“排序提醒”对话框，选中“以当前选定区域排序”单选按钮，再单击“排序”按钮，便可实现只对选定区域进行排序。不过这种排序方法会让参与排序的数据脱离跟表格原有的关系，让整个报表产生错误，所以当被排序的数据存在于一份完整的表格中时并不推荐使用。大家只需要了解还有这么一波操作，以备不时之需。

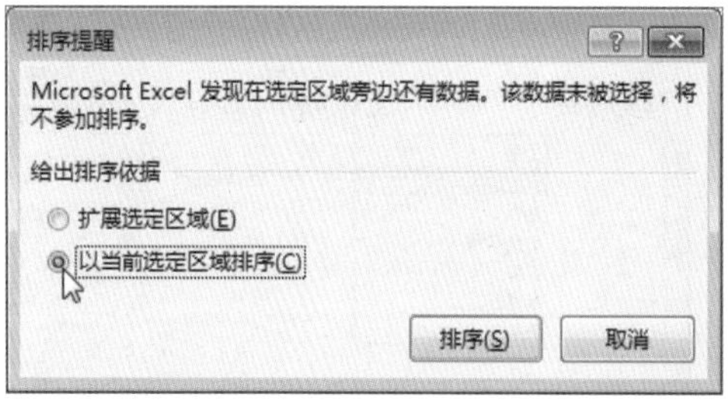

⓪② 根据特殊要求进行排序

在对文本类型的数据进行排序时，Excel默认的是按照拼音首字母排序，我们可以通过设置将排序方式修改为按笔画顺序排序，另外我们也可以让数据按行进行排序。当对英文数据排序时还可以区分大小写。

在“数据”选项卡的“排序和筛选”组中单击“排序”按钮，打开“排序”对话框，单击“选项”按钮，如图❶所示。会弹出一个“排序选项”对话框，在该对话框中可以对排序方式进行设置，例如选择“笔划排序”或者“按行排序”等，如图❷所示。

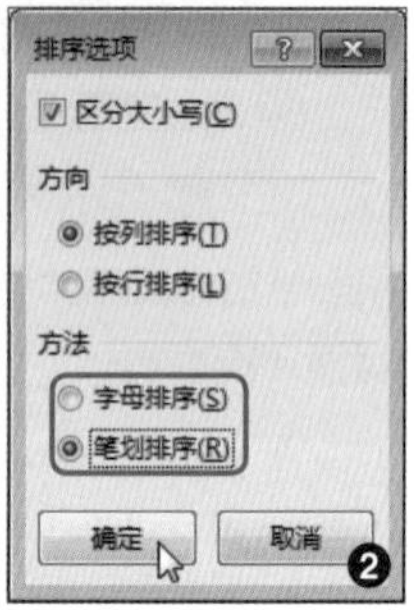

选择好排序方式后，还需要留在“排序”对话框中设置好“主要关键字”(即需要对哪一列或行排序)、“排序依据”(即按单元格中的什么内容进行排序)和“次序”(即按升序、降序还是自定义序列进行排序)，如图❸所示。最后单击“确定”按钮，关闭对话框。表格中的数据即可根据设置自动排序。用户可以在自己的数据表中尝试操作。

按文本长度进行排序也很常见，但是我们不能用常规的方法直接根据文本长度进行排序，这时候Excel的秘密武器“函数”就可以闪亮登场了，借助LEN函数先统计出文本字符个数，再对统计出的数字进行排序就可以实现按文本长度排序的效果。排序完成后删除辅助列就行了。

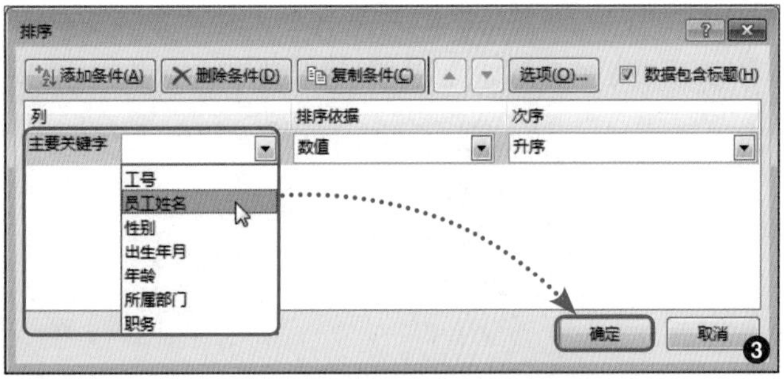

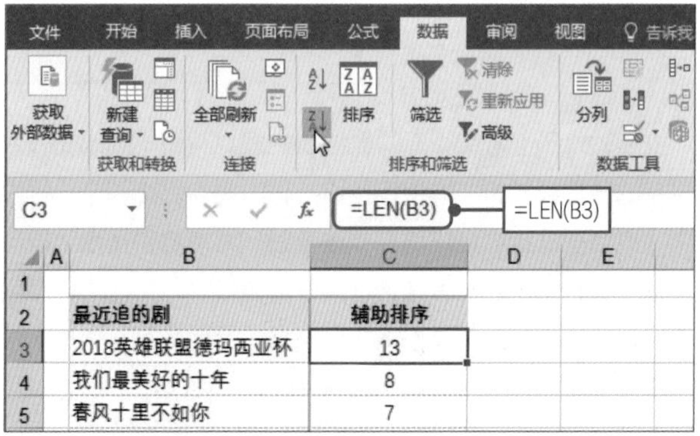

03 按照颜色也能排序

有些用户喜欢用颜色来分类或标注数据，Excel也可以根据字体颜色或单元格填充色进行排序。

首先我们来看看排序之前的表格，表格制作者根据某些因素将“业务员”列的姓名设置成了不同的颜色，我们现在需要将这些业务员的姓名按蓝、红、黄的颜色顺序排序。

	A	B	C	D	E
1	序号	业务员	区域	销售额	
2	1	刘思明	华北	¥91,518.00	
3	2	宋清风	华北	¥315,126.00	
4	3	牛敏	华北	¥279,834.00	
5	4	常尚霞	华东	¥77,857.00	
6	5	李华华	华东	¥369,845.00	
7	6	吴子乐	华东	¥249,889.00	
8	7	狄尔	华东	¥97,313.00	
9	8	英豪	华东	¥361,933.00	
10	9	叶小倩	华南	¥423,191.00	
11	10	杰明	华南	¥316,250.00	
12	11	杨一涵	华南	¥392,582.00	
13	12	郝爱国	华南	¥290,562.00	
14	13	肖央	华南	¥62,129.00	

Step 01 单击“数据”选项卡“排序和筛选”组中的“排序”按钮，打开“排序”对话框，设置“主要关键字”为“业务员”，选择“排序依据”为“字体颜色”。

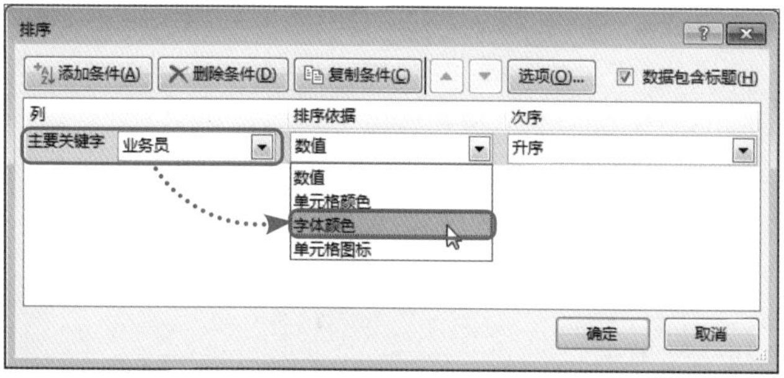

Step 02 这时候对话框中会新增颜色列表，其中包含“业务员”列中的所有字体的颜色。选择需要排在最顶端的颜色。

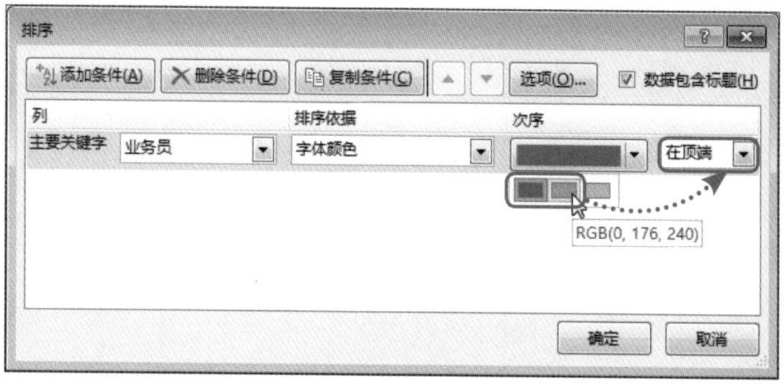

Step 03 单击“复制条件”按钮，向对话框中添加一组“次要关键字”选项，在颜色下拉列表中选择需要排序在第二位的颜色，随后再次添加一组“次要关键字”选择好需要排序在最后的颜色。最后单击“确定”按钮关闭对话框。

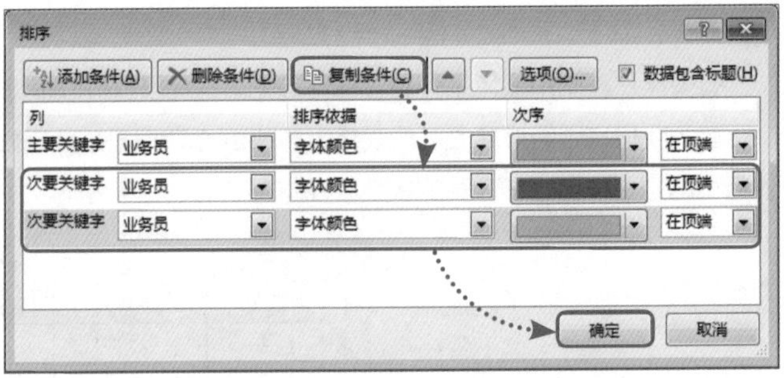

最终“业务员”列中的姓名根据“排序”对话框中所设置的颜色顺序自动排序。

	A	B	C	D	E
1	序号	业务员	区域	销售额	
2	2	宋清风	华北	¥315,126.00	
3	5	李华华	华东	¥369,845.00	
4	9	叶小倩	华南	¥423,191.00	
5	14	董鹿	华中	¥368,164.00	
6	1	刘思明	华北	¥91,518.00	
7	4	常尚霞	华东	¥77,857.00	
8	7	狄尔	华东	¥97,313.00	
9	11	杨一涵	华南	¥392,582.00	
10	13	肖央	华南	¥62,129.00	
11	15	李牧	华中	¥111,661.00	
12	3	牛敏	华北	¥279,834.00	
13	6	吴子乐	华东	¥249,889.00	
14	8	英豪	华东	¥361,933.00	

Sheet1 | Sheet3 | Sheet4 | Sheet5 | Sheet6 | Shee

小贴示

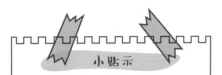

按单元格颜色排序和按字体颜色排序方法相同，只需要在“排序”对话框中选择“排序依据”为“单元格颜色”即可。

小贴示

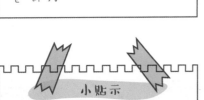

本例需要排序的字体颜色只有三种，如果用户在实际操作中要为更多种字体颜色排序，只要继续单击“复制条件”按钮，向对话框中添加“次要关键字”按照自己理想的顺序依次设置颜色即可。

04 多条件排序法则

不经常接触Excel的朋友，可能只会简单的排序，搞不清楚多条件排序的意思。其实很好理解，多条件排序就是先按一个字段排序，排序后该字段中相同的项，再按另一个字段排序，例如员工工资表，先按所属部门排序，排序好后，有相同部门的人，这部分人再按照工资排序。现在小德子给大家说一说多条件排序是如何操作的。

Step 01 单击“排序”按钮打开“排序”对话框，设置主要关键字为“所属部门”，按“降序”排序。

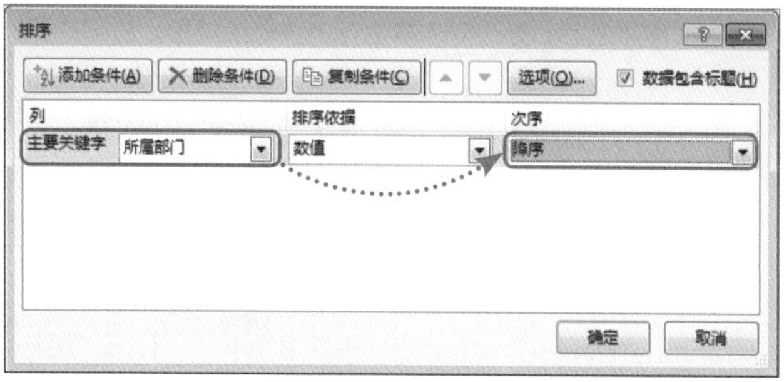

知识加油站：删除多余的排序条件

在“排序”对话框中，如果想要删除一些多余的“次要关键字”，就需要先选中要删除的关键字，然后单击“删除条件”按钮就可以了。

Step 02 单击“添加条件”按钮，向对话框中添加次要关键字，设置“实发工资”为“升序”排序。最后单击“确定”按钮关闭对话框。

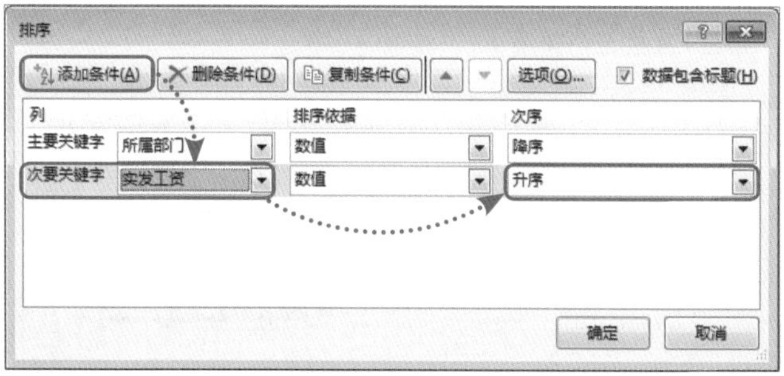

Step 03 此时员工工资表中所属部门随即按降序排序，实发工资再根据相同部门按照升序排序。

	A	B	C	D	E
1	员工姓名	性别	出生年月	所属部门	实发工资
2	乔恩	女	1982/2/11	质量管理部	¥3,645.30
3	张籽沐	男	1978/4/22	质量管理部	¥3,812.00
4	菁菁	女	1991/12/14	质量管理部	¥3,841.00
5	汪强	男	1982/10/14	质量管理部	¥4,241.00
6	刘品超	男	1980/3/15	质量管理部	¥4,889.30
7	宋清风	男	1976/5/1	生产管理部	¥4,045.30
8	周末	男	1989/9/5	生产管理部	¥4,297.50
9	伊诺	男	1994/5/28	生产管理部	¥4,496.00
10	李华华	男	1970/4/10	生产管理部	¥4,529.30
11	董鹿	女	1981/10/29	生产管理部	¥4,626.50
12	周小兰	女	1995/5/30	生产管理部	¥4,829.30
13	吴子乐	男	1980/8/1	生产管理部	¥7,667.00
14	赵祥	男	1986/8/1	设备管理部	¥4,196.00
15	李牧	男	1980/9/7	设备管理部	¥4,596.00
16	郑双双	女	1986/3/3	设备管理部	¥6,145.30
17	邵佳清	男	1993/10/2	设备管理部	¥6,952.50

本例使用的表格，一旦进行了排序操作，再想恢复到数据最初的排列状态，就只有借助“撤销”键来实现了，（这还是在未关闭工作簿的前提下）如果在排序之后又对表格进行了很多其他的操作，那么就必须得将这些操作全部“撤销”，直到恢复最初的状态为止，显然这样做会无形中增加我们的工作量。

所以为了减少日后工作中不必要的麻烦，大家最好为自己的报表添加序号，通过序号不仅可以轻易恢复数据的最初状态，当有些行被误删的时候也可以及时发现。

添加序号之后，无论对表格进行多少轮的排序，最终只要升序排序序号列就可以恢复表格的最初排列顺序。

	A	B	C	D	E	F
1	序号	员工姓名	性别	出生年月	所属部门	实发工资
2	1	宋清风	男	1976/5/1	生产管理部	¥4,045.30
3	2	牛敏	女	1989/3/18	采购部	¥5,022.00
4	3	叶小倩	女	1989/2/5	采购部	¥4,596.00
5	4	常尚霞	女	1990/3/13	采购部	¥3,826.50
6	5	李华华	男	1970/4/10	生产管理部	¥4,529.30
7	6	吴子乐	男	1980/8/1	生产管理部	¥7,667.00
8	7	董鹿	女	1981/10/29	生产管理部	¥4,626.50
9	8	李牧	男	1980/9/7	设备管理部	¥4,596.00
10	9	菁菁	女	1991/12/14	质量管理部	¥3,841.00
11	10	伊诺	男	1994/5/28	生产管理部	¥4,496.00
12	11	周小兰	女	1995/5/30	生产管理部	¥4,829.30
13	12	刘品超	男	1980/3/15	质量管理部	¥4,889.30
14	13	董凡	女	1980/4/5	技术部	¥4,254.00
15	14	郑双双	女	1986/3/3	设备管理部	¥6,145.30
16	15	周末	男	1989/9/5	生产管理部	¥4,297.50
17	16	邵佳清	男	1993/10/2	设备管理部	¥6,952.50

Sheet1 | Sheet2 | Sheet3 ...

05 自定义排序规则

自定义排序，顾名思义就是按照自己定义的规则进行排序。Excel本身包含一些常用的自定义序列，前面小德子给大家介绍过如何创建用于填充的自定义序列，在这里小德子要告诉大家如何利用自定义序列进行排序。

Step 01 在“数据”选项卡中单击“排序”按钮，打开“排序”对话框，选择好“主要关键字”，“排序依据选择“数值”，在“次序”下拉列表中选择“自定义序列”选项。

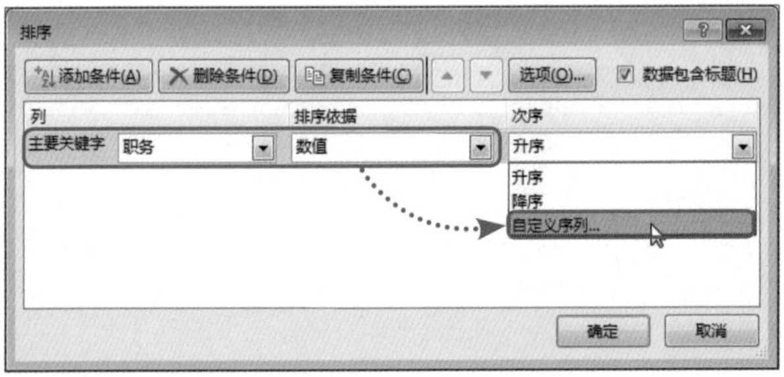

Step 02 打开“自定义序列”对话框并输入自定义的序列，单击“添加”按钮，将新序列添加到“自定义序列”列表中。单击“确定”按钮返回“排序”对话框，单击“确定”按钮关闭该对话框。表格中指定的字段随即按照自定义序列进行排序。

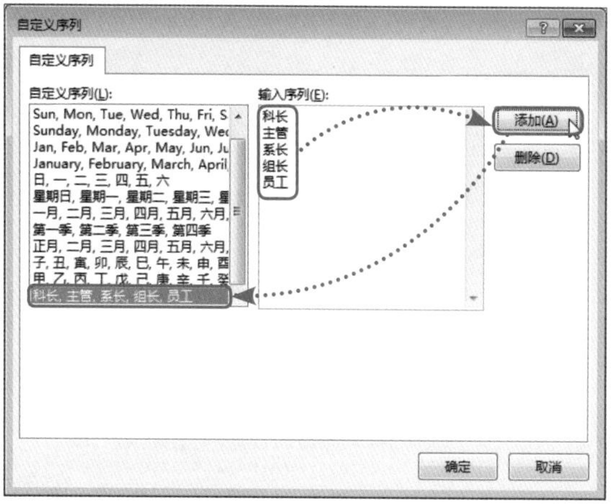

	A	B	C	D
1	序号	姓名	性别	职务
2	2	吴启航	男	科长
3	8	顾盼	女	科长
4	1	徐涟漪	女	主管
5	3	程鹿鸣	男	主管
6	4	夏荷	女	系长
7	7	何萧默	男	组长
8	5	刘承	男	员工
9	6	白薇	女	员工
10	9	杨光	男	员工
11				

添加自定义序列后，Excel会在“排序”对话框中自动生成该自定义序列的反向排序形式，如果用户需要使用这种反向的排序，可以在“次序”下拉列表中选择。

如果想修改或删除自定义序列，则打开“自定义序列”对话框，选中自定义序列，在“输入序列”列表框中对自定义序列进行修改。单击“删除”按钮，就可以直接删除自定义序列。

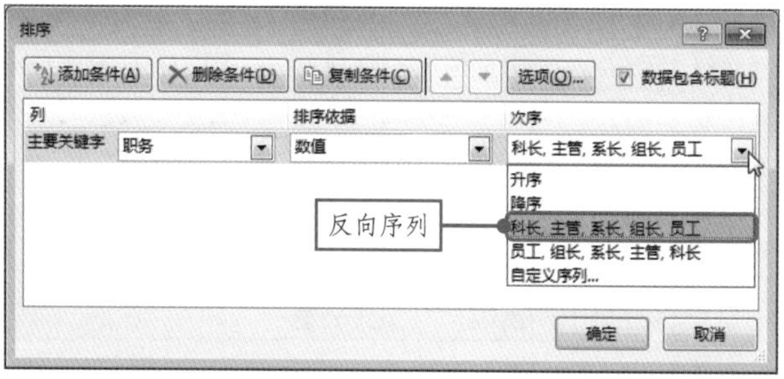

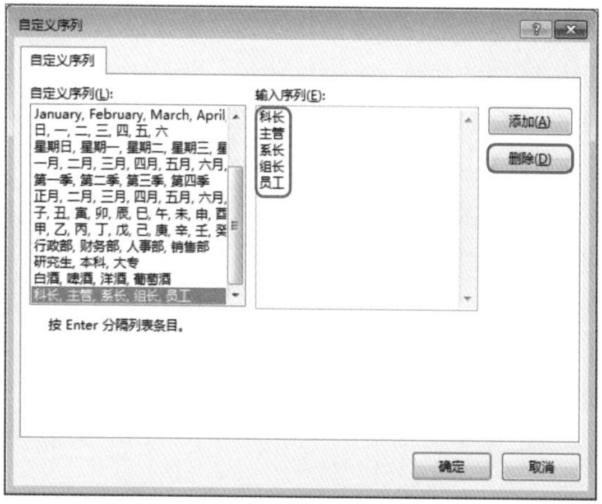

知识加油站：自定义序列打开方式

自定义序列还可以通过“Excel选项”对话框打开：在“文件”菜单中单击“选项”选项，打开“Excel选项”对话框，在“高级”界面中单击“编辑自定义列表”按钮即可打开“自定义序列”对话框。

用这种方法添加了自定义序列后，当要排序时仍然需要通过“排序”对话框打开“自定义序列”对话框，只是省略了“输入序列”这个环节，直接在“自定义序列”列表中就可以找到之前添加的自定义序列。

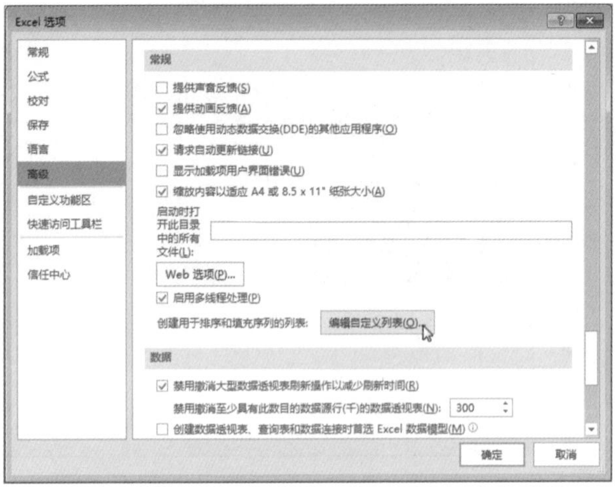

06 随机排序很任性

用户只能按照某种指定的规律为数据排序吗，答案是“NO”！小德子在这里教大家一种“胡乱”排序的方法。是的，你没有看错，就是胡乱排序，打乱原有的顺序重新随机排序。比如说为了公平起见，随机安排假期值班人员。

随机排序时需要借助一个“道具”，那就是“Rand”函数。

在单元格D2中输入公式“=RAND()”，随后向下填充公式至表格最后一个单元格。由此可见，每一个包含公式的单元格内都产生了一个随机的数值。这些随机生成的数值即是随机排序的关键。

	A	B	C	D
1	日期	姓名	部门	随机安排值班人员
2	10月1	凌云	运输部	0.738918055
3	10月2	孙尚香	客服部	0.396184232
4	10月3	董凡	办公室	0.914251037
5	10月4	郑双双	客服部	0.172784614
6	10月5	林常青	客服部	0.520950186
7	10月6	韩佳	仓库	0.111069414
8	10月7	展昭	办公室	0.242723729
9				

选中表格中除日期以外的其他所有单元格，打开“排序”对话框，设置“主要关键字”为“随机安排值班人员”，“排序依据”为“数值”，“次序”可以随意选择。设置好后单击“确定”按钮关闭对话框。

表格中已经对员工进行了随机的值班安排。不选择日期列是为了不让日期参与排序。对本例来说只有日期不变，才能真正实现随机的效果。

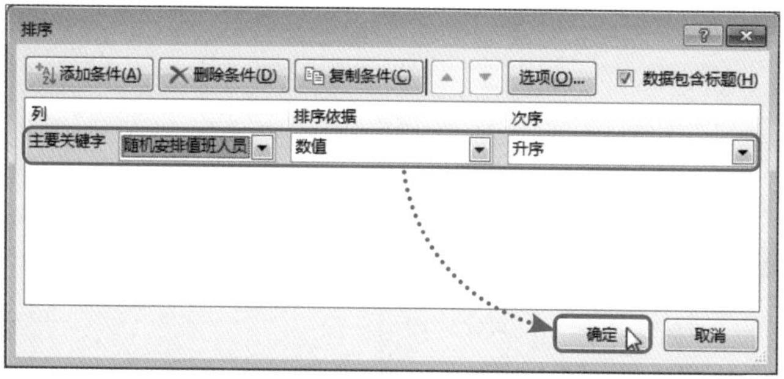

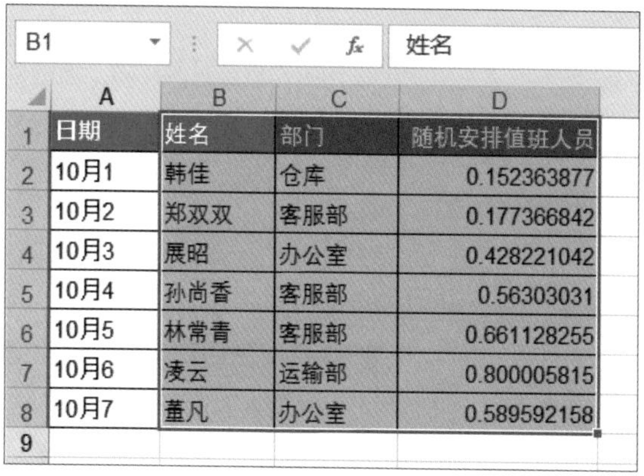

一旦使用随机排序，数据的顺序会全部被打乱不可恢复，所以在随机排序之前，先对其他列的数据进行一次排序，将这次排序的结果作为表格的原始排列效果，比如，先对姓名进行升序排序，随后再进行随机排序，这样，无论进行多少轮的随机排序，当想要恢复数据最初排序时直接升序排序姓名列就行了。由于本例的特殊性，每次排序需要将日期列排除在外。

随机排序完成后可以直接删除或者隐藏辅助列。选中整列，然后右击，在右键菜单中可以执行删除或隐藏操作。

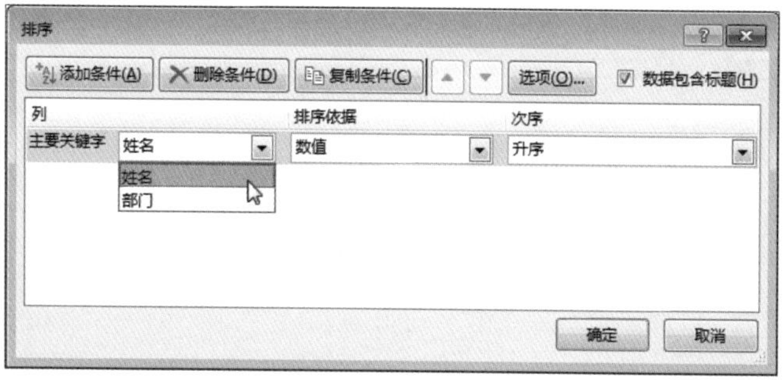

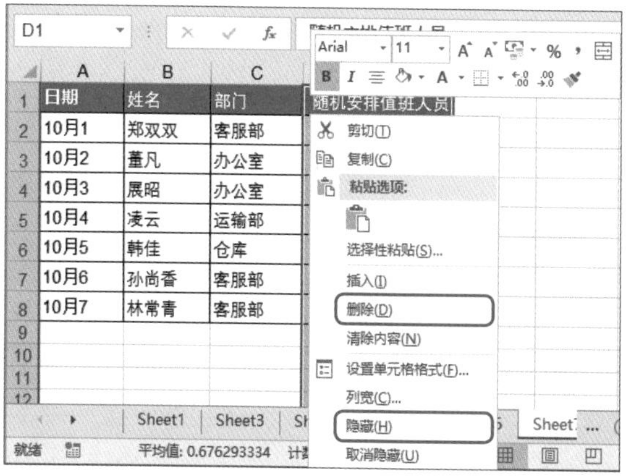

SECTION 02

让数据筛选更贴心

数据筛选是数据表格管理的常用操作也是基本技能，筛选分为自动筛选和高级筛选两种，筛选的方法多种多样，学之不尽。通过数据筛选可以快速定位符合条件的数据，方便用户在最短的时间内获取第一手需要的数据信息。

01 数据的自动筛选

自动筛选常用来筛选重复项或指定的数值，操作起来很简单。打开“数据”选项卡，在“排序和筛选”组中单击“筛选”按钮，或者直接按Ctrl+Shift+L组合键，即可为数据表的每一个字段添加筛选按钮。

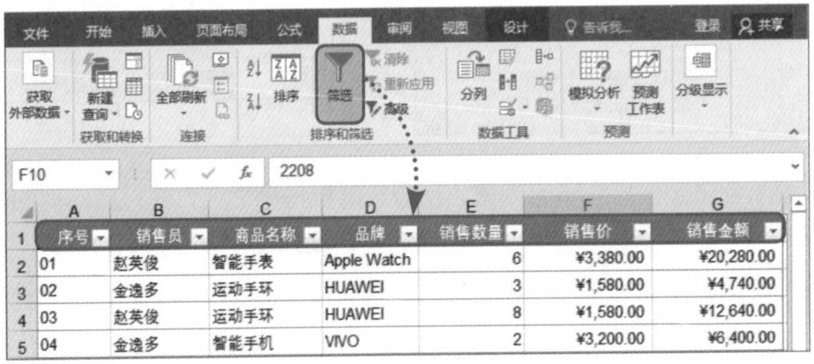

单击需要筛选的字段右侧的下拉按钮，在展开的列表中勾选需要筛选的数据，单击“确定”按钮便可将勾选的数据全部筛选出来。

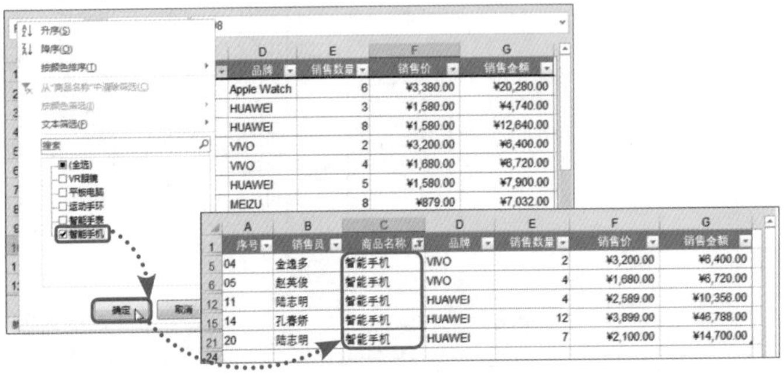

当一列中的项目太多不好通过勾选复选框来筛选的话，直接在“搜索”文本框中输入需要筛选的数据名称，再单击“确定”按钮便可以将内容筛选出来。

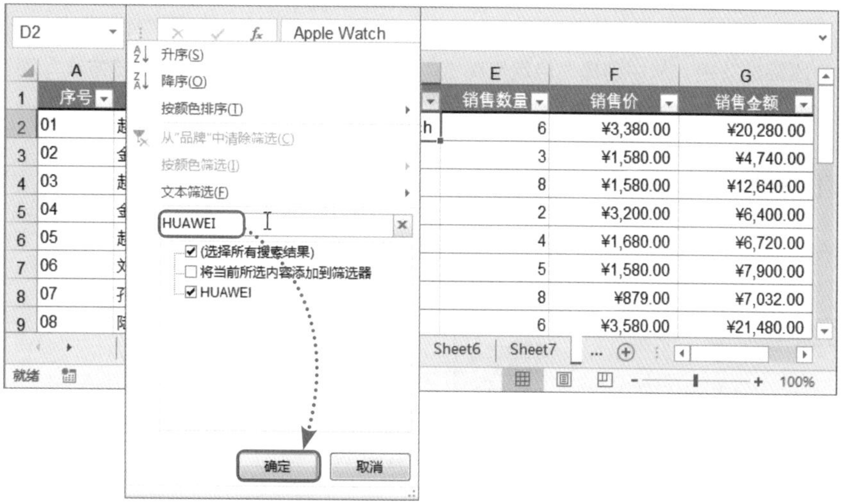

在对数字进行筛选的时候通常要求筛选指定范围内的数据，以筛选高于平均值的数据为例：打开“销售金额”字段的筛选列表，选择“数字筛选”选项，在其下级列表中选择“高于平均值”选项，Excel即可自动筛选出销售金额高于平均值的数据。

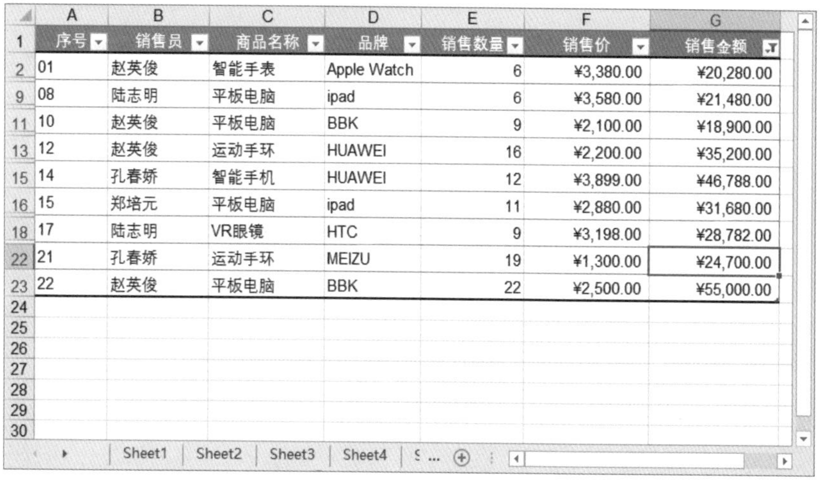

序号 销售员 商品名称 品牌 销售数量 销售价 销售金额
01 赵英俊 智能手表 Apple Watch 6 ¥3,380.00 ¥20,280.00
08 陆志明 平板电脑 ipad 6 ¥3,580.00 ¥21,480.00
10 赵英俊 平板电脑 BBK 9 ¥2,100.00 ¥18,900.00
12 赵英俊 运动手环 HUAWEI 16 ¥2,200.00 ¥35,200.00
14 孔春娇 智能手机 HUAWEI 12 ¥3,899.00 ¥46,788.00
15 郑培元 平板电脑 ipad 11 ¥2,880.00 ¥31,680.00
17 陆志明 VR眼镜 HTC 9 ¥3,198.00 ¥28,782.00
21 孔春娇 运动手环 MEIZU 19 ¥1,300.00 ¥24,700.00
22 赵英俊 平板电脑 BBK 22 ¥2,500.00 ¥55,000.00
Sheet1
Sheet2
Sheet3
Sheet4

02 数据的自定义筛选

在执行筛选操作的时候可以根据数据分析的需要，灵活的设置筛选范围，这就需要使用自定义筛选功能。数字、文本、日期都可以使用自定义筛选。

单击“出生年月”字段筛选按钮，从中选择“自定义筛选”选项，打开“自定义自动筛选方式”对话框，设置出生年月在“1980/1/1”至“1989/12/30”之间，单击“确定”按钮，即可筛选出所有八零后的信息。

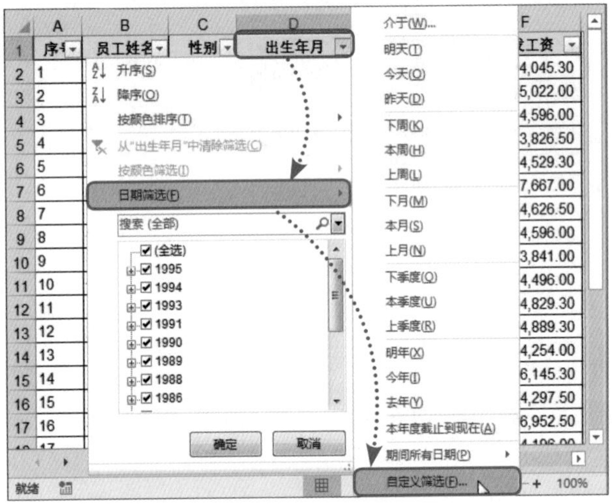

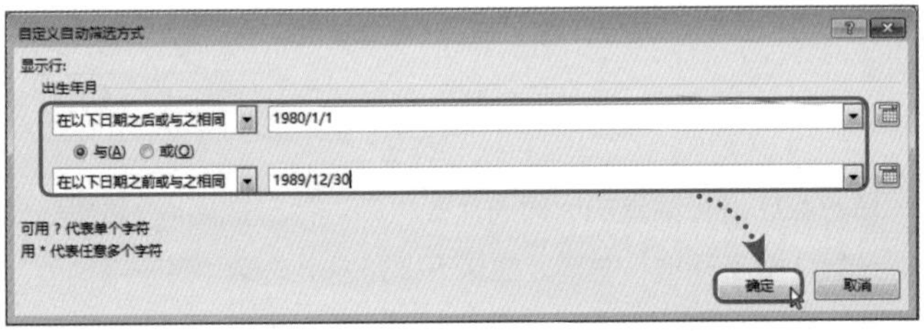

文本和数字的自定义筛选和日期的操作方法相同。当打开数字类型字段的筛选列表时会出现“数字筛选”选项，文本筛选同理。用户在自己的工作表中一试便知。

筛选文本型数据时常常会用到通配符。比如使用通配符筛选姓“赵”的员工姓名。

“?”代表单个字符，“*”代表任意多个字符。

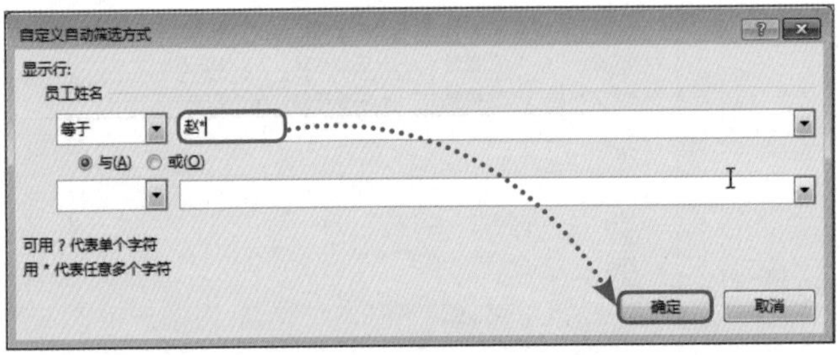

03 数据的高级筛选

Excel中的高级筛选功能相对自动筛选比较隐蔽，很多不熟悉Excel的人根本不知道高级筛选为何意，使用高级筛选可以筛选更为复杂的条件。前提是事先设置好筛选条件。

在表格下方创建辅助表，然后输入筛选条件，如下图所示。

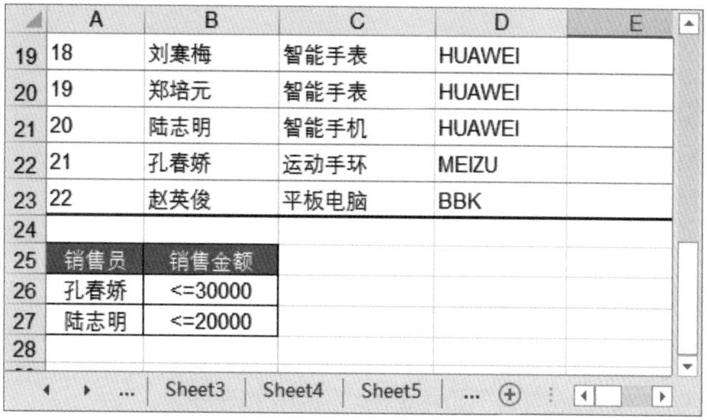

	A	B	C	D	E
19	18	刘寒梅	智能手表	HUAWEI	
20	19	郑培元	智能手表	HUAWEI	
21	20	陆志明	智能手机	HUAWEI	
22	21	孔春娇	运动手环	MEIZU	
23	22	赵英俊	平板电脑	BBK	
24					
25	销售员	销售金额			
26	孔春娇	<=30000			
27	陆志明	<=20000			
28					

选中数据表中的任意单元格，单击“排序和筛选”组中的“高级”按钮，打开“高级筛选”对话框，Excel会自动识别“列表区域”，我们只要选择好“条件区域”即可。

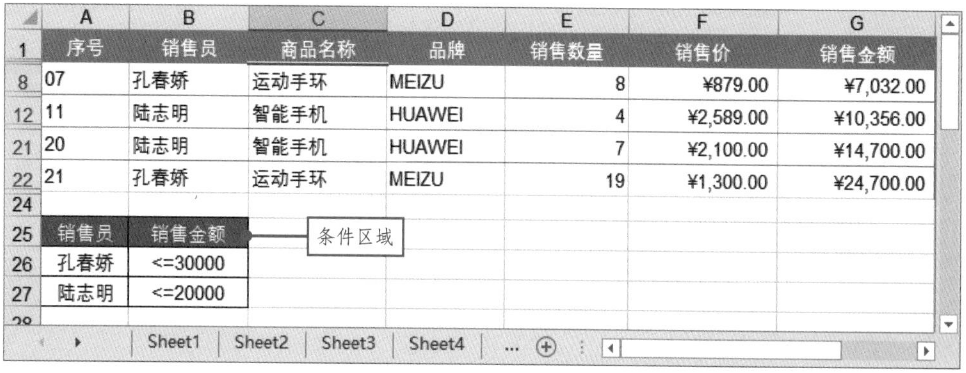

	A	B	C	D	E	F	G
1	序号	销售员	商品名称	品牌	销售数量	销售价	销售金额
8	07	孔春娇	运动手环	MEIZU	8	¥879.00	¥7,032.00
12	11	陆志明	智能手机	HUAWEI	4	¥2,589.00	¥10,356.00
21	20	陆志明	智能手机	HUAWEI	7	¥2,100.00	¥14,700.00
22	21	孔春娇	运动手环	MEIZU	19	¥1,300.00	¥24,700.00
24							
25	销售员	销售金额					
26	孔春娇	<=30000					
27	陆志明	<=20000					

04 自动导出筛选结果

对于一般的筛选可以通过复制粘贴的方式将筛选结果输出到其他位置。在进行高级筛选时，只需要在“高级筛选”对话框中选中“将筛选结果复制到其他位置”单选按钮，让“复制到”文本框变为可编辑状态，便可以自动将筛选结果输出到指定的单元格区域。

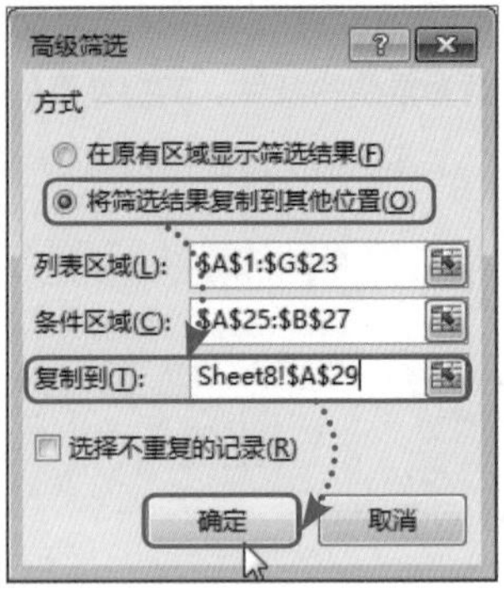

知识加油站：筛选结果的输出方式

通过“高级筛选”对话框，只能将结果输出到和数据源所在的工作表。如果想将结果输出到其他工作表或工作簿，还是要利用复制粘贴功能。

复制筛选结果后在粘贴时，可以根据实际情况选择粘贴效果，无论是通过选项卡中的功能按钮粘贴，还是通过右键快捷菜单粘贴都有很多粘贴选项。

如果要清除高级筛选的结果直接在“排序和筛选”组中单击“清除”按钮即可。

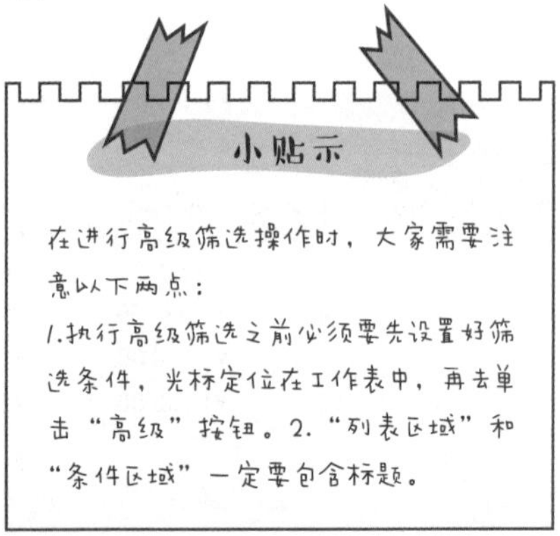
小贴示
在进行高级筛选操作时，大家需要注意以下两点：
1.执行高级筛选之前必须要先设置好筛选条件，光标定位在工作表中，再去单击“高级”按钮。2.“列表区域”和“条件区域”一定要包含标题。

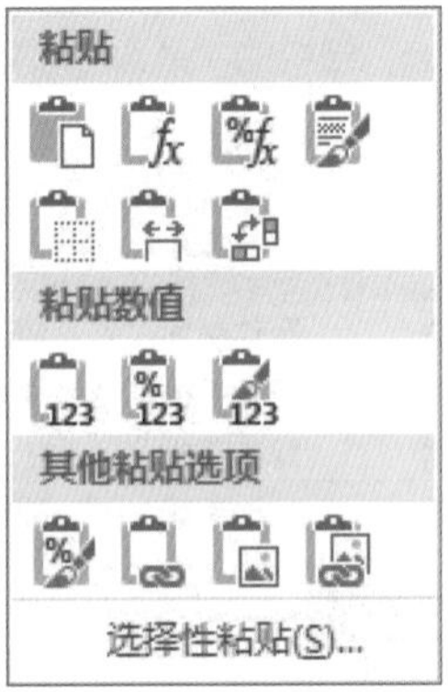

05 一键清除筛选结果

对某个字段进行筛选后，通常还会筛选其他字段。这时候就需要将之前字段的筛选清除掉。下面将由小德子为大家介绍清除筛选结果的方法。

执行过筛选的字段，其筛选按钮中会增加一个小漏斗的形状。我们可以由此区分数据表中哪些字段执行了筛选。

若要取消对字段的筛选，在筛选下拉列表中选择“从xxx中清除筛选”选项即可。

直接单击“排序和筛选”组中的“清除”按钮可以快速清除筛选。另外单击“筛选”按钮也可以清除筛选，只是在清除筛选的同时也会退出筛选模式。

如果想要删除筛选之后的结果，按照常规操作的话，会把隐藏的单元格一起删除。遇到这种情况，我们可以通过删除“可见单元格”的方法来解决。其操作为：按Ctrl+A组合键，全选表格数据，然后按Ctrl+G组合键打开“定位”对话框，单击“定位条件”按钮，在打开的“定位条件”对话框中，单击“可见单元格”单选按钮即可。

这样就可以只选中筛选出来的单元格，而不会选中隐藏的单元格，直接删除选中的单元格就好。

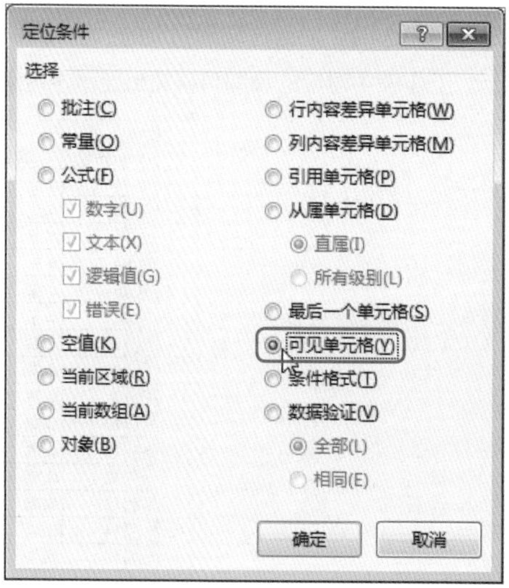

06 突显你要的数据

除了筛选功能，使用条件格式功能也可以对数值型数据进行筛选。而且效果更加直观。

在“开始”选项卡中单击“条件格式”按钮，下拉列表的前两项“突出显示单元格规则”和“项目选取规则”都可以对数值进行筛选，并用颜色来突出显示。

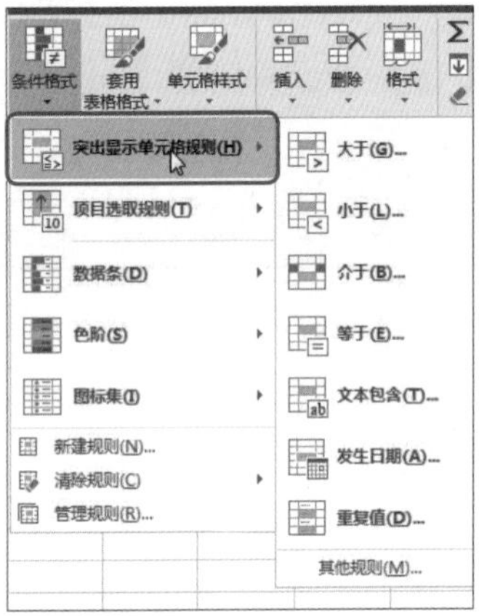

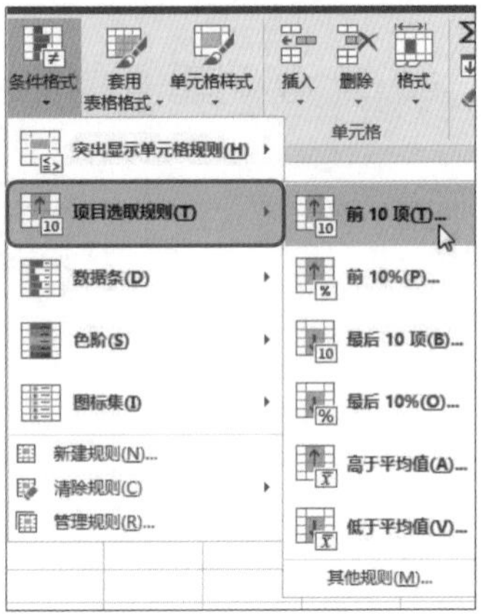

比如选择“项目选取规则”的“前10项”选项，在对话框中设置具体突出显示前几项，以及用什么填充色和字体颜色突出显示。工作表中对应的项即可被突出显示，这其实就是一种先筛选，再突出显示的方式。

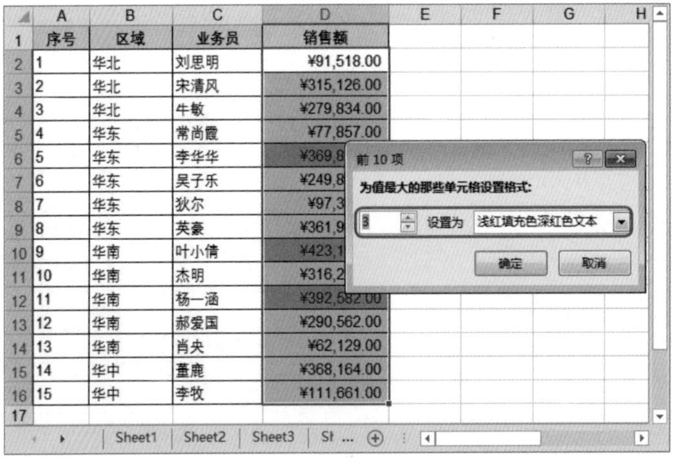

SECTION 03

分分钟解决数据的汇总与合并

分类汇总可以直接在数据区域中插入汇总行，从而可以同时看到数据明细和汇总，而合并计算则可将多个表中的数据整合在一起进行计算。

01 分类汇总并不难

小德子不知道大家用什么方法对数据分类汇总的，是不是也会像下边两张表一样呢？这两张表格来源于同一份数据，小德子乍看这两张表格时十分惊讶，不就是想要个分类汇总么，置于搞得这么复杂化？如果数据再多点，那还要再搞多少张报表才能完成汇总啊？说好的智能的数据分析呢？

	A	B	C	D	E
1	客户名称	预定品项	预定件数	开单价	金额
2		草莓大福	50	150	7500
3		雪花香芋酥	30	100	3000
4		金丝香芒酥	30	120	3600
5	幸福食品	脆皮香蕉	20	130	2600
6		红糖发糕	40	90	3600
7		果仁甜心	30	130	3900
8				合计	24200
9		雪花香芒酥	60	45	2700
10		脆皮香蕉	50	130	6500
11	源味斋	红糖发糕	20	90	1800
12		果仁甜心	50	83	4150
13		草莓大福	50	150	7500
14				合计	22650
15		金丝香芋酥	30	120	3600
16	呈祥副食	雪花香芒酥	15	110	1650
17		果仁甜心	15	130	1950
18				合计	7200
19		红糖发糕	10	90	900
20		脆皮香蕉	20	130	2600
21	蓝海饭店	草莓大福	30	150	4500
22		雪花香芒酥	15	110	1650
23				合计	9650
24				总计：	63700
25					

	A	B	C	D	E
1	预定品项	客户名称	预定件数	开单价	金额
2		幸福食品	50	150	7500
3	草莓大福	源味斋	50	150	7500
4		蓝海饭店	30	150	4500
5				合计	19500
6		幸福食品	20	130	2600
7	脆皮香蕉	源味斋	50	130	6500
8		蓝海饭店	20	130	2600
9					11700
10		幸福食品	30	130	3900
11	果仁甜心	源味斋	50	83	4150
12		呈祥副食	15	130	1950
13				合计	10000
14		幸福食品	40	90	3600
15	红糖发糕	源味斋	20	90	1800
16		蓝海饭店	10	90	900
17				合计	6300
18		幸福食品	30	100	3000
19	金丝香芋酥	呈祥副食	30	120	3600
20				合计	6600
21		幸福食品	30	120	3600
22		源味斋	60	45	2700
23	雪花香芒酥	呈祥副食	15	110	1650
24		蓝海饭店	15	110	1650
25				合计	9600
26				总计	63700
27					

小德子决定拯救这份数据分类汇总表。

首先，取消所有合并单元格和合计行。还数据表一个清晰明确的行列关系，如图❶所示。

然后，对需要分类汇总的字段进行排序，这里我们先对“客户名称”进行排序。

最后在“数据”选项卡中的“分级显示”组中单击“分类汇总”按钮。打开“分类汇总”对话框。设置分类字段、汇总方式和汇总项，如图❷所示。单击“确定”按钮关闭对话框。

	A	B	C	D	E
1	客户名称	预定品项	预定件数	开单价	金额
2	幸福食品	草莓大福	50	150.00	7500.00
3	幸福食品	雪花香芋酥	30	100.00	3000.00
4	幸福食品	金丝香芒酥	30	120.00	3600.00
5	幸福食品	脆皮香蕉	20	130.00	2600.00
6	幸福食品	红糖发糕	40	90.00	3600.00
7	幸福食品	果仁甜心	30	130.00	3900.00
8	源味斋	雪花香芒酥	60	45.00	2700.00
9	源味斋	脆皮香蕉	50	130.00	6500.00
10	源味斋	红糖发糕	20	90.00	1800.00
11	源味斋	果仁甜心	50	83.00	4150.00
12	源味斋	草莓大福	50	150.00	7500.00
13	呈祥副食	金丝香芋酥	30	120.00	3600.00
14	呈祥副食	雪花香芒酥	15	110.00	1650.00
15	呈祥副食	果仁甜心	15	130.00	1950.00
16	蓝海饭店	红糖发糕	10	90.00	900.00
17	蓝海饭店	脆皮香蕉	20	130.00	2600.00
18	蓝海饭店	草莓大福	30	150.00	4500.00
19	蓝海饭店	雪花香芒酥	15	110.00	1650.00
20					

❶

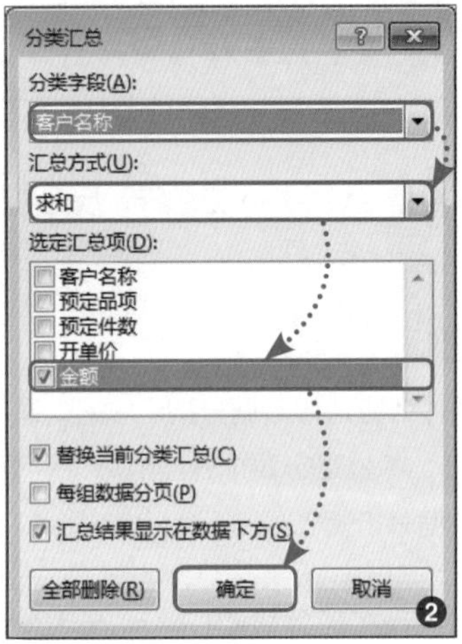

❷

此时，工作表最终按照“客户名称”分类，对“金额”进行汇总，如图❸所示。

分类汇总后，如图❹所示。工作表左上角出现了1、2、3三个按钮，分别可以打开三个不同的界面，界面“1”包含总计，“2”包含分类合计，“3”包含明细（即分类汇总后默认显示的界面）。用户可以在分类汇总后单击这三个按钮试试看。

	A	B	C	D	E
1	客户名称	预定品项	预定件数	开单价	金额
2	源味斋	雪花香芒酥	60	45.00	2700.00
3	源味斋	脆皮香蕉	50	130.00	6500.00
4	源味斋	红糖发糕	20	90.00	1800.00
5	源味斋	果仁甜心	50	83.00	4150.00
6	源味斋	草莓大福	50	150.00	7500.00
7	源味斋 汇总				22650.00
8	幸福食品	草莓大福	50	150.00	7500.00
9	幸福食品	雪花香芋酥	30	100.00	3000.00
10	幸福食品	金丝香芒酥	30	120.00	3600.00
11	幸福食品	脆皮香蕉	20	130.00	2600.00
12	幸福食品	红糖发糕	40	90.00	3600.00
13	幸福食品	果仁甜心	30	130.00	3900.00
14	幸福食品 汇总				24200.00
15	蓝海饭店	红糖发糕	10	90.00	900.00
16	蓝海饭店	脆皮香蕉	20	130.00	2600.00
17	蓝海饭店	草莓大福	30	150.00	4500.00
18	蓝海饭店	雪花香芒酥	15	110.00	1650.00
19	蓝海饭店 汇总				9650.00
20	呈祥副食	金丝香芋酥	30	120.00	3600.00
21	呈祥副食	雪花香芒酥	15	110.00	1650.00
22	呈祥副食	果仁甜心	15	130.00	1950.00
23	呈祥副食 汇总				7200.00
24	总计				63700.00

❸

	A	B	C	D	E
	客户名称	预定品项	预定件数	开单价	金额
28		总计			63700.00

	A	B	C	D	E
	客户名称	预定品项	预定件数	开单价	金额
5		草莓大福 汇总			19500.00
9		脆皮香蕉 汇总			11700.00
13		果仁甜心 汇总			10000.00
17		红糖发糕 汇总			6300.00
19		金丝香芒酥 汇总			3600.00
21		金丝香芋酥 汇总			3600.00
25		雪花香芒酥 汇总			6000.00
27		雪花香芋酥 汇总			3000.00
28		总计			63700.00

❹

对数据进行汇总的方式除了“求和”以外还有“计数”、“平均值”、“最大值”、“最小值”以及“乘积”。在“分类汇总”对话框中单击“汇总方式”下拉按钮，便可进行选择，如图❺所示。

设置以平均值汇总金额的效果如图❻所示。

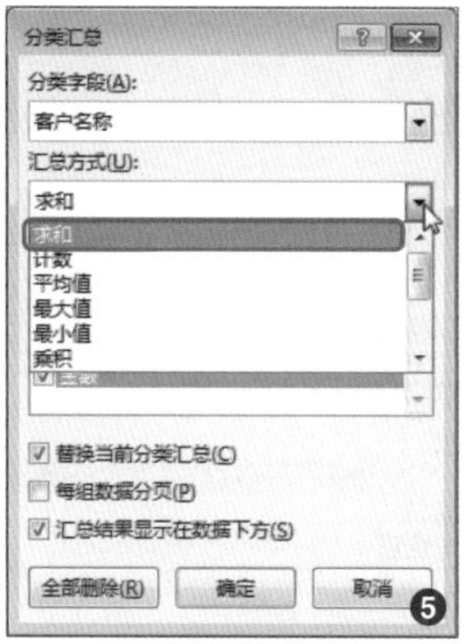

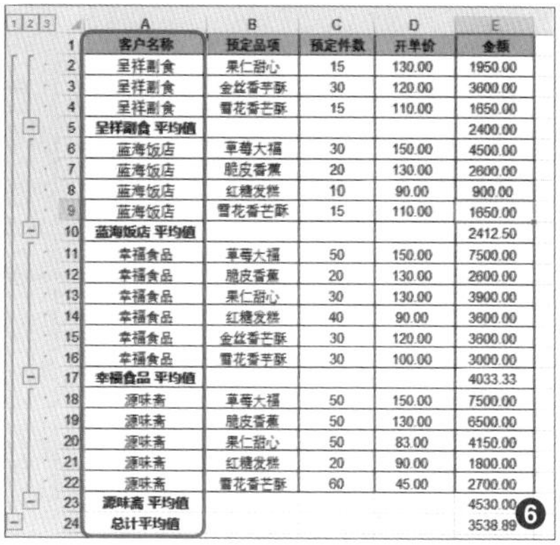

	A	B	C	D	E
1	客户名称	预定品项	预定件数	开单价	金额
2	呈祥副食	果仁甜心	15	130.00	1950.00
3	呈祥副食	金丝香芋酥	30	120.00	3600.00
4	呈祥副食	雪花香芒酥	15	110.00	1650.00
5	呈祥副食 平均值				2400.00
6	蓝海饭店	草莓大福	30	150.00	4500.00
7	蓝海饭店	脆皮香蕉	20	130.00	2600.00
8	蓝海饭店	红糖发糕	10	90.00	900.00
9	蓝海饭店	雪花香芒酥	15	110.00	1650.00
10	蓝海饭店 平均值				2412.50
11	幸福食品	草莓大福	50	150.00	7500.00
12	幸福食品	脆皮香蕉	20	130.00	2600.00
13	幸福食品	果仁甜心	30	130.00	3900.00
14	幸福食品	红糖发糕	40	90.00	3600.00
15	幸福食品	金丝香芒酥	30	120.00	3600.00
16	幸福食品	雪花香芋酥	30	100.00	3000.00
17	幸福食品 平均值				4033.33
18	源味斋	草莓大福	50	150.00	7500.00
19	源味斋	脆皮香蕉	50	130.00	6500.00
20	源味斋	果仁甜心	50	83.00	4150.00
21	源味斋	红糖发糕	20	90.00	1800.00
22	源味斋	雪花香芒酥	60	45.00	2700.00
23	源味斋 平均值				4530.00
24	总计平均值				3538.89

❻

知识加油站：分页打印汇总结果

分页打印功能主要用在打印的时候，设置成分页打印后可以将分类字段中每组的汇总结果分页打印。

在“分类汇总”对话框中勾选“每组数据分页”复选框，即可实现分页打印。用户可以在“文件”菜单中的“打印”界面预览打印效果。

02 多字段同时汇总有方法

有时候需要对多个字段同时进行分类汇总，即在一个已经进行了分类汇总的工作表中继续创建其他分类汇总，这样就构成了分类汇总的嵌套。嵌套分类汇总也就是多级的分类汇总。下面小德子将为大家介绍嵌套分类汇总的操作方法。

Step 01 需要进行分类汇总的字段都要排序，参照多字段排序的方法为需要分类的字段排序。

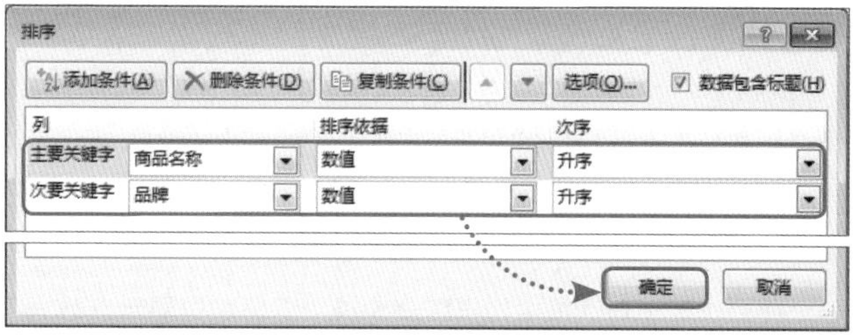

Step 02 单击“分类汇总”按钮，打开“分类汇总”对话框，选择好分类字段、汇总方式和选定汇总项，先为主要字段分类汇总。

Step 03 再次打开“分类汇总”对话框，为次要字段设置分类汇总。选择好分类字段、汇总方式、选定汇总项后，重点来了，需要取消勾选“替换当前分类汇总”复选框，然后单击“确定”按钮。

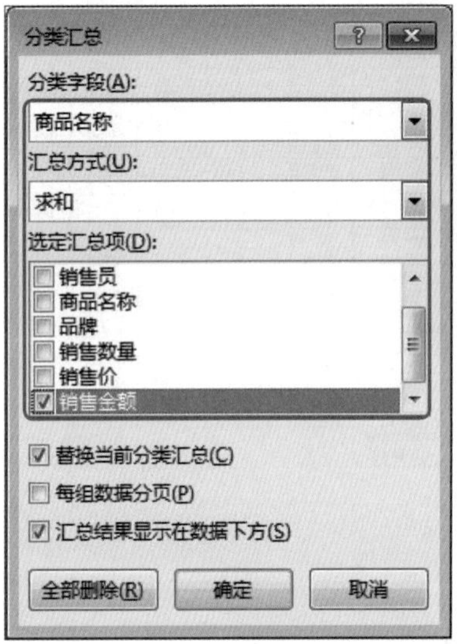

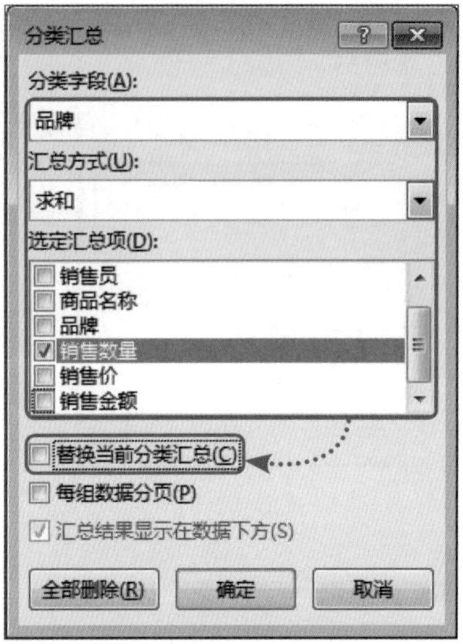

右图就是嵌套分类汇总的结果。因为分类汇总的字段和汇总项增加了，在工作表的左上角出现了4个级别按钮。

	A	B	C	D	E	F	G	H
1	序号	销售员	商品名称	品牌	销售数量	销售价	销售金额	
2	09	金逸多	VR眼镜	HTC	4	¥2,208.00	¥8,832.00	
3	17	陆志明	VR眼镜	HTC	9	¥3,198.00	¥28,782.00	
4				HTC 汇总	13			
5			VR眼镜 汇总				¥37,614.00	
6	10	赵英俊	平板电脑	BBK	9	¥2,100.00	¥18,900.00	
7	22	赵英俊	平板电脑	BBK	22	¥2,500.00	¥55,000.00	
8				BBK 汇总	31			
9	08	陆志明	平板电脑	ipad	6	¥3,580.00	¥21,480.00	
10	15	郑培元	平板电脑	ipad	11	¥2,880.00	¥31,680.00	
11	16	郑培元	平板电脑	ipad	3	¥3,800.00	¥11,400.00	
12				ipad 汇总	20			
13			平板电脑 汇总				¥138,460.00	

Sheet6 Sheet7 Sheet8 Sheet9

小贴示

对多个字段进行汇总时，在设置完汇总参数后，一定要取消勾选“替换当前分类汇总”选项，否则就会替换之前的汇总结果。所以大家一定要注意这一点。

在分类汇总对话框中如果取消勾选“汇总结果显示在数据下方”复选框，那么汇总结果就会在各项的上方显示。

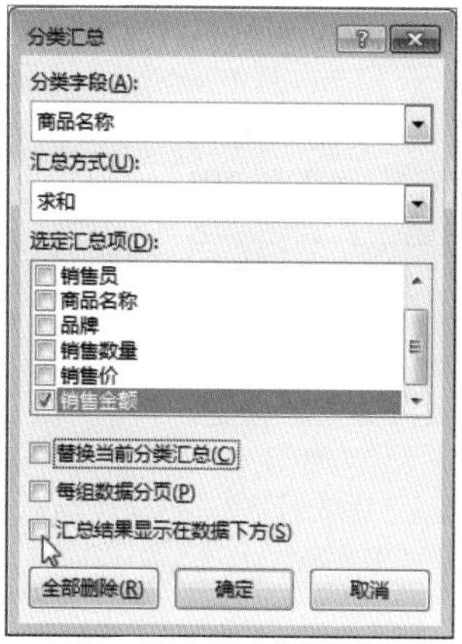

	A 序号	B 销售员	C 商品名称	D 品牌	E 销售数量	F 销售价	G 销售金额
2			总计				¥389,612.00
3				HTC 汇总			¥37,614.00
4			VR眼镜 汇总				¥37,614.00
5	09	金逸多	VR眼镜	HTC	4	¥2,208.00	¥8,832.00
6	17	陆志明	VR眼镜	HTC	9	¥3,198.00	¥28,782.00
7				BBK 汇总			¥73,900.00
8			平板电脑 汇总				¥138,460.00
9	10	赵英俊	平板电脑	BBK	9	¥2,100.00	¥18,900.00
10	22	赵英俊	平板电脑	BBK	22	¥2,500.00	¥55,000.00
11				ipad 汇总			¥64,560.00
12	08	陆志明	平板电脑	ipad	6	¥3,580.00	¥21,480.00
13	15	郑培元	平板电脑	ipad	11	¥2,880.00	¥31,680.00
14	16	郑培元	平板电脑	ipad	3	¥3,800.00	¥11,400.00
15				HUAWEI 汇总			¥60,480.00
16			运动手环 汇总				¥92,212.00
17	02	金逸多	运动手环	HUAWEI	3	¥1,580.00	¥4,740.00
18	03	赵英俊	运动手环	HUAWEI	8	¥1,580.00	¥12,640.00
19	06	刘秉梅	运动手环	HUAWEI	5	¥1,580.00	¥7,900.00
20	12	赵英俊	运动手环	HUAWEI	16	¥2,200.00	¥35,200.00

03 只看结果就够了

我们可以采用复制粘贴的方法提取分类汇总结果，但是如果你只是单纯的使用Ctrl+C和Ctrl+V，结果会发现被粘贴的是所有明细数据。这时候定位条件就派上用场了。

下面小德子就以提取分类汇总结果为例，来说明其具体操作方法。

Step 01 选中所有分类汇总数据，按Ctrl+G组合键打开“定位”对话框，单击“定位条件”按钮打开“定位条件”对话框，选中“可见单元格”单选按钮。单击“确定”按钮关闭对话框。

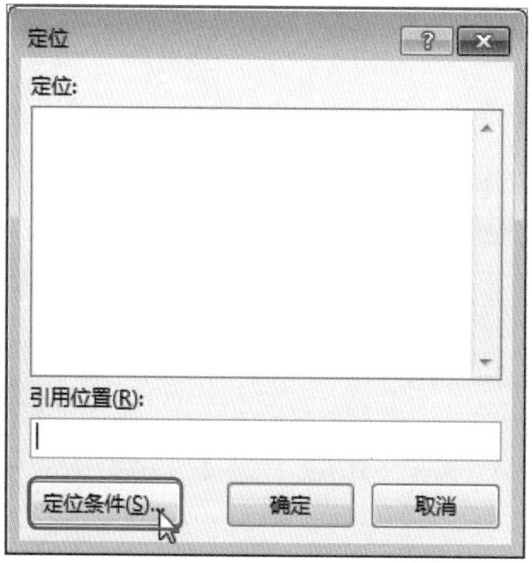

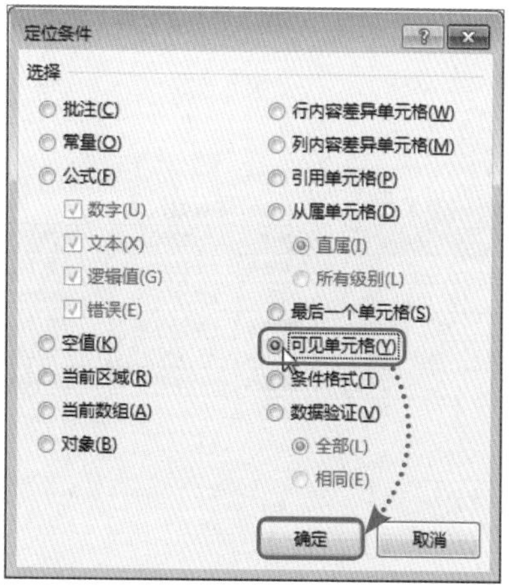

Step 02 按Ctrl+C组合键复制可见单元格，打开新的工作表，按Ctrl+V组合键，即可将分类汇总数据粘贴到新工作表中。

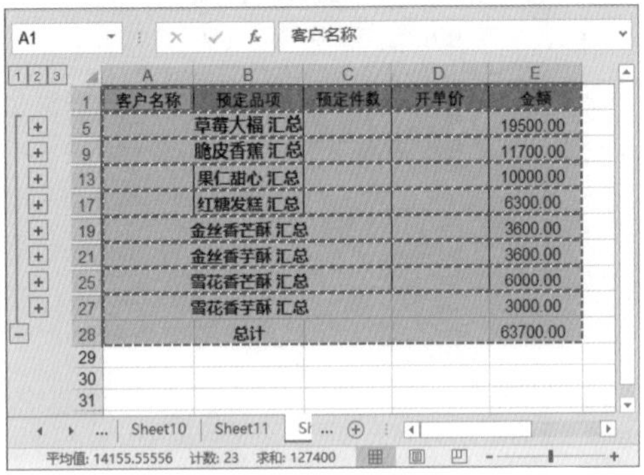

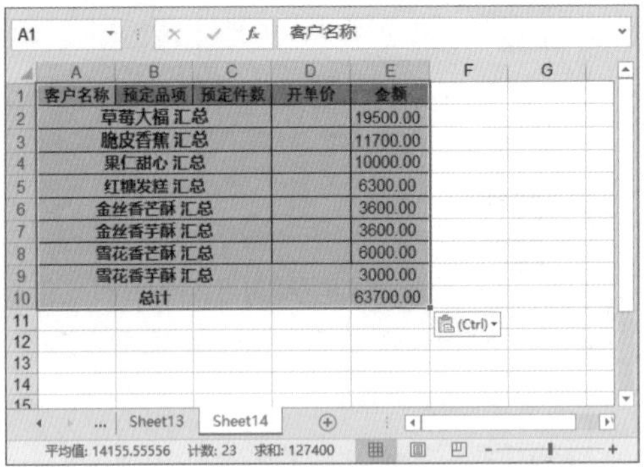

04 简单的合并计算技巧

合并计算可以对同一个工作表中的数据进行计算，也可以对多个工作表中的数据进行合并计算。使用合并计算功能并不需要使用任何公式，只需要添加需要合并计算的区域，Excel便可以自动进行计算。

我们先来看看最简单的合并计算操作吧。

Step 01 选中将要放置合并计算结果的单元格区域，打开“数据”选项卡，在“数据工具”组中单击“合并计算”按钮。打开“合并计算”对话框。

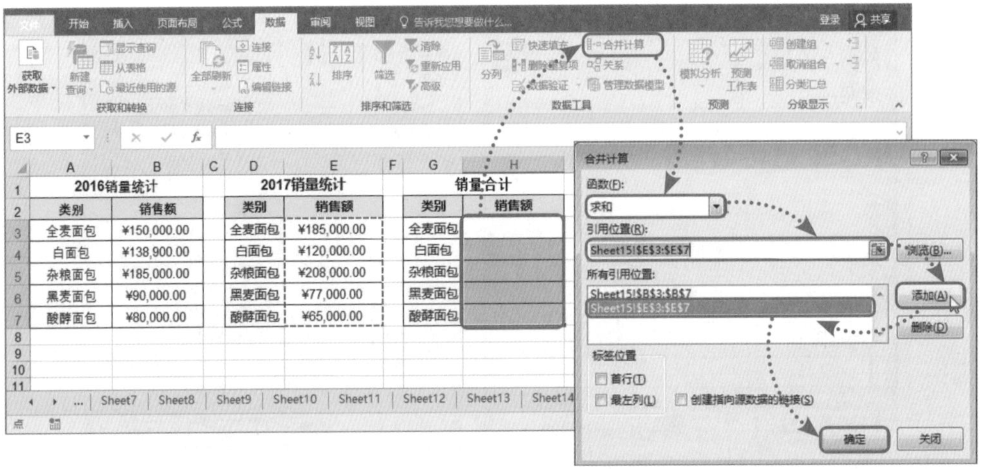

扫描延伸阅读

Step 02 在“函数”下拉列表中选择“求和”选项，在工作表中选择好“引用位置”，单击“添加”按钮分次将引用的单元格区域添加到“所有引用位置”列表框中，单击“确定”按钮。选中区域随即显示合并计算结果。

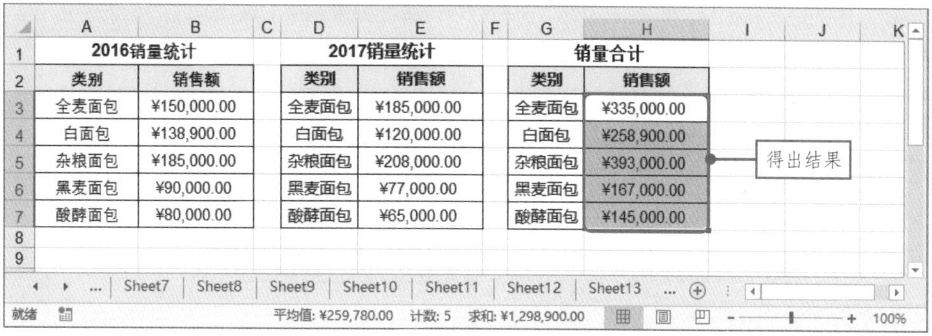

2016销量统计		2017销量统计		销量合计	
类别	销售额	类别	销售额	类别	销售额
全麦面包	¥150,000.00	全麦面包	¥185,000.00	全麦面包	¥335,000.00
白面包	¥138,900.00	白面包	¥120,000.00	白面包	¥258,900.00
杂粮面包	¥185,000.00	杂粮面包	¥208,000.00	杂粮面包	¥393,000.00
黑麦面包	¥90,000.00	黑麦面包	¥77,000.00	黑麦面包	¥167,000.00
酸酵面包	¥80,000.00	酸酵面包	¥65,000.00	酸酵面包	¥145,000.00

在创建合并计算后，有时还会对引用区域进行修改，为了保证合并计算结果的正确，可以删除原来的引用区域重新添加引用区域。也可以创建指向数据源的链接，一劳永逸。

打开“合并计算”对话框，在“所有引用位置”列表框中选中引用区域，单击“删除”按钮，可以将该区域删除，之后可以继续添加新区域。如果勾选“创建指向源数据的链接”复选框，则合并计算结果直接会与引用区域产生链接，即使修改引用区域中的数据，合并计算结果也不会出错。

05 复杂表格的合并计算技巧

在进行合并计算的时候并不是面对所有大小和数据都是一样的表格，对于大小和所包含的数据都不同的表格能不能进行合并计算呢？小德子将为你解惑。

首先观察下面这两张表，包含的数据和数据的排序都不一样，而且两张表格在不同的工作表中。

序号	姓名	销售额
01	赵英俊	¥20,280.00
02	金逸多	¥4,740.00
03	赵英俊	¥12,640.00
04	金逸多	¥6,400.00
05	赵英俊	¥6,720.00
06	孔春娇	¥7,032.00
07	陆志明	¥21,480.00
08	金逸多	¥8,832.00
09	赵英俊	¥18,900.00
10	陆志明	¥10,356.00
11	赵英俊	¥35,200.00

序号	姓名	销售额
01	金逸多	¥4,740.00
02	金逸多	¥6,400.00
03	刘寒梅	¥7,900.00
04	孔春娇	¥7,032.00
05	陆志明	¥21,480.00
06	金逸多	¥8,832.00
07	陆志明	¥10,356.00
08	刘寒梅	¥2,352.00

现在要合并计算这两张表中每个人销售额的平均值。

在“合并计算”工作表中选中A1单元格，单击“合并计算”按钮，打开“合并计算”对话框。选择“函数”为“平均值”，分别将“表1”和“表2”中的姓名和销售额数据添加到“所有引用位置”列表框中。重点来了，勾选“首行”和“最左列”复选框。单击“确定”按钮，关闭对话框。自所选单元格起显示合并计算的结果。

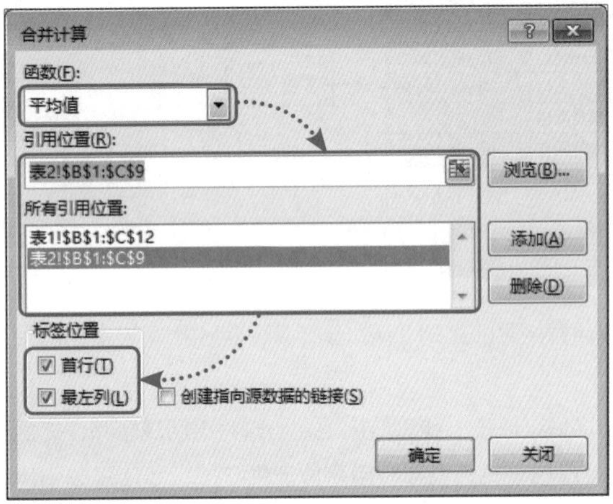

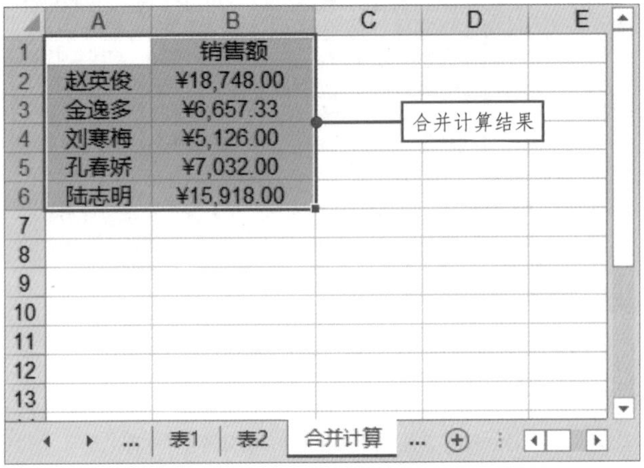

知识加油站：创建指向源数据的链接

细心的用户可能会发现在“合并计算”对话框中还有一个“创建指向源数据的链接”复选框。在进行多表合并计算时，勾选该复选框可以将合并结果链接到数据源表。当源表中的数据发生变化时，合并结果也会一同变化。在此需要强调的是，参与合并计算的表格以及合并计算结果表格，格式必须完全一致，否则无法创建合并计算。

小贴示

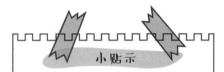

“首行”和“最左列”指的是合并计算结果的首行和最左列，所以“姓名”列没有显示标题，如果有需要可以自行输入。

SECTION 04

让数据分分家

小德子一直强调的是数据按类型分列，不要很多信息容纳在一列中这样往往不利于数据的分析和计算。如果你已经将很多数据输入在了一列中，现在想分列显示也不必担心要重新输入，因为Excel可以帮你自动分列。

Excel数据工具中有一个“分列”功能，TA能够将一列中的数据分在若干列显示。

Step 01 选中需要分列的单元格区域，打开“数据”选项卡，在“数据工具”组中单击“分列”按钮。打开“文本分列向导”对话框，如图❶所示。

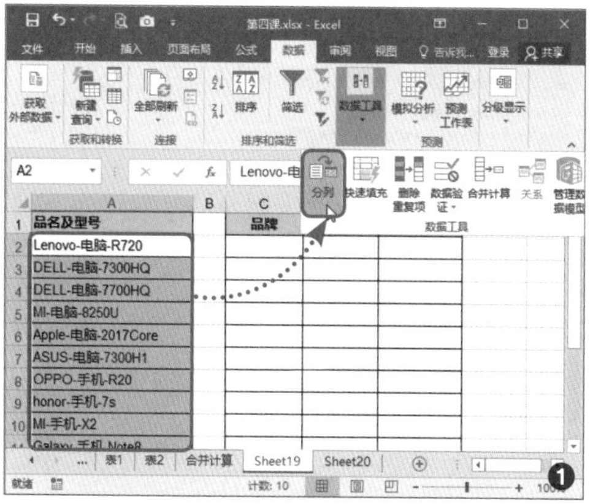

Step 02 在第1步对话框中保持默认选项，直接单击“下一步”按钮，如图❷所示。进入第2步对话框，勾选“其他”复选框，在文本框中输入“-”，单击“下一步”按钮，如图❸所示。进入第3步对话框，选定目标区域，单击“完成”按钮，如图❹所示。

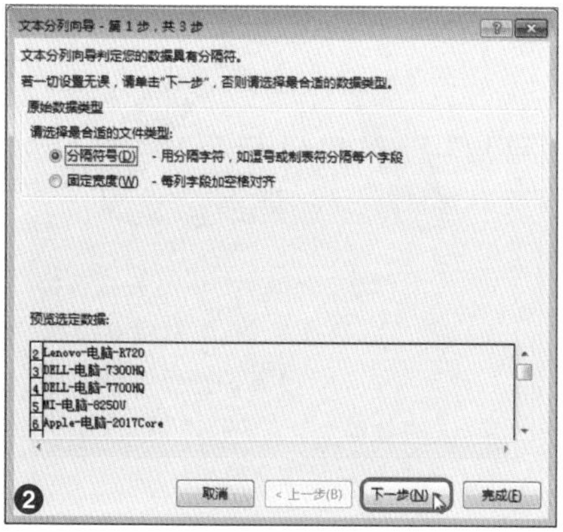

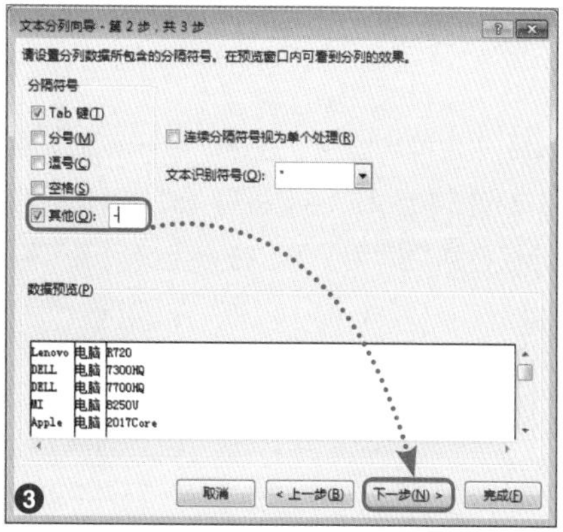

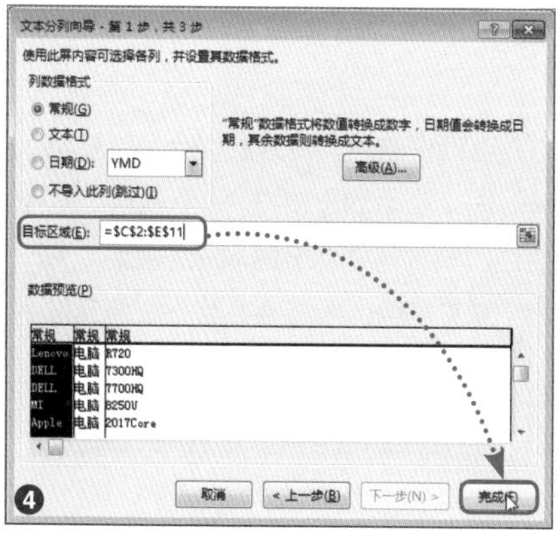

如图❺所示，数据被成功分到三列中显示。分列后数据看起来是不是更清晰明了呢！

本例使用的是“-”符号来分列的，大家以后在使用分隔符分列的时候一定要根据自己数据中使用的符号来分。

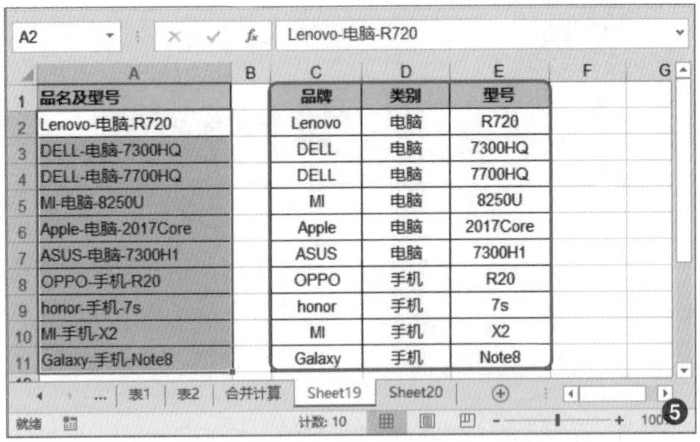

品名及型号	品牌	类别	型号
Lenovo-电脑-R720	Lenovo	电脑	R720
DELL-电脑-7300HQ	DELL	电脑	7300HQ
DELL-电脑-7700HQ	DELL	电脑	7700HQ
MI-电脑-8250U	MI	电脑	8250U
Apple-电脑-2017Core	Apple	电脑	2017Core
ASUS-电脑-7300H1	ASUS	电脑	7300H1
OPPO-手机-R20	OPPO	手机	R20
honor-手机-7s	honor	手机	7s
MI-手机-X2	MI	手机	X2
Galaxy-手机-Note8	Galaxy	手机	Note8

除了使用分隔符我们还可以根据文本宽度来分列。选中需要分列的数据后单击“分列”按钮。依然是三部曲，但是操作方法不同。首先，选中“固定宽度”；其次，添加分列线，可同时添加多条分列线；最后，选定目标区域，OK，完事！

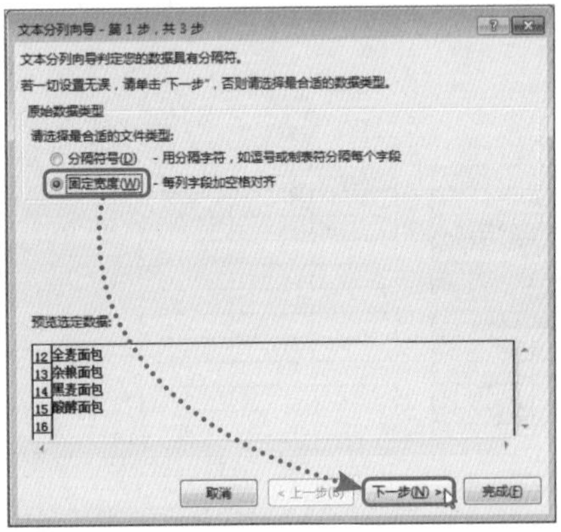

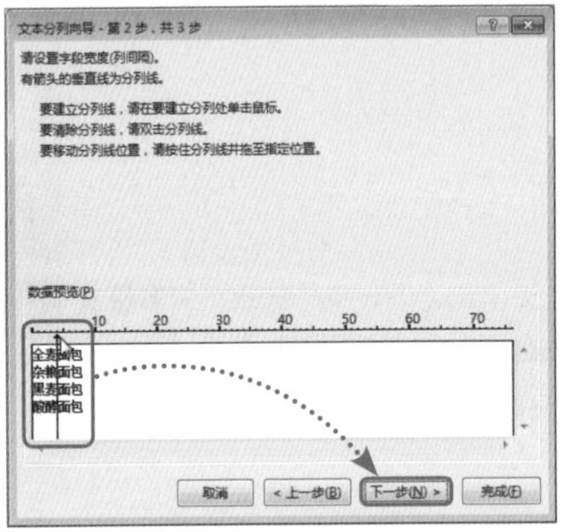

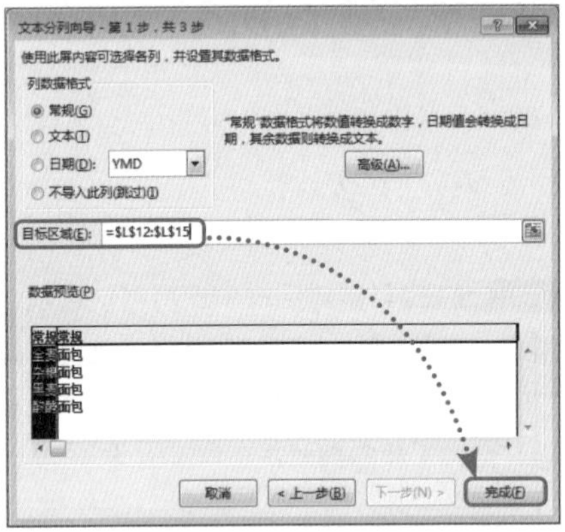

老话说的好“有分就有合”，这句话在Excel中也同样适用。数据的合并其实更简单，一个小小的连接符“&”就可以实现。在单元格中输入“=”符号，在“=”符号后依次输入需要合并的单元格名称，每个单元格名称之间用“&”符号连接。便可将多个单元格中的内容合并到一个单元格中。

小贴示

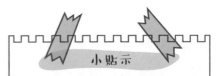

用公式合并单元格数据，一旦数据源区域被删除或修改，合并的数据也会消失或改变，为了避免这种情况可以将合并后的数据复制下来，然后以“值”的形式再粘贴回原区域。

QUESTION

学习心得

本课主要讲解了数据分析和处理方面知识，比如数据的排序、筛选、分类汇总以及合并计算，这些都属于比较常用的数据分析手段，虽然简单易操作，却可以成倍的提高工作效率。

欢迎大家到“德胜书坊”微信平台和相关QQ群中分享自己的心得，希望能够对至今迷茫的表哥表妹们有所帮助！

我的数据，我做主！想怎么排就怎么排！就这么牛！

Chapter

05

让函数进入自己的朋友圈

公式和函数是 Excel 的精髓；

会者，分分钟搞定复杂计算；

不会者，简单计算也犯愁！

公式，其实就是数学运算式

如果你在百度搜索“公式”会得到以下信息：公式，用数学符号表示，各个量之间的一定关系(如定律或定理)的式子。Excel公式也就是用数学符号表示的式子，是一种数学运算式。只是Excel公式和数学运算式的书写方式略有区别，数学运算式的等号在最后，而Excel公式必须要以等号开头。比如在Excel中计算120和150的和，可输入公式“=120+150”，按Enter键后Excel会自动计算结果。只要在单元格中输入以“=”符号开头的内容，Excel就会认为我们输入的是公式。至于平时在工作中会遇到哪些常用的公式，以及怎样输入公式才更快捷，小德子会在下文中为大家总结一些经验。

01 公式这样输入更省时

平时在Excel中进行的计算当然不会只是将120与150相加那么简单。我们要根据实际数据来进行计算。

下面以计算销售总额为例：“产品单价”乘“销售数量”可以得到销售总额，这个公式确实可以得到正确的结果。但问题是，这样输入公式比用计算器敲出了结果后，再输入到单元格还要麻烦。看来这么输入公式肯定是不对的，那么究竟应该怎样输入公式呢?

输入公式时直接引用单元格才是正道。输入“=”符号后，直接单击需要参与计算的单元格，即可将该单元格名称输入到公式中，运算符号需要手动输入。公式输入完成后按Enter键或者直接在编辑栏中单击“输入”按钮即可计算出结果。

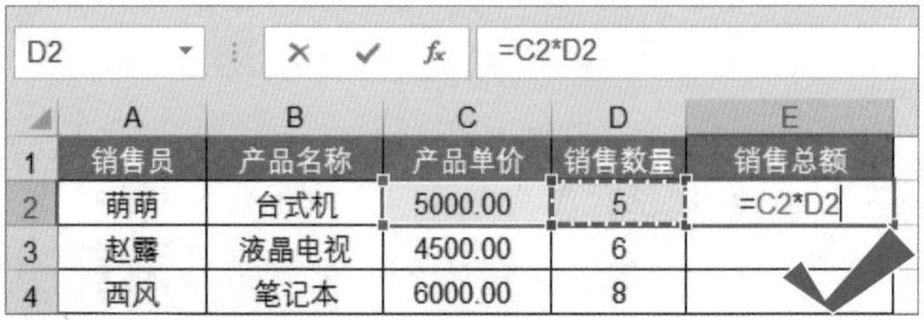

02 复制公式一招搞定

当需要对同一单元格区域中的数据进行相同计算时，可以填充公式实现快速计算。填充公式的方法有很多，操作起来也都很简单。下面小德子介绍几种常用的公式填充方法。

方法1：选中包含公式的单元格，将光标放在单元格右下角，当光标变成十字形状时，按住鼠标左键，拖动鼠标，即可将公式填充到拖选区域。

方法2：同样是将光标放置在单元格右下角，当光标变成十字形状时，双击鼠标，即可将公式向下填充到相同数据区域的最后一个单元格。

方法3：将包含公式的单元格作为选中区域的第一个单元格，按Ctrl+D组合键可自动向下填充公式。按Ctrl+R组合键，自动向右填充公式。

自动填充的公式会根据公式现在所在的位置自动调整引用的单元格。比如，E2单元格中的公式“=C2*D2”，填充到E6单元格后，就自动变成了“=C6*D6”。

E2 =C2*D2

	A	B	C	D	E
1	销售员	产品名称	产品单价	销售数量	销售总额
2	萌萌	台式机	5000.00	5	25000.00
3	赵露	液晶电视	4500.00	6	27000.00
4	西风	笔记本	6000.00	8	48000.00
5	秋阳	手机	2880.00	12	34560.00
6	夏雨	平板电脑	2980.00	9	26820.00
7	董雪	台式机	3550.00	7	24850.00
8	春华	笔记本	6400.00	18	115200.00
9	罗双	手机	1980.00	4	7920.00
10					

E6 =C6*D6

	A	B	C	D	E
1	销售员	产品名称	产品单价	销售数量	销售总额
2	萌萌	台式机	5000.00	5	25000.00
3	赵露	液晶电视	4500.00	6	27000.00
4	西风	笔记本	6000.00	8	48000.00
5	秋阳	手机	2880.00	12	34560.00
6	夏雨	平板电脑	2980.00	9	26820.00
7	董雪	台式机	3550.00	7	24850.00
8	春华	笔记本	6400.00	18	115200.00
9	罗双	手机	1980.00	4	7920.00
10					

以上3种方法适合单元格数量不是很多的时候使用。如果数据非常多，有时会达到1000行或1000列，这时候需要进行大范围的复制操作。其方法为：先使用公式计算出首个单元格结果，然后将光标放在“名称框”方框内，并输入单元格区域名称，例如输入“E2:E9”，随后按Enter键，将该区域选中，最后按Ctrl+D组合键即可完成公式的复制操作。

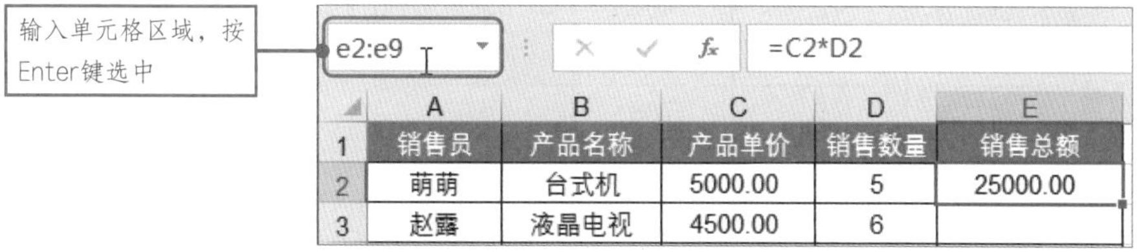

	A	B	C	D	E
1	销售员	产品名称	产品单价	销售数量	销售总额
2	萌萌	台式机	5000.00	5	25000.00
3	赵露	液晶电视	4500.00	6	

03 单元格的引用原则

当有人第一次跟你说绝对引用、相对引用、混合引用时也许你是懵的，完全不知道是什么意思。但是如果要经常在Excel中用公式完成各种计算你就应该明白绝对引用、相对引用和混合引用的重要性，并熟悉这几种单元格引用的原则。下面都以引用A1单元格为例。

1. 首先来看看什么是相对引用

一般Excel公式中使用最多的是相对引用，“=A1”就是相对引用，A1是单元格的名称，指的是A列与第1行相交处的单元格。当向下填充公式时，行号会自动发生变化，当向右填充公式时，列标会发生变化。由此可见相对引用时，公式所在单元格的位置改变，引用也随之改变。

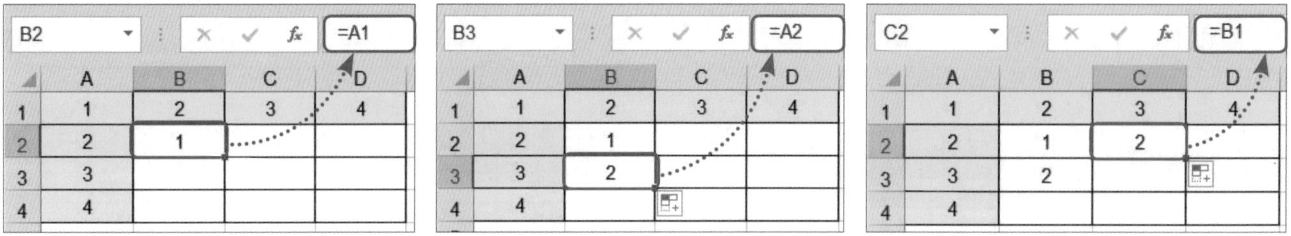

应用实例：相对引用时，公式随着单元格位置的变化自动调整引用位置。相对引用拥有相对的自由，根据表格数据灵活的引用单元格。所引用的单元格行号和列标不添加任何标志。

品名	数量（kg）	单价	金额
龙井	5	780	3900
毛尖	4	590	2360
铁观音	2	480	960
碧螺春	5	660	3300
雨花茶	5	700	3500
普洱茶	3	430	1290
六安瓜片	8	520	4160

2. 下面来说说绝对引用

“=$A$1”这种引用形式是绝对引用。绝对引用时，无论公式所在单元格的位置发生怎样的改变，绝对引用的单元格始终保持不变。计算结果也不会发生改变。

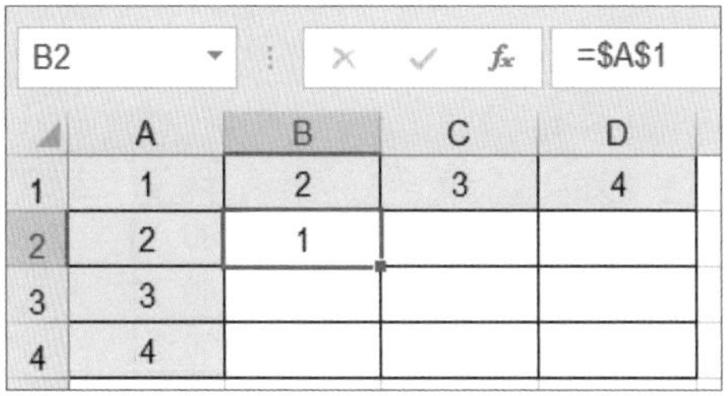

	A	B	C	D
1	1	2	3	4
2	2	1		
3	3			
4	4			

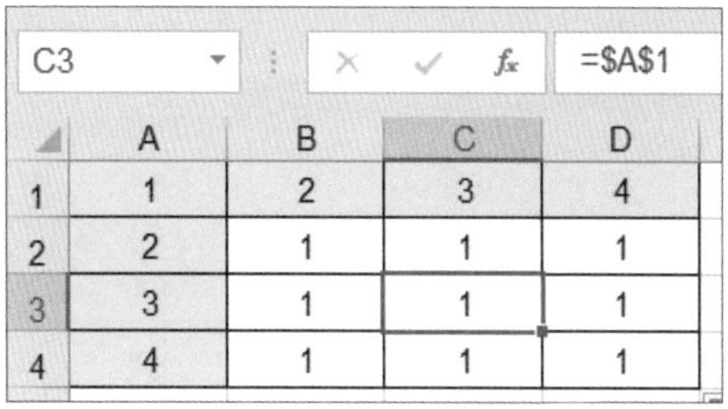

	A	B	C	D
1	1	2	3	4
2	2	1	1	1
3	3	1	1	1
4	4	1	1	1

知识加油站：绝对符号“$”的作用

把“$”符号想象成一把锁，在行号和列标前面添加“$”符号便可以将行和列锁定，这样公式在被复制到其他单元格时被锁定的行和列就不会更改了。了解“$”符号的作用后再学习混合引用就好理解了。

应用实例：无论将公式填充到哪里，对单元格D2的引用都不会发生改变。绝对引用将引用的单元格绝对的控制住，不允许随意发生改变。行号和列标前均添加“$”符号。

	A	B	C	D
1	销售员	销售总额	提成	提成
2	萌萌	25000.00	750.00	3%
3	赵露	27000.00	810.00	
4	西风	48000.00	1440.00	
5	秋阳	34560.00	1036.80	
6	夏雨	26820.00	804.60	
7	董雪	24850.00	745.50	
8	春华	115200.00	3456.00	
9	罗双	7920.00	237.60	

3. 最后解释混合引用

“=$A1”和“=A$1”都是混合引用，混合引用是既包含绝对引用又包含相对引用的单元格引用方式。“$A1”列标前添加了“$”符号，说明列被锁定了，处于绝对引用状态，而行则处于相对引用状态。这时无论将公式填充到任何单元格，对列的引用都不会变化，而对行的引用却会随着单元格的变化而变化。“A$1”被锁定的是行，将公式复制到其他单元格后列标会随着单元格变化，行号一直保持不变。

应用实例：混合引用时，绝对引用的部分不会随着单元格位置的移动而变化，只有相对引用的部分随着单元格的移动发生变化。

C2
=$B2-$B2*D$2
A B C D E
商品名 单价 会员价 会员折扣
洗衣液 56.00 44.80 20%
牙膏 18.00 14.40
卫生纸 35.00 28.00
拖把 78.00 62.40
垃圾桶 20.00 16.00

知识加油站：F4键的妙用

借助F4键便可以快速输入绝对引用和混合引用不需要手动输入“$”符号。以“A1”为例，在公式中输入A1后按1次F4键显示“$A$1”，按2次F4键显示 “A$1”，按3次F4显示“$A1”，按4次F4恢复“A1”。

04 R1C1引用形式

Excel默认的引用方式为“A1”，但是在日常工作中，却会遇到“R1C1”样式的单元格引用。该样式通过“R”+行数字和“C”+列数字来引用单元格。下图中公式中对单元格的引用形式即为R1C1形式。

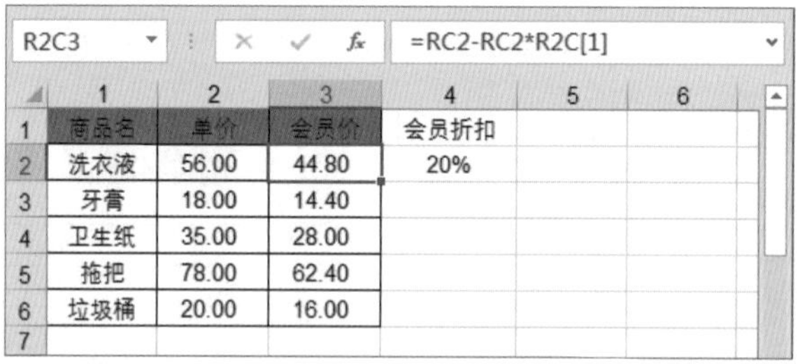
R2C3
=RC2-RC2*R2C[1]
1 2 3 4 5 6
商品名 单价 会员价 会员折扣
洗衣液 56.00 44.80 20%
牙膏 18.00 14.40
卫生纸 35.00 28.00
拖把 78.00 62.40
垃圾桶 20.00 16.00

下表可以对R1C1的引用形式进行详细说明。

引用格式	引用区域
R2C3	第 2 行和第 3 列的交叉处单元格
R[2]C[3]	在当前光标所在位置，向下 2 行再向右 3 行的单元格
R[−2]	在当前光标所在位置，向上 2 行所有行单元格
R[−2]C[3]	在当前光标所在位置，向上 2 行再向右 3 行的单元格

（续表）

引用格式	引用区域
R[2]C[-3]	在当前光标所在位置，向下 2 行再向左 3 行的单元格
C	在当前光标所在位置的所有列单元格

如果大家不习惯该格式，可以在“Excel选项”对话框中重新设置A1引用形式。先选中“公式”选项，然后在右侧“使用公式”选项组中，取消勾选“R1C1引用样式”复选框即可。

05 命名公式一劳永逸

在Excel工作表中，可以对经常使用的或比较特殊的公式进行命名，提高公式的输入速度，和准确率。

Step 01 打开“公式”选项卡，在“定义的名称”组中单击“定义名称”按钮。打开“新建名称”对话框。

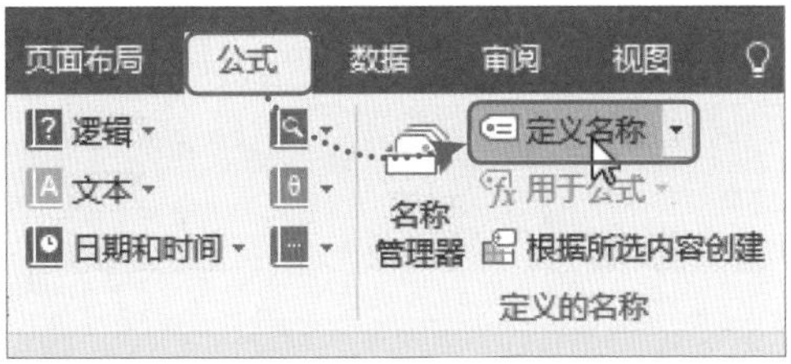

Step 02 在对话框中输入公式的名称，如果有需要备注的内容就输入备注，在“引用位置”选取框中输入公式。最后单击“确定”按钮关闭对话框。

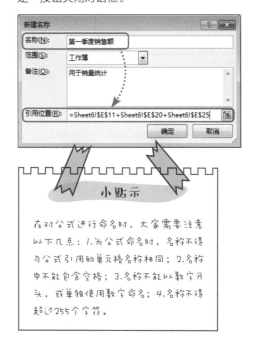

Step 03 在单元格中输入已命名的公式的第一个字，单元格下方即会出现整个名称，双击该名称，便可将该名称输入到单元格中。

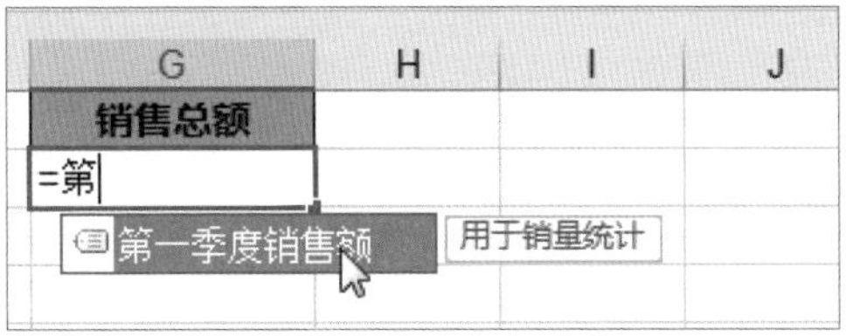

小贴示

在对公式进行命名时，大家需要注意以下几点：1.为公式命名时，名称不得与公式引用的单元格名称相同；2.名称中不能包含空格；3.名称不能以数字开头，或单独使用数字命名；4.名称不得超过255个字符。

06 数组公式用处大

当需要同时处理多个单元格中的数据时，可以使用数组公式，一个数组公式能够同时计算尺寸相同的单元格区域中数据的值。数组公式要加大括号{}来表示。

本例将会用到求和函数SUM，在下一小节中小德子会具体介绍该函数的作用。这里主要讲数组公式的输入。

在单元格中输入公式“SUM(B4:B6＊C4:C6)”，按Ctrl+Shift+Enter组合键完成数组公式的输入，计算出结果后，选中数组公式所在单元格，在编辑栏中可以发现公式自动添加了“{}”符号。

B1 | {=SUM(B4:B6*C4:C6)}

	A	B	C	D
1	总股本	270100		
2				
3	名称	股份	价格	
4	中天能源	30000	5.02	
5	青海华鼎	10000	3.39	
6	方正电机	20000	4.28	

E2 | {=C2:C9*D2:D9}

	A	B	C	D	E
1	销售员	产品名称	产品单价	销售数量	销售总额
2	萌萌	台式机	5000.00	5	25000.00
3	赵露	液晶电视	4500.00	6	27000.00
4	西风	笔记本	6000.00	8	48000.00
5	秋阳	手机	2880.00	12	34560.00
6	夏雨	平板电脑	2980.00	9	26820.00
7	董雪	台式机	3550.00	7	24850.00
8	春华	笔记本	6400.00	18	115200.00
9	罗双	手机	1980.00	4	7920.00
10					

知识加油站：数组公式的优点

- 简洁性：数组公式可以同时对多个数据执行运算，一个复杂的问题，只需一个公式就可以解决；
- 一致性：多个单元格数组公式中，单击任意一个单元格，看到的公式内容都是相同的；
- 安全性：不能修改多单元格数组公式的某一部分，可以防止误操作；
- 文件小：可以使用单个数组公式，而不必用多个普遍公式。

数组公式的语法与普通公式的语法相同。它们都是以“=”开始，无论在普通公式或数组公式中，都可以使用任何内置函数。而数组公式唯一不同之处在于，必须要按Ctrl+Shift+Enter组合键完成公式的输入。

07 如何编辑数组公式

数组公式一旦输入完成，无法单独删除或修改一组公式中的某一个公式。只能对整组公式进行修改或删除。修改数组公式必须先选中所有输入相同数组公式的单元格。

下图在使用了数组公式的表格下方增加了两行数据，现在需要将这两行数据增加到数组公式中。该怎样操作？下面就是小德子的解决方法。

E2 {=C2:C9*D2:D9}

	A	B	C	D	E
1	销售员	产品名称	产品单价	销售数量	销售总额
2	萌萌	台式机	5000.00	5	25000.00
3	赵露	液晶电视	4500.00	6	27000.00
4	西风	笔记本	6000.00	8	48000.00
5	秋阳	手机	2880.00	12	34560.00
6	夏雨	平板电脑	2980.00	9	26820.00
7	董雪	台式机	3550.00	7	24850.00
8	春华	笔记本	6400.00	18	115200.00
9	罗双	手机	1980.00	4	7920.00
10	赵霞	平板电脑	3200.00	6	
11	葛霭	台式机	3300.00	3	
12					

先将新增单元格连同之前的所有数组公式一起选中，然后在编辑栏中对公式中的引用区域进行扩展，最后按Ctrl+Shift+Enter组合键返回计算结果，如下图所示。

E2 {=C2:C11*D2:D11}

	A	B	C	D	E
1	销售员	产品名称	产品单价	销售数量	销售总额
2	萌萌	台式机	5000.00	5	25000.00
3	赵露	液晶电视	4500.00	6	27000.00
4	西风	笔记本	6000.00	8	48000.00
5	秋阳	手机	2880.00	12	34560.00
6	夏雨	平板电脑	2980.00	9	26820.00
7	董雪	台式机	3550.00	7	24850.00
8	春华	笔记本	6400.00	18	115200.00
9	罗双	手机	1980.00	4	7920.00
10	赵霞	平板电脑	3200.00	6	19200.00
11	葛霭	台式机	3300.00	3	9900.00
12					

若要删除数组公式，同样先选中所有输入相同数组公式的单元格，然后按Delete键即可全部删除。

08 靠谱的公式审核

公式审核是Excel“公式”选项卡中的一组命令，功能十分强大，使用公式审核中的一些命令可以对公式的引用和从属关系进行追踪，更重要的是可以更正公式中的常见问题，也可以实施某些规则来检查公式中的错误。这些规则虽不能保证工作表没有错误，但对发现常见错误却大有帮助，所以公式审核的能力绝不该被忽视。

“追踪引用单元格”和“追踪从属单元格”这两个命令按钮，分别可以用箭头指明所选单元格的值受哪些单元格影响，或所选单元格的值影响着哪些单元格。

在箭头的指示下公式的引用和从属关系会变得很清晰。“移去箭头”命令即可将箭头删除。

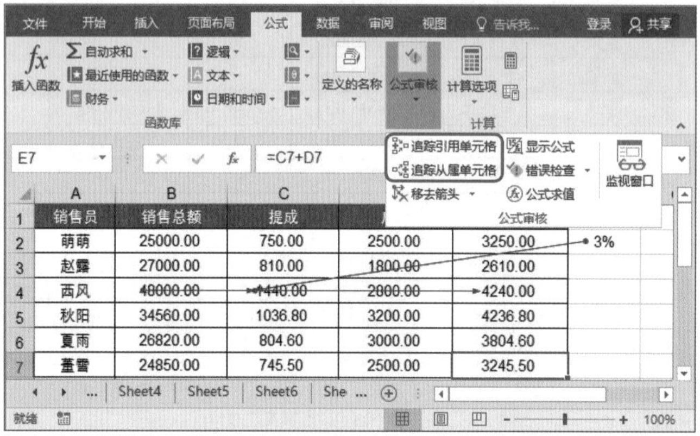

“错误检查”功能能够及时检查出存在问题的公式，以便修正。

如果检查出错误，就会自动弹出“错误检查”对话框，经核实后，再对错误公式进行编辑，或直接忽略错误即可。

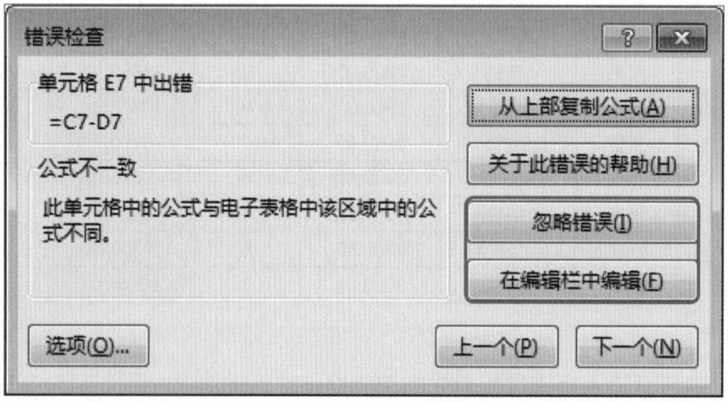

Excel带有后台检索错误公式的功能，当在单元格中输入有问题的公式时，单元格左上角会出现一个绿色的三角形。选中包含错误公式的单元格后，单元格右侧会出现一个警告标志，单击这个标志，在展开的下拉列表中即可查看公式错误的原因，也可从列表提供的选项对公式进行设置。

我们也可以关闭公式的后台检索功能，其方法是：打开“Excel选项”对话框，在“公式”选项卡中取消勾选“允许后台错误检查”复选框即可。

在Excel中可以通过“监视窗口”来监视工作表中的公式等数据改动前后的情况，该功能在实际工作中不常用到。下面小德子就向大家简单介绍一下“监视窗口”功能的用法。

在“公式”选项卡中单击“监视窗口”按钮，打开“监视窗口”对话框，单击“添加监视点”按钮，如图❶所示。打开相应的对话框后单击“选择您想监视其值的单元格”右侧拾取按钮，在工作表中框选想要的区域，然后返回到“添加监视点”对话框，单击“添加”按钮，如图❷所示。返回到上一层对话框，在此就会显示要监视的单元格数据，如图❸所示。

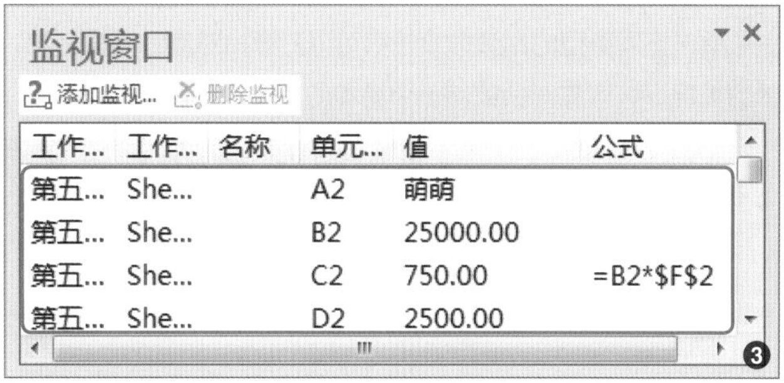

当工作表中的数据发生变化时，其监视窗口中的数据也会发生相应的变化。

SECTION 02 函数让你不再犯难

函数是公式的灵魂，凡是复杂的计算肯定少不了函数的参与，函数本身其实是预定的公式，使用参数按照特定的顺序或结构进行计算。下面小德子将为大家介绍函数的分类、输入以及使用方法。

01 函数类型要了解

最新版本的Excel函数共包含12种类型，分别是日期与时间函数、数学与三角函数、统计函数、查找与引用函数、数据库函数、文本函数、逻辑函数、信息函数、工程函数、多维数据集函数、兼容函数以及Web函数。了解函数的类型后，可以在计算数据时快速联想到Excel函数库内有没有相关类型的函数。

在“公式”选项卡中的“函数库”组中可以对函数的种类进行观察。

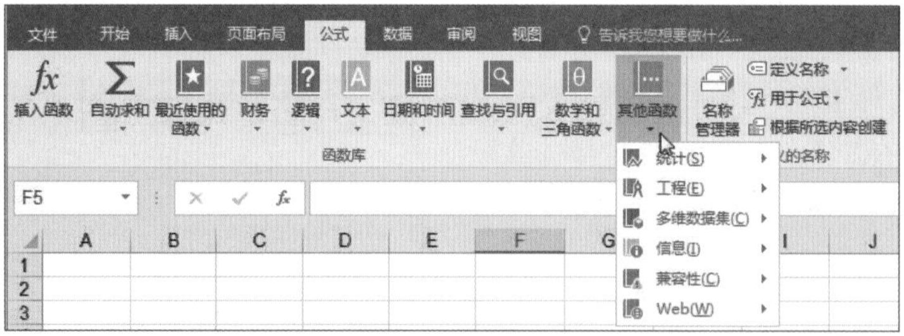

单击不同类型的函数命令按钮可以打开相对应的下拉列表，指定某个函数，鼠标下方即会出现该函数的作用说明。在不熟悉函数的情况下，可先对函数做一个基本的了解。

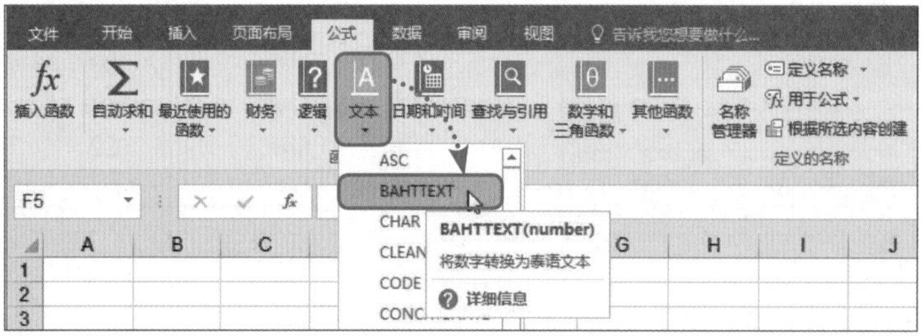

02 输入函数方法多

对Excel函数进行分解后，如何在输入函数的时候保证输入速度和准确率呢?

在进行最基本的求和、求平均值、计算最大值、最小值的运算时，我们可以通过快捷按钮来输入函数。

打开“公式”选项卡，在“函数库”组中单击“自动求和”下拉按钮，在列表中选择需要的计算选项，即可快速向单元格中插入相应的函数，并根据数据表数据自动生成公式。

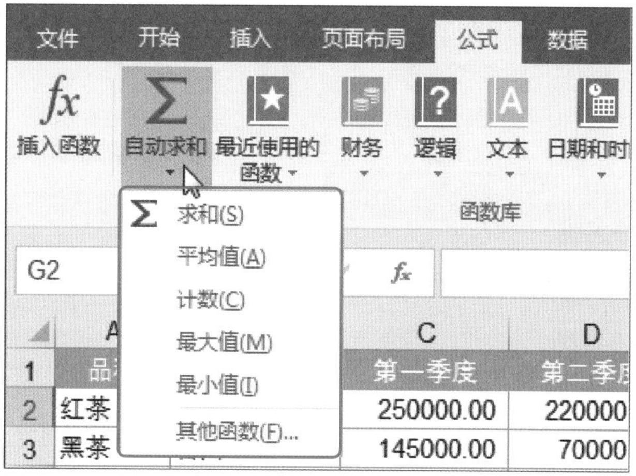

在知道函数该如何拼写或者可以拼写出函数的前几个字母的情况下可以手动输入函数。

输入函数的前几个字母，双击单元格下方的提示，可以直接将函数输入到单元格中。

不记得函数的拼写方法，或函数的参数较为复杂时可以从函数库或对话框中插入函数。

直接在函数库中选择需要使用的函数，双击可以将该函数输入到单元格中。或者在“函数库”组中单击“插入函数”按钮，打开“插入函数”对话框，选择函数的类别，找到需要的函数，单击“确定”按钮。

使用这两种方法插入函数都需要在“函数参数”对话框中设置参数。

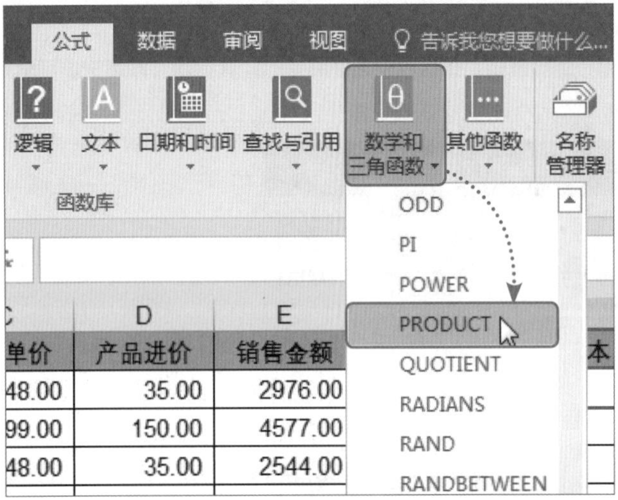

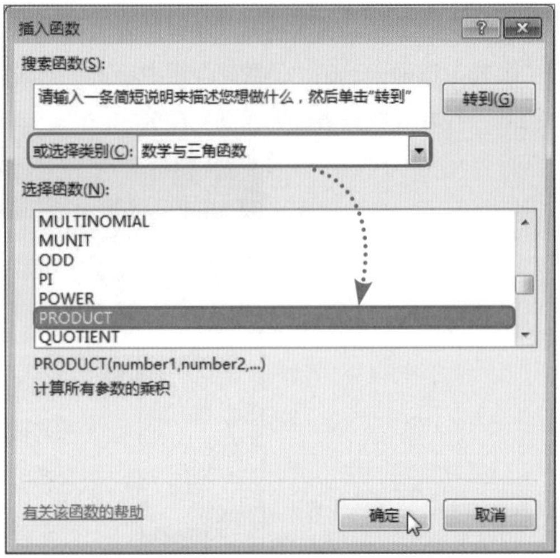

我们还可以在公式编辑栏中，单击“插入函数”按钮，可以快速打开“插入函数”对话框，从中选择所需函数，并设置好其函数的相关参数，完成计算操作。

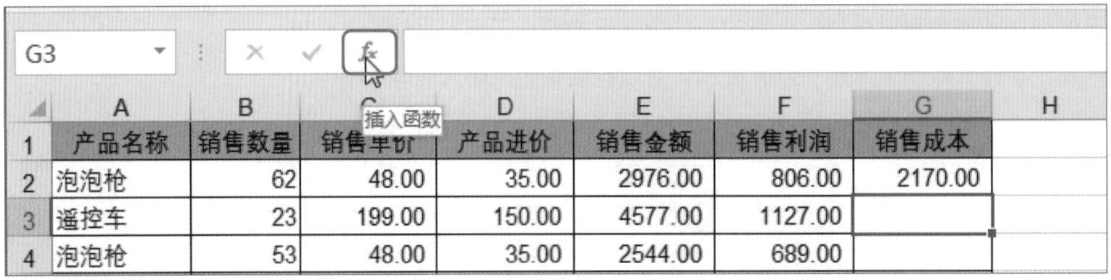

G3
插入函数
A B C D E F G H
1 产品名称 销售数量 销售单价 产品进价 销售金额 销售利润 销售成本
2 泡泡枪 62 48.00 35.00 2976.00 806.00 2170.00
3 遥控车 23 199.00 150.00 4577.00 1127.00
4 泡泡枪 53 48.00 35.00 2544.00 689.00

知识加油站：使用帮助功能查找对应的函数

在公式编辑栏中，输入公式关键字，例如“=PRODUCT(”，系统会自动打开该函数的提示信息，将光标移动到该信息上，单击该函数（PRODUCT）后，系统会自动打开“Excel帮助”界面。在该界面中就会显示该函数的相关语法、参数功能以及应用示例等信息。

用函数高效办公

Excel函数的高效可以在实际办公中体现出来，下面小德子将以实例介绍一些常见函数的用法。

01 客户订单统计及排名

右图是一张客户订单统计表，现在需要对订单数量、订单总金额、指定客户的总订单数量和订单金额以及客户定单金额排名这些项目进行统计。

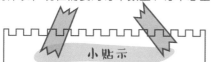

> **小贴示**
>
> 对于简单的函数参数可以手动输入，复杂的函数参数可通过“函数参数”对话框输入。使用该方法有很多好处，比如可以查看到每个参数的含义，预览计算结果，降低出错率等。

	A	B	C	D
1	订单编号	客户名称	订单金额	
2	101	鼎力金服	¥395,000.00	
3	102	蓝天风投	¥984,580.00	
4	103	彩虹教育	¥847,000.00	
5	104	蓝天风投	¥984,700.00	
6	105	彩虹教育	¥374,750.00	
7	106	鼎力金服	¥847,400.00	
8	107	鼎力金服	¥765,800.00	
9	108	蓝天风投	¥284,380.00	
10	109	彩虹教育	¥985,484.00	
11	110	永晟能源	¥654,700.00	

Sheet10 | SI ...

- **计算订单数量**：本例中小德子将用COUNT函数来计算出用户的订单数量。选中F2单元格，直接输入公式“=COUNT(C2:C19)”，按Enter键就可以得到结果数值“18”。

REPLACE　=COUNT(C2:C19)

	A	B	C	D	E	F
1	订单编号	客户名称	订单金额		计算项	计算结果
2	101	鼎力金服	¥395,000.00		订单数	=COUNT(C2:C19)
3	102	蓝天风投	¥984,580.00		订单总额	
4	103	彩虹教育	¥847,000.00			
5	104	蓝天风投	¥984,700.00		客户名称	订单数量
6	105	彩虹教育	¥374,750.00		鼎力金服	
7	106	鼎力金服	¥847,400.00		蓝天风投	
8	107	鼎力金服	¥765,800.00		彩虹教育	
9	108	蓝天风投	¥284,380.00		永晟能源	
10	109	彩虹教育	¥985,484.00			
11	110	永晟能源	¥654,700.00			
12	111	鼎力金服	¥857,648.00			
13	112	永晟能源	¥857,484.00			

Sheet10 | Sheet11 | Sheet12 | S ...

● **计算订单总额**：我们选中F3单元格，并直接输入求和函数公式“=SUM(C2:C19)”，按Enter键得出计算结果。

F3 =sum(C2:C19)

	A	B	C	D	E	F
1	订单编号	客户名称	订单金额		计算项	计算结果
2	101	鼎力金服	¥395,000.00		订单数量	18
3	102	蓝天风投	¥984,580.00		订单总额	=sum(C2:C19)
4	103	彩虹教育	¥847,000.00			
5	104	蓝天风投	¥984,700.00		客户名称	订单数量
6	105	彩虹教育	¥374,750.00		鼎力金服	
7	106	鼎力金服	¥847,400.00		蓝天风投	
8	107	鼎力金服	¥765,800.00		彩虹教育	
9	108	蓝天风投	¥284,380.00		永晟能源	
10	109	彩虹教育	¥985,484.00			
11	110	永晟能源	¥654,700.00			
12	111	鼎力金服	¥857,648.00			
13	112	永晟能源	¥857,484.00			

Sheet10 Sheet11 Sheet12

由于版面限制，小德子就不一一介绍其具体计算操作了。下图❶所示的是各项目的计算结果，而下图❷所示的是结果相对应的公式，相信大家一看就会明白的。

❶

E	F	G	H
计算项	计算结果		
订单数量	18		
订单总额	¥11,744,673.00		
客户名称	订单数量	订单总额	订购量排名
鼎力金服	6	¥3,786,260.00	1
蓝天风投	4	¥2,528,449.00	3
彩虹教育	3	¥2,207,234.00	4
永晟能源	5	¥3,222,730.00	2

❷

E	F	G	H
计算项	计算结果		
订单数量	=COUNT(C2:C19)		
订单总额	=SUM(C2:C19)		
客户名称	订单数量	订单总额	订购量排名
鼎力金服	=COUNTIF(B:B,B2)	=SUMIF(B:B,B2,C:C)	=RANK(G6,$G$6:$G$9,0)
蓝天风投	=COUNTIF(B:B,B3)	=SUMIF(B:B,B3,C:C)	=RANK(G7,$G$6:$G$9,0)
彩虹教育	=COUNTIF(B:B,B4)	=SUMIF(B:B,B4,C:C)	=RANK(G8,$G$6:$G$9,0)
永晟能源	=COUNTIF(B:B,B11)	=SUMIF(B:B,B11,C:C)	=RANK(G9,$G$6:$G$9,0)

函数说明：

COUNT函数和COUNTIF函数都是统计函数，这两个函数的区别是：前者是单纯的统计指定区域中包含数字的单元格个数，后者则是用于计算某个区域中满足给定条件的单元格数目。

SUM函数和SUMIF函数都是求和函数，SUM函数可直接计算单元格区域中所有数值的和，SUMIF函数则只对满足条件的函数求和。

RANK函数可以计算指定数值在一列数值中相对于其他数值的大小排名。

扫描延伸阅读

02 判断抽检产品是否属于合格品

在工作中经常会做各种判断，Excel也可以根据特定的要求对表数据进行判断。下面来学习一下AND函数和IF函数是如何对数据进行判断的。

AND函数判断B2，C2，D2三个单元格中的数值是否都为0，若是0则返回TRUE，否则返回FALSE。

E2　=AND(B2=0,C2=0,D2=0)

	A	B	C	D	E
1	抽检样品	辛硫磷	甲拌磷	对硫磷	检测结果
2	菠菜	0	0	0	TRUE
3	西蓝花	0	0	0	TRUE
4	玉米	0	0	0.03	FALSE
5	西红柿	0	0.007	0	FALSE
6	紫甘蓝	0.04	0	0	FALSE
7	莴笋	0	0	0	TRUE
8	韭菜	0.2	0	0.02	FALSE

知识加油站：AND函数解析

AND函数为逻辑函数。语法为：AND(logical1,logical2,...)。其中“Logical1, logical2,...”表示待检测的1~30个条件值，各条件值可为TRUE或FALSE（所有参数的逻辑值为真时，返回TRUE；只要有一个参数的逻辑值为假，即返回FALSE）。

将前一个公式作为IF函数的第一个参数使用，形成一个嵌套公式，判断抽检结果是否合格。

IF函数有3个参数，第一个参数是判断条件，如果这个条件成立，则返回第二个参数，若不成立，则返回第三个参数。

E2　=IF(AND(B2=0,C2=0,D2=0),"合格","不合格")

	A	B	C	D	E
1	抽检样品	辛硫磷	甲拌磷	对硫磷	检测结果
2	菠菜	0	0	0	合格
3	西蓝花	0	0	0	合格
4	玉米	0	0	0.03	不合格
5	西红柿	0	0.007	0	不合格
6	紫甘蓝	0.04	0	0	不合格
7	莴笋	0	0	0	合格
8	韭菜	0.2	0	0.02	不合格

Excel函数不仅可以单独使用还可以作为另一函数的参数使用，也就是在特定计算目标下，将某一个公式或函数的返回值作为另一个函数的基础参数来使用。一般是逻辑函数IF、AND与其他函数嵌套使用的较多，且一个函数最多可以包含七级嵌套函数。

03 制作员工提成计算表

在计算销售员工资的时候，很多公司是根据销售员的销售额来定档次计算提成的，销售额越高提成档次就越高，最终提成也就越高。在此可以使用CHOOSE函数对销售业绩进行分档，然后通过VLOOKUP函数计算出提成比例，最后核算出提成金额。

首先拟定好将提成分成几个档次，每个档次对应提成比例各是多少，销售范围是多少。这里将提成范围分成A、B、C三个档次，以10000元的金额作为一个档次的差值。

10	提成档次	提成比例	销售额范围（x）
11	A	3%	20000>x>=10000
12	B	5%	30000>x>=20000
13	C	10%	40000>x>=30000

Step 01 在单元格C2中输入公式“=CHOOSE(INT(B2/10000),"A","B","C")”，回车后计算出提成档次，然后向下填充公式，计算出所有员工销售总额的提成档次。

C2 =CHOOSE(INT(B2/10000),"A","B","C")

	A	B	C	D	E
1	销售员	销售总额	提成档次	提成比例	提成金额
2	萌萌	25000.00	B		
3	赵露	27000.00	B		
4	西风	38000.00	C		
5	秋阳	34560.00	C		
6	夏雨	26820.00	B		
7	董雪	24850.00	B		
8	春华	15200.00	A		
9					
10	提成档次	提成比例	销售额范围（x）		
11	A	3%	20000>x>=10000		
12	B	5%	30000>x>=20000		
13	C	10%	40000>x>=30000		

Step 02 在单元格D2中输入公式“=VLOOKUP(C2,$A$10:$B$13,2,FALSE)”，按Enter键后计算出提成比例具体数值，之后向下填充公式，计算出所有提成比例。

D2 =VLOOKUP(C2,$A$10:$B$13,2,FALSE)

	A	B	C	D	E
1	销售员	销售总额	提成档次	提成比例	提成金额
2	萌萌	25000.00	B	0.05	
3	赵露	27000.00	B	0.05	
4	西风	38000.00	C	0.1	
5	秋阳	34560.00	C	0.1	
6	夏雨	26820.00	B	0.05	
7	董雪	24850.00	B	0.05	
8	春华	15200.00	A	0.03	
9					
10	提成档次	提成比例	销售额范围（x）		
11	A	3%	20000>x>=10000		
12	B	5%	30000>x>=20000		
13	C	10%	40000>x>=30000		
14					

知识加油站：CHOOSE函数解析

CHOOSE函数为选择函数，其语法为：CHOOSE(index_num, value1, [value2], ...)。其中“index_num”参数为索引值；“value2”至后面的值为一个序列。索引值不能小于1，如果为小数会自动截取整数。1对应的是value1，依次类推，如果使用双引号，一定要用英文双引号。

Step 03 用销售总额和提成比例相乘，即可计算出每位员工的提成金额。

E2 =B2*D2

	A	B	C	D	E
1	销售员	销售总额	提成档次	提成比例	提成金额
2	萌萌	25000.00	B	0.05	1250
3	赵露	27000.00	B	0.05	1350
4	西风	38000.00	C	0.1	3800
5	秋阳	34560.00	C	0.1	3456
6	夏雨	26820.00	B	0.05	1341
7	董雪	24850.00	B	0.05	1242.5
8	春华	15200.00	A	0.03	456
9					
10	提成档次	提成比例	销售额范围（x）		
11	A	3%	20000>x>=10000		
12	B	5%	30000>x>=20000		
13	C	10%	40000>x>=30000		

知识加油站：VLOOKUP函数解析

VLOOKUP函数为查询函数，在工作中我们经常会用到。它的语法结构为：VLOOKUP(lookup_value, table_array, col_index_num, [range_lookup])，翻译下公式就是：VLOOKUP(查找值，查找范围，查找列数，精确匹配或者近似匹配）。

VLOOKUP就是竖直查找即列查找。说的明白一点，就是根据查找值参数，在查找范围的第一列搜索查找值，找到该值后，则返回值为：以第一列为准，往后推数查找列数值的这一列所对应的值，这也是为什么该函数叫做VLOOKUP的原因。

扫描延伸阅读

04 根据身份证制作员工基本资料表

大家都知道身份证号码包含很多个人信息，例如籍贯、出生年月、年龄、性别等，这些信息都可以通过Excel函数提取出来。

	A	B	C	D	E	F	G
1	姓名	性别	年龄	生日	籍贯	身份证号码	
2	萌萌	女	37岁	1981-01-14	西藏江孜	546513198101143121	
3	赵露	男	25岁	1993-06-12	甘肃嘉峪关	620214199306120435	
4	西风	男	30岁	1988-08-04	浙江丽水	331213198808044377	
5	秋阳	男	31岁	1987-12-09	辽宁朝阳	212231198712097619	
6	夏雨	女	20岁	1998-09-10	辽宁朝阳	212232199809104661	
7	罗双	男	37岁	1981-06-13	湖南湘西	435326198106139871	
8	春华	女	32岁	1986-10-11	湖南湘西	435412198610111242	
9	董雪	女	30岁	1988-08-04	新疆阿勒泰	654351198808041187	
10	龙葵	男	33岁	1985-11-09	辽宁朝阳	213100198511095335	
11	贾龙	男	28岁	1990-08-04	江苏苏州	320513199008044373	
12	柳卿	女	47岁	1971-12-05	辽宁朝阳	213100197112055364	
13							
14							

Sheet10 | Sheet11 | Sheet12 | Sheet ...

下面小德子将对以上函数进行简单解析：

（1）性别：=IF(MOD(MID(F2,17,1),2),"男","女")

公式解析：身份证的第17位数代表性别，偶数代表女性，奇数代表男性。公式中MID(F2,17,1)部分查找出身份证第17位数，MOD函数将第17位数和2相除，用IF函数判断相除的结果是否有余数，有余数返回“男”，没有余数返回“女”。

（2）生日：=TEXT(MID(F2,7,8),"0000-00-00")

公式解析：公式中MID(F2,7,8)部分将身份证号码从第7位数开始向后的8个数字查找出来，这8个数字代表出生年月，TEXT函数将查找出来的8个数字转换为,"0000-00-00"的文本形式。

（3）年龄：=YEAR(TODAY())-YEAR(VALUE(D2))&"岁"

公式解析：YEAR(TODAY())-YEAR(VALUE(D2))根据已经提取出来的生日，推算出年份，用&符号在年龄后添加一个"岁"字。

（4）籍贯：=VLOOKUP(VALUE(LEFT(F2,4)),籍贯对照表!A1:B536,2)

公式解析：LEFT(F2,4)部分提取出身份证号码的前4位数，VALUE函数将提出来代表数值的文本转换成真正的数值，VLOOKUP函数在“籍贯对照表!A1:B536”区域搜索与身份证号码的前4位数相匹配的数据，并返回匹配到的数据。“2”表示在两列内容中进行搜索并返回匹配值。

QUESTION

学习心得

本课介绍了公式和函数的应用，公式的输入方法讲的很详细，在第3节举例介绍了一些函数在日常工作中的应用。函数是Excel学习中的难点，其包含的学问非常的深，并非是一朝一夕就可以掌握的，大家可以从最常用的函数开始，由易到难、循序渐进的学习，在空闲的时候可以多观察Excel都有哪些函数，作用分别是什么。

欢迎大家到“德胜书坊”微信平台和相关QQ群中分享你们的心得，希望能够对至今迷茫的表哥表妹们有所帮助！

别怕！函数没有你想象的那么恐怖！

Chapter 06

数据分析高手是这样子的

一个隐藏在 Excel 中的数据处理高手

——数据透视表！

你造吗？

SECTION 01 数据透视表的闲言碎语

大型的数据透视表可能会让人感觉到迷茫，不知道该从何处着手来分析。不用急，小德子在这给你支一招，使用数据透视表就好啦！数据透视表可以快速汇总、分析、浏览来呈现数据，灵活度很高。可根据自己想要的显示方式快速排列数据，还可根据数据透视表创建数据透视图，从而更直观的查看数据。

01 数据透视表的创建

数据透视表的创建方法非常简单，只需单击几下鼠标即可创建。

Step 01 打开“插入”选项卡，在“表格”组中单击“数据透视表”按钮，打开“创建数据透视表”对话框。

Step 02 选择好需要创建数据透视表的数据区域，用户可以在当前工作表中选择数据源，也可以使用外部数据源。随后选择是将数据透视表创建在新工作表还是创建在现有工作表中，单击“确定”按钮。

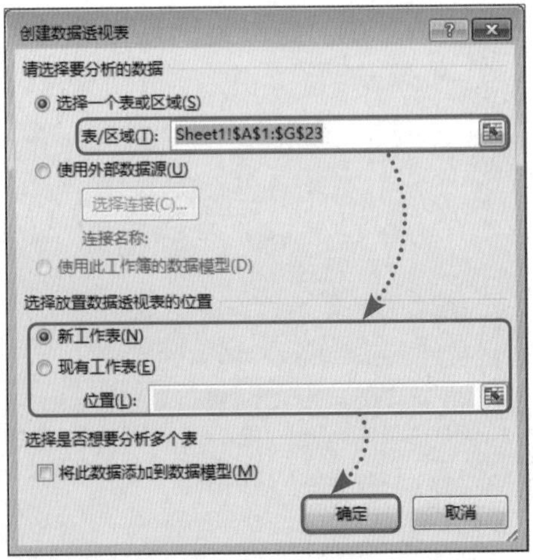

小贴示

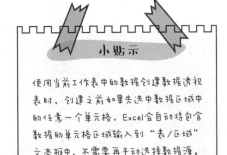

使用当前工作表中的数据创建数据透视表时，创建之前如果先选中数据区域中的任意一个单元格，Excel会自动将包含数据的单元格区域输入到“表/区域”文本框中，不需要再手动选择数据源。

Step 03 在选择了“新工作表”的前提下，Excel会自动新建一个工作表，并在新工作表的A3单元格创建空白数据透视表。此时工作表的右侧会展开“数据透视表字段”窗格。

小贴示

默认情况下选中数据透视表中的任意单元格时显示窗格，选中数据透视表之外的单元格时隐藏窗格。

如果想要快速的创建数据透视表，可以使用“推荐的数据透视表”功能。在“插入”选项卡中单击“推荐的数据透视表”按钮，打开“推荐的数据透视表”对话框。从推荐的数据透视表类型中选择出需要的类型，单击“确定”按钮，便可以快速的将该类型的数据透视表创建出来。

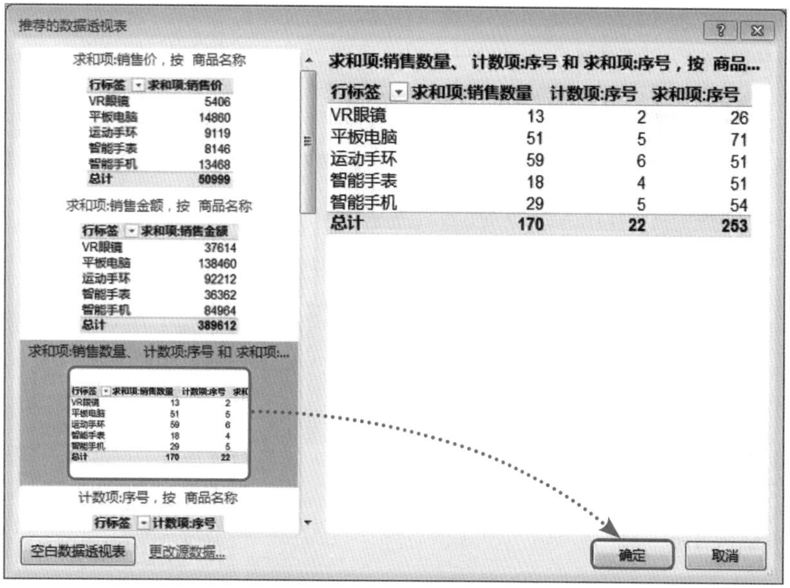

⓪② 向数据透视表中添加字段

空白的数据透视表显然是对数据分析起不到任何作用的，想要实现数据分析的目的就必须先向数据透视表中添加不同的字段，添加字段需要在“数据透视表字段”窗格中进行。下面小德子将为大家介绍向数据透视表中添加字段的方法。

默认情况下，当选中数据透视表中任意一个单元格时工作表右侧会自动显示“数据透视表字段”窗格，如果没有显示，则说明该窗格被隐藏了，只需要在“数据透视表工具-分析”选项卡中的“显示”组中单击“字段列表”按钮，即可将其显示，如图❶所示。

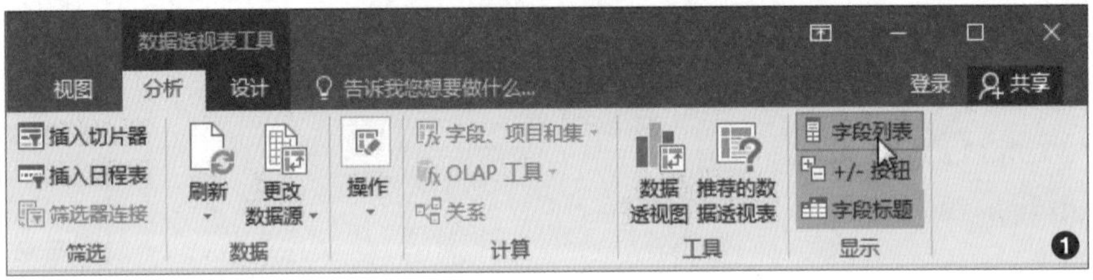

在“数据透视表字段”窗格中勾选字段名称便可以将该字段添加到数据透视表中，Excel会根据该字段的数据类型自动选择字段区域。用户也可以直接用鼠标拖拽字段名称将字段拖动到合适的字段区域，如图❷所示。

在字段区域中单击字段右侧的下拉按钮，在展开的列表中可以对字段执行移动、删除等操作，如图❸所示。

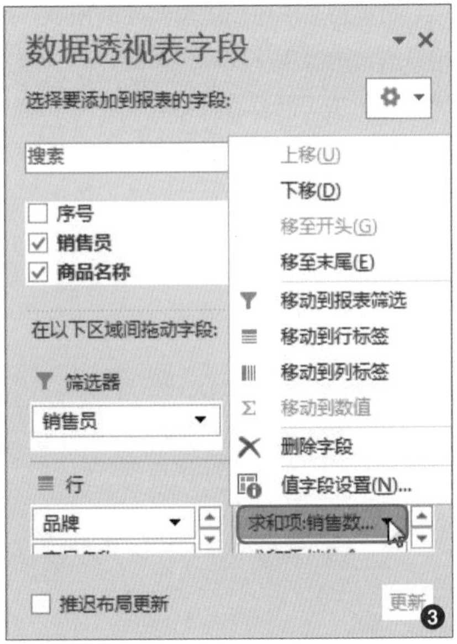

03 重新布局数据透视表

在“设计”选项卡中有一个“布局”组，通过“布局”组中的四个功能按钮可以对数据透视表布局进行设置调整。

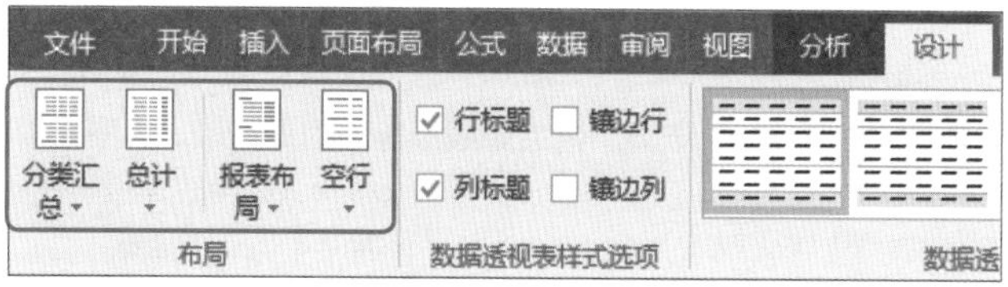

在“设计”选项卡中，单击“分类汇总”下拉按钮，在该列表中有4项内容，分别为“不显示分类汇总”、“在组的底部显示所有分类汇总”、“在组的顶部显示所有分类汇总”和“汇总中包含筛选项”。如右图所示的是“在组的底部显示所有分类汇总”模式。

	A	B	C	D
1	销售日期	(多项)		
2				
3	行标签	销售数量	求和项:单价	销售金额占比
4	黄酒			
5	古越龙山	25	239	42.22%
6	黄酒 汇总	25	239	42.22%
7	啤酒			
8	蓝带	49	224	38.78%
9	青岛	48	112	19.00%
10	啤酒 汇总	97	336	57.78%
11	总计	122	575	100.00%
12				

在“设计”选项卡中，单击“总计”下拉按钮，在其列表中也有4项内容，分别为“对行和列禁用”、“对行和列启用”、“仅对行启用”和“仅对列启用”。利用这4个选项，可对总计行的显示位置进行设置。右图为“仅对列启用”模式。

	A	B	C	D
1	名称	(全部)		
2				
3	行标签	销售数量	求和项:单价	
4	白酒	412	13882	
5	黄酒	279	2049	
6	啤酒	214	964	
7	葡萄酒	237	1967	
8	洋酒	371	3124	
9	养生酒	472	2157	
10	总计	1985	24143	
11				
12				

单击“报表布局”下拉按钮，从中可以对报表的显示形式进行设置，例如“以大纲形式显示”、“以表格形式显示”和“以压缩形式显示”。默认情况下，报表以压缩的形式显示。

此外还可以对报表中的重复项进行设置。选择“重复所有项目标签”选项，可将报表中的重复项都显示出来，相反，选择“不重复项目标签”选项，则会隐藏报表中的重复项。下图是以表格形式显示报表。

	A	B	C	D	E
1	月	(全部)			
2					
3	**品类**	**名称**	**销售数量**	**求和项:单价**	
4	**白酒**	茅台	118	4995	
5		五粮液	117	6495	
6		洋河	177	2392	
7	**黄酒**	古越龙山	72	717	
8		和酒	50	266	
9		女儿红	62	474	
10		沙洲优黄	95	592	
11	**啤酒**	蓝带	71	336	
12		青岛	48	112	
13		燕京	95	516	
14	**葡萄酒**	路易拉菲	69	840	
15		张裕解百纳	69	495	
16		长城	99	632	
17	**洋酒**	杰克丹尼	73	504	

单击“空行”下拉按钮，选择“在每个项目后插入空行”选项，可在报表的每一组数据下方添加一空行，相反，选择“删除每个项目后的空行”选项，则会删除空行。下图是“在每个项目后插入空行”显示模式。

	A	B	C	D	E
1	月	(全部)			
2					
3	**品类**	**名称**	**销售数量**	**求和项:单价**	
4	**白酒**	茅台	118	4995	
5		五粮液	117	6495	
6		洋河	177	2392	
7					
8	**黄酒**	古越龙山	72	717	
9		和酒	50	266	
10		女儿红	62	474	
11		沙洲优黄	95	592	
12					
13	**啤酒**	蓝带	71	336	
14		青岛	48	112	
15		燕京	95	516	
16					
17	**葡萄酒**	路易拉菲	69	840	
18		张裕解百纳	69	495	

04 赏心悦目的数据透视表

数据透视表和普通表格一样可以设置出各种边框和底纹效果，而且操作非常简单，因为Excel本身就内置了很多数据透视表样式，用户可以直接套用。如果想要独特一点也可以自定义数据透视表样式。

打开“设计”选项卡，在“数据透视表样式”组中单击“其他”按钮展开所有数据透视表样式，选择一个满意的样式即可。

在选择数据透视表样式之前，可以使用鼠标悬停的方式对不同的样式进行预览。

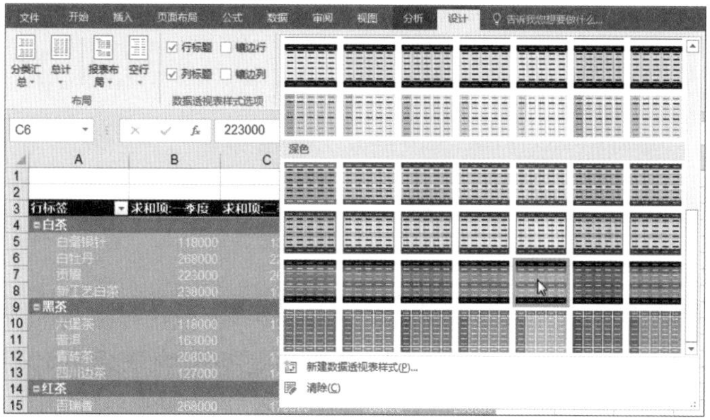

如果要自定义数据透视表样式，则要在“数据透视表样式”列表中选择“新建数据透视表样式”选项。打开“新建数据透视表样式”对话框，在“表元素”列表中选择一个元素后，单击“格式”按钮，在随后打开的“设置单元格格式”对话框中对所选元素的字体、边框以及填充效果进行设置。

接下来继续设置下一个元素。设置完成后，新建的数据透视表样式会出现在“数据透视表样式”列表的“自定义”组中。

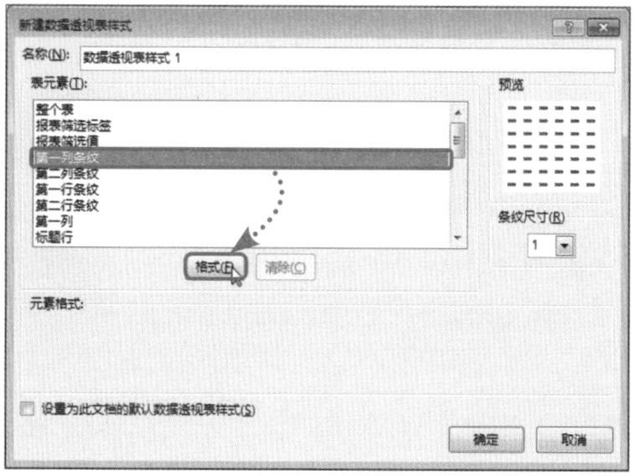

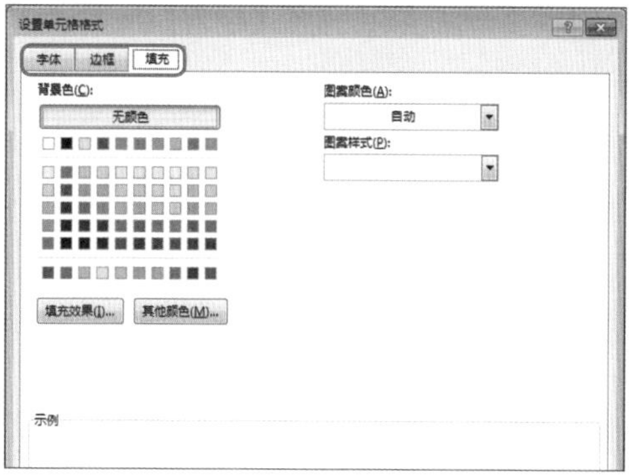

SECTION 02

你动，我就动！

创建了数据透视表后，此时数据透视表和数据源有链接关系。如果对数据源进行了修改或者需要更换数据源可以参照小德子下面介绍的方法进行操作。

创建了数据透视表后，用户也可以随时更改数据源。操作方法如下：

打开“数据透视表工具-分析”选项卡，在“数据”组中单击“更改数据源”按钮，弹出“更改数据透视表数据源”对话框，在“表/区域”文本框中重新选择数据源区域，单击“确定”按钮。在此需要说明一下，通过鼠标框选的方法重新选择数据源后，对话框的名称会自动变成“移动数据透视表”，这对数据源的更改操作并无任何影响。

更改数据源后需要重新向数据透视表中添加字段。

数据源更改后，则需要及时更新报表，在“数据透视表工具-分析”选项卡中，单击“刷新”按钮即可刷新报表。

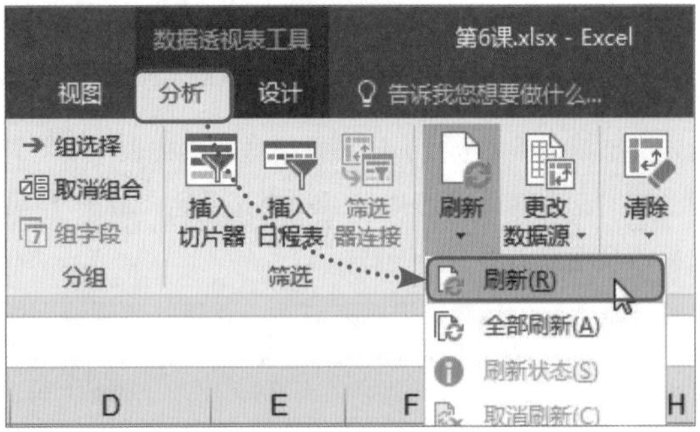

知识加油站：自动刷新数据透视表

打开“数据透视表工具-分析”选项卡，在“数据透视表”组中单击“选项”按钮，打开“数据透视表选项”对话框，切换到“数据”选项卡，勾选“打开文件时刷新数据”复选框，单击“确定”按钮关闭对话框。之后每次打开工作簿，工作簿中的所有数据透视表都会自动刷新数据。

排序和筛选随你变

小德子在之前的章节中已经介绍了如何对数据进行排序和筛选，那么在数据透视表中，该如何进行排序和筛选呢？事实上，数据透视表的排序和筛选与普通表格相似但又略有不同。

01 数据透视表也能排序

在数据透视表中进行排序的方法有很多，下面一起来了解一些常用的排序方法。

单击“行标签”右侧下拉按钮，在下拉列表中选择“其他排序选项”选项。打开“排序”对话框，根据需要选择“升序排序”或“降序排序”单选按钮，在所选排序依据下拉列表中选择好排序字段。单击“确定”按钮，即可将所选字段按指定方式排序。

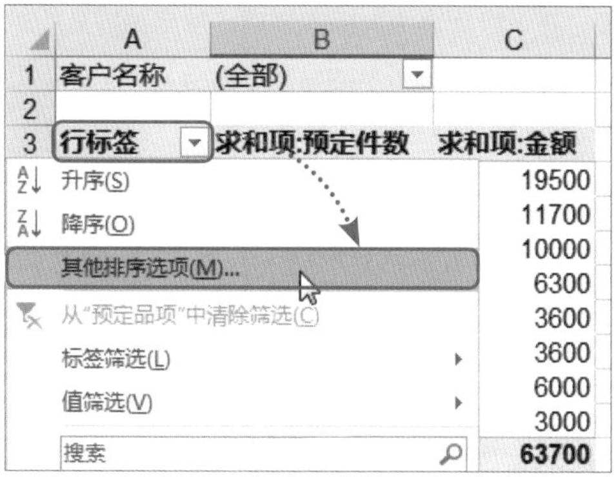

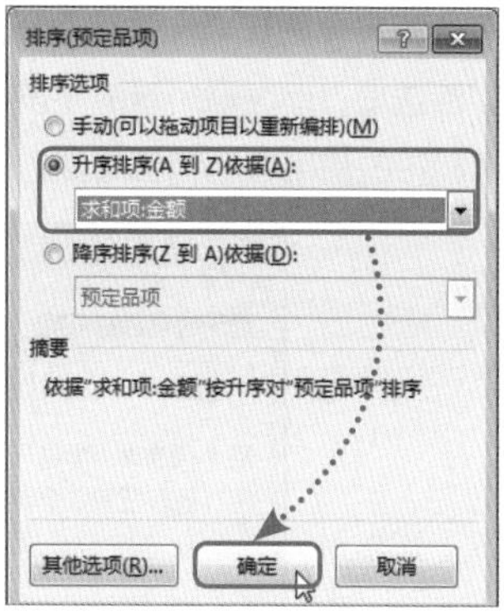

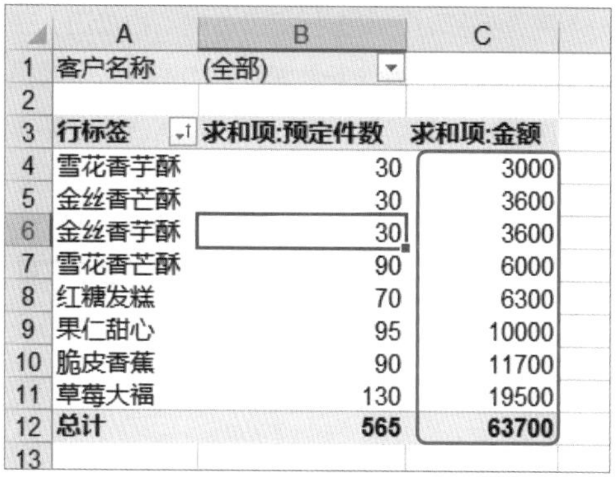

	A	B	C
1	客户名称	(全部)	
2			
3	行标签	求和项:预定件数	求和项:金额
4	雪花香芋酥	30	3000
5	金丝香芒酥	30	3600
6	金丝香芋酥	30	3600
7	雪花香芒酥	90	6000
8	红糖发糕	70	6300
9	果仁甜心	95	10000
10	脆皮香蕉	90	11700
11	草莓大福	130	19500
12	总计	565	63700
13			

右击需要排序的字段的任意单元格，在弹出的菜单中选择“排序”选项，在其下级菜单中选择需要的排序方式，也可以快速为指定字段排序。

02 筛选数据透视表中的重要数据

在数据透视表中进行筛选也很简单，用户可以筛选标签，也可以对数值进行筛选。

1. 使用筛选器筛选

将字段添加到“筛选器”区域后，可以通过筛选字段进行最简单的筛选操作。

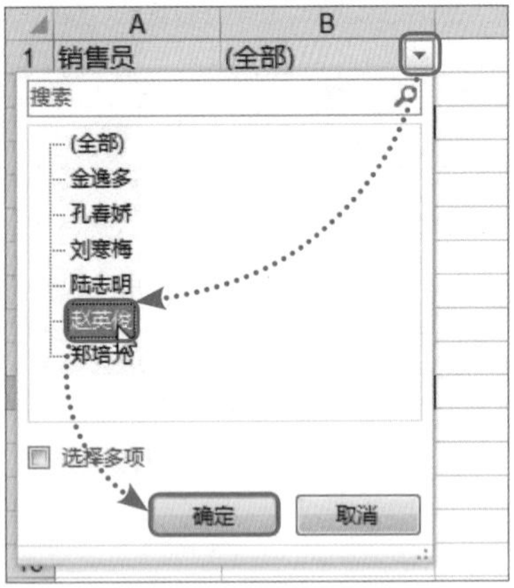

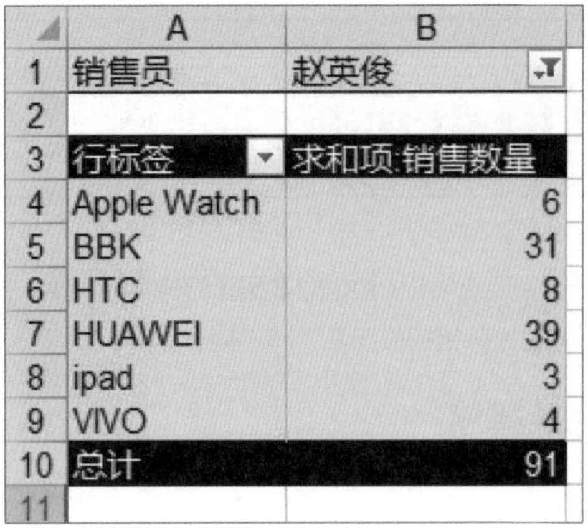

2. 使用字段标签筛选

筛选标签时，单击行标签右侧下拉按钮，在展开的列表中选择“标签筛选”选项，在下级列表中选择筛选项。然后在打开的对话框中，设置好筛选条件即可。如图❶所示的是选择筛选项，而图❷所示的是设置筛选条件，图❸所示的是筛选结果。

筛选标签时常用到通配符，数据透视表筛选中通配符的使用原则和普通筛选相同。

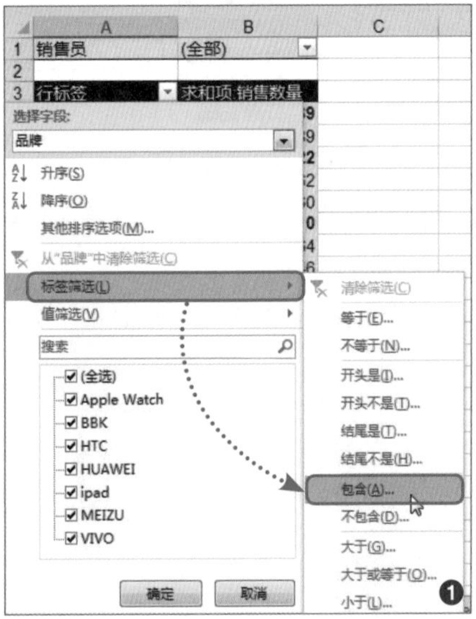

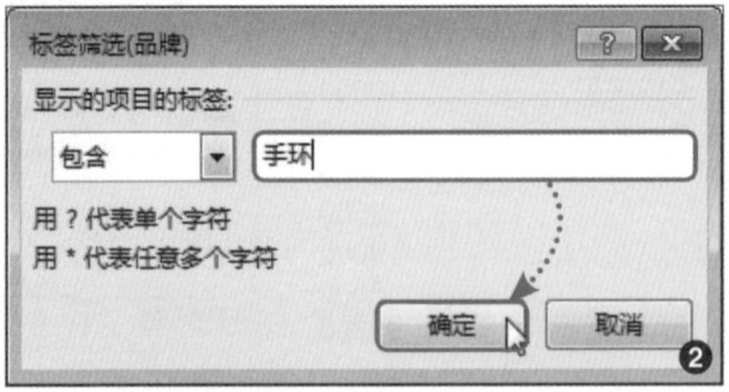

3. 使用值筛选

如果需要进行行值筛选的话，可以在行标签下拉列表中选择“值筛选”选项，在下级列表中选择筛选项。在弹出的对话框中选择值字段以及筛选条件，单击“确定”按钮即可。其操作步骤与“标签筛选”相似。

图❶为选择筛选项；图❷为设置值的筛选条件；图❸为筛选结果。

4. 使用日期筛选

单击行标签筛选按钮，在打开的下拉列表中，选择“日期筛选”选项，然后在其级联菜单中选择所需的筛选项，就可以筛选出想要的结果。

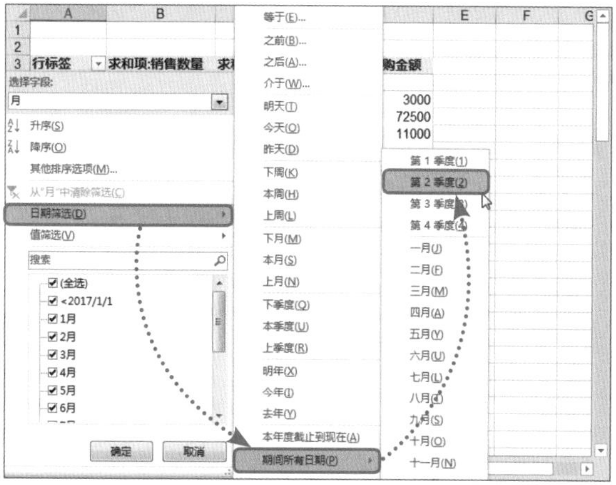

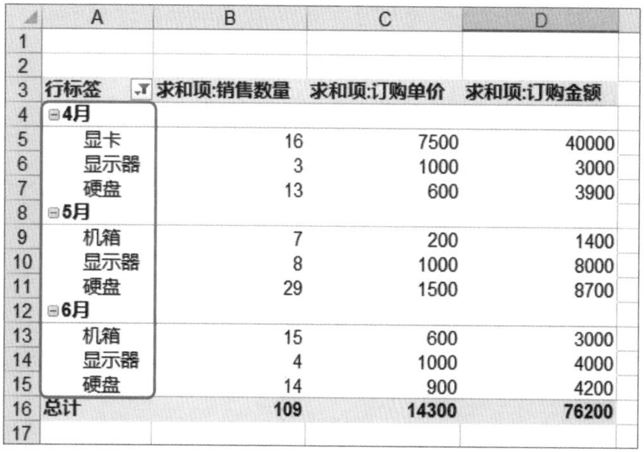

03 切片器帮忙来筛选

可能很多人还没有听说过切片器，切片器是用于数据透视表筛选的一种工具，使用切片器可以更直观、更快速地筛选数据。下面小德子将介绍切片器的插入和使用方法。

1. 插入切片器

Step 01 打开“数据透视表工具-分析”选项卡，在“筛选”组中单击“插入切片器”按钮。

Step 02 弹出“插入切片器”对话框，勾选字段名称，单击“确定”按钮即可插入相应字段的切片器。还可以同时勾选多个字段，插入多个切片器。

2. 使用切片器筛选数据

在切片器中选择需要筛选的选项，其数据透视表中也会对其进行筛选。用户可以同时在多个切片器中进行筛选。

单击切片器上方的“多选 ”按钮可以在该切片器中选择多个选项，或者按Ctrl键进行多选。

单击切片器右上角的“清除筛选器 ”按钮，可以清除该切片器的所有筛选。

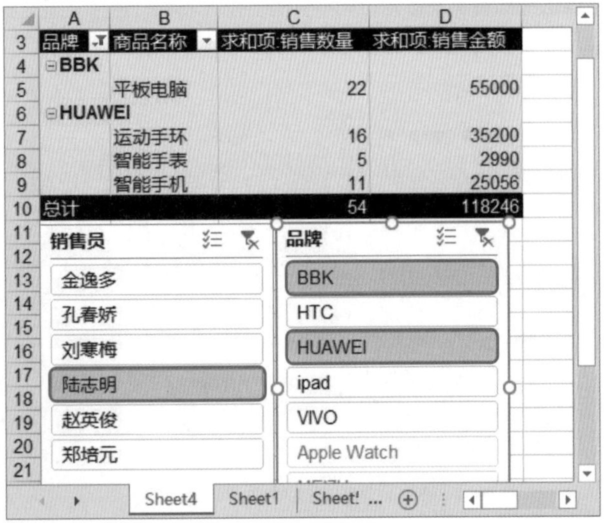

知识加油站：切片器功能介绍

选中切片器后，功能区会出现“切片器工具-选项”选项卡，在该选项卡中可以对切片器的外观以及排列顺序进行设置。例如，修改切片器名称、更改切片器外观、调整切片器大小等等。

SECTION 04

数据组合真奇妙

有时候报表中的数据实在是太多，即使是制作了数据透视表还是不容易查看，这时候分组就变得很重要，可以根据数据的类型为字段分组。

01 数据分组查看更明了

用户只能对行字段进行分组。分组其实很容易，只需要单击一下“组选择”按钮，便可以将选中的单元格分为一组。小德子现在就为大家介绍数据透视表行字段分组的具体方法。

Step 01 在行字段中选择亚洲国家所在单元格，打开“数据透视表工具-分析”选项卡，在“分组”组中单击“组选择”按钮。

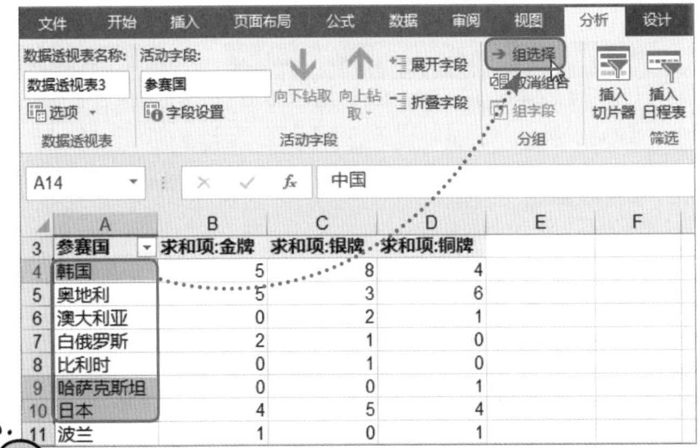

Step 02 数据透视表左侧新增了标题名称为“参赛国2”的列，而之前选中的亚洲国家被集中到了“数据组1”中。直接修改标题名称为“区域”，将“数据组1”修改为“亚洲”。重复此步骤继续为其他数据分组，然后修改组名称即可。

知识加油站：不相邻单元格的选择技巧

在Excel中选择不相邻的单元格区域时常用以下两种方法：一、鼠标拖选法；二、名称框选择法。按住Ctrl键不放，依次用鼠标拖选多处不相邻的单元格区域，可将这些单元格区域同时选中。在名称框中输入以英文逗号连接的单元格名称，按下Enter键后也可将这些单元同时选中。

02 日期型数据分组你说了算

日期分组和文本分组的方法相同，只是在对日期进行分组的时候需要设置步长值。

将日期字段添加到行区域，选中日期字段中的任意一个单元格，打开“数据透视表工具-分析”选项卡，在“分组”组中单击“组选择”按钮。在弹出的“组合”对话框中选择需要的“步长”，单击“确定”按钮关闭对话框。数据透视表中的日期字段即可按指定的步长分组。

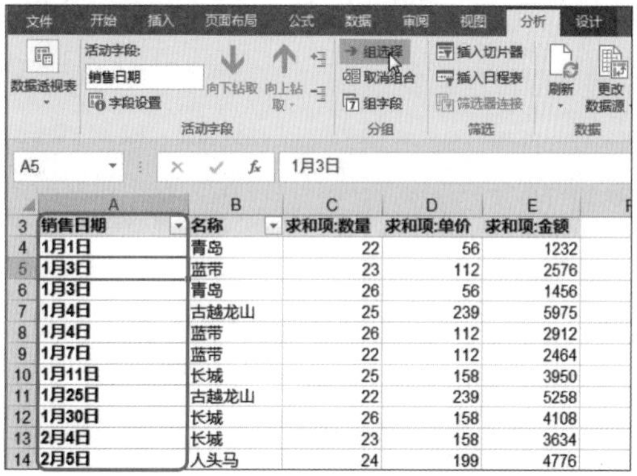

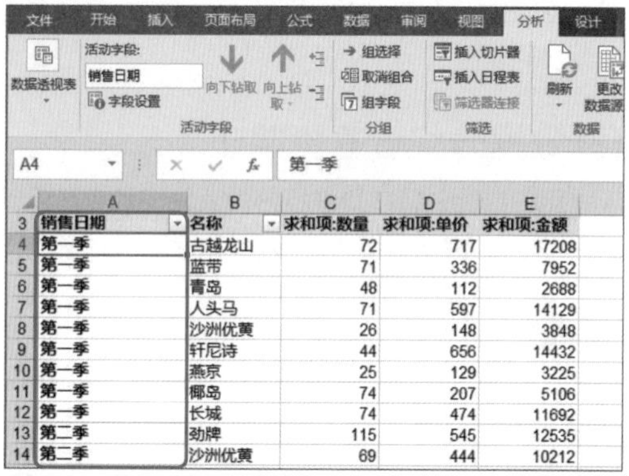

在“组合”对话框中也可以手动设置起始日期和终止日期，还可以同时选择多项步长。

本例中对日期进行分组后项目标签重复显示，这是因为数据透视表使用了“重复所有项目标签”的报表布局。要想让项目标签不重复显示，需要打开“数据透视表工具-设计”选项卡，在“布局”组中单击“报表布局”下拉按钮，在列表中选择“不重复项目标签”选项即可。

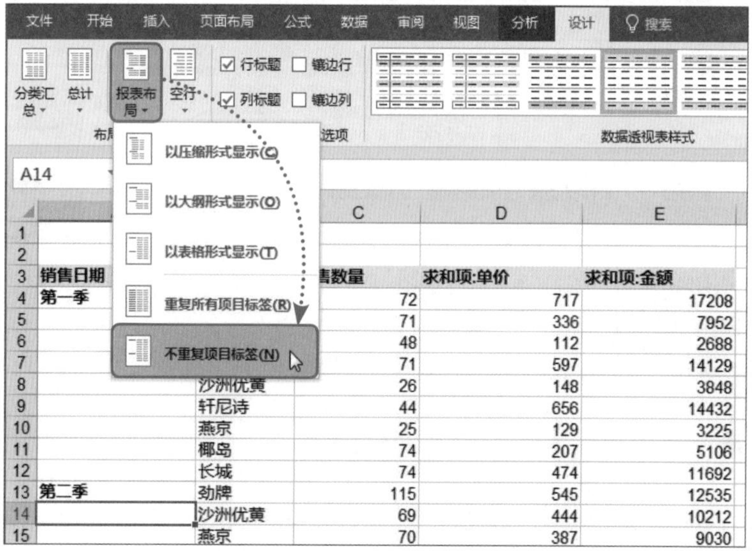

SECTION 05

利用数据透视表也能进行计算

数据透视表除了拥有超强的数据分析能力，同样也可实现一些简单的计算。下面我们一起来学习一下数据透视表的计算功能。

01 插入计算字段实现计算

在数据透视表中插入计算字段可以对数据源中不存在的项目进行计算。小德子将为大家介绍在数据透视表中插入计算字段的方法。

Step 01 打开“数据透视表工具-分析”选项卡，在“计算”组中单击“字段、项目和集”下拉按钮，在列表中选择“计算字段”选项。打开“插入计算字段”对话框。

知识加油站：计算项和计算字段的区别

计算字段是通过对数据透视表中现有的字段计算后得到的新字段；计算项则是在已有的字段中插入新的项，是通过该字段现有的其他项执行计算后得到的。一旦创建了自定义的字段或项，Excel就允许在数据透视表中使用他们。

Step 02 输入字段名称，在“公式”文本框中输入该字段的计算公式。公式中用到的字段名称可以通过在“字段”列表中选择字段，单击“插入字段”按钮的方式进行输入。最后单击“确定”按钮，关闭对话框。

Step 03 数据透视表中随即添加相应的计算字段。

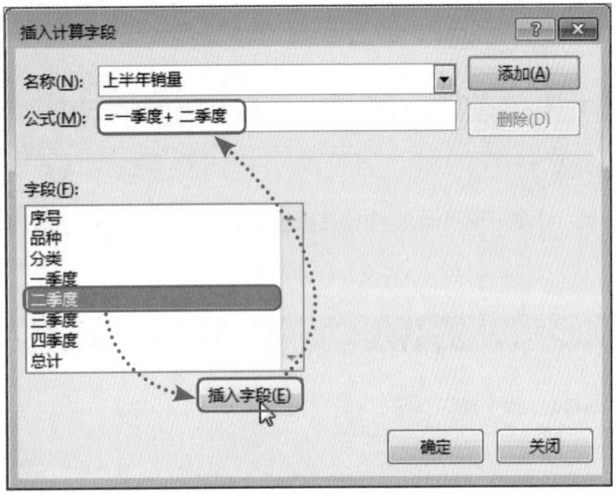

知识加油站：计算字段的修改和删除

在数据透视表中插入计算字段后如果想要进行修改或删除还需要在“插入计算字段”对话框中进行。打开“插入计算字段”对话框，单击“名称”文本框右侧下拉按钮，在下拉列表中选择需要修改或删除的字段。可以对公式进行修改，如果要删除字段的话直接单击“删除”按钮即可。

02 字段名称和计算类型也能修改

数据透视表中字段的名称和计算类型是根据数据源自动生成的，根据实际需要可以对字段名称和计算项进行修改。

Step 01 选中需修改名称和计算类型的字段中的任意单元格，打开“数据透视表工具-分析”选项卡，在“活动字段”组中单击“字段设置”按钮。

Step 02 在弹出的“值字段设置”对话框中重新选择“计算类型”，在“自定义名称”文本框中输入新的字段名称。

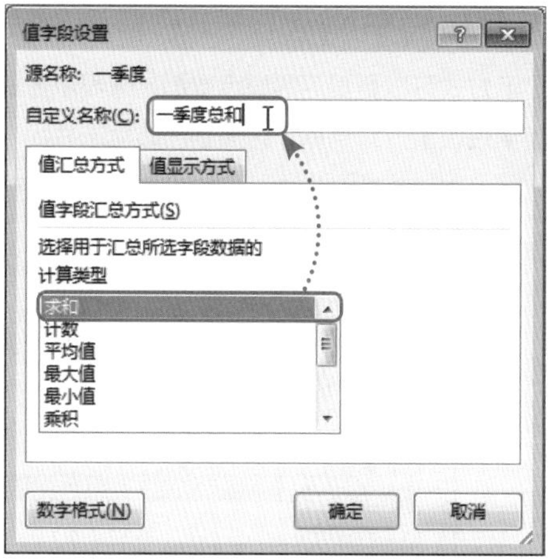

Step 03 单击“确定”按钮，此时被选中的字段名称已发生了更改，按照同样的方法，完成其他字段名称的更改操作。

03 轻松设置值显示方式

修改值显示方式可以更灵活的显示数据，值显示方式同样是在“值字段设置”对话框内设置。

打开“值字段设置”对话框，切换到“值显示方式”选项卡，选择“总计的百分比”选项，单击“确定”按钮。

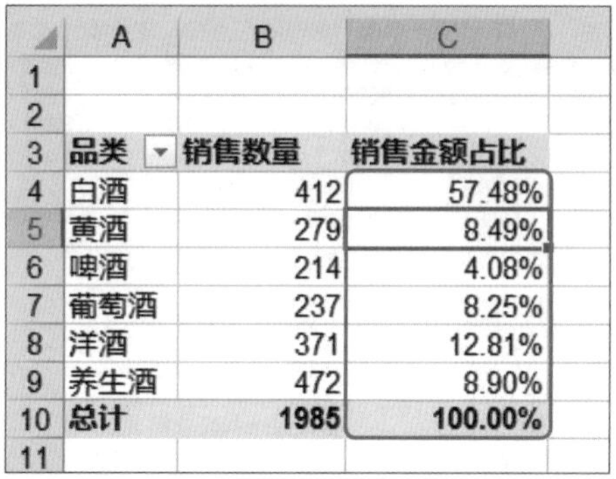
A B C
品类 销售数量 销售金额占比
白酒 412 57.48%
黄酒 279 8.49%
啤酒 214 4.08%
葡萄酒 237 8.25%
洋酒 371 12.81%
养生酒 472 8.90%
总计 1985 100.00%

如果要删除值显示方式，可在“值字段设置”对话框中进行。具体操作方法为：选中所需字段，打开“值字段设置”对话框，在“值显示方式”选项卡中，选择“无计算”选项。

A B C
品类 销售数量 销售金额
白酒 412 ¥322,788
黄酒 279 ¥47,654
啤酒 214 ¥22,895
葡萄酒 237 ¥46,347
洋酒 371 ¥71,937
养生酒 472 ¥49,990
总计 1985 ¥561,611

SECTION 06

数据透视图更直观

数据透视图是由数据透视表衍生出来的一种可视化的图形，数据透视图用最直观的方式显示数据透视表中的数据关系。

01 创建数据透视图的几种方法

数据透视图的创建方法很简单，用户可以直接根据数据源创建数据透视图，也可以根据数据透视表创建数据透视图。

1. 根据数据透视表创建数据透视图

选中数据透视表中的任意单元格，打开“数据透视表工具-分析”选项卡，在“工具”组中单击“数据透视图”按钮，打开“插入图表”对话框。选择一个合适的图表类型，单击“确定”按钮，即可创建数据透视图。

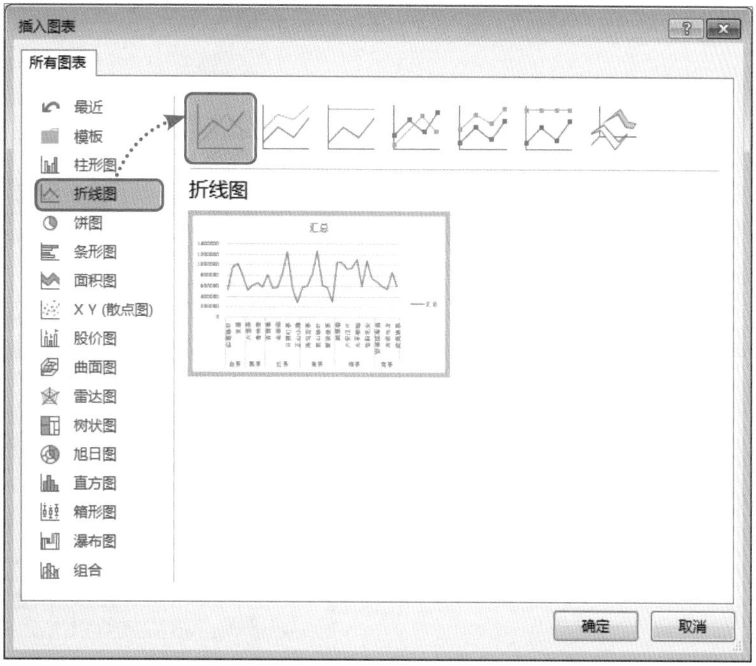

2. 根据数据源创建数据透视图

选中数据源中的任意单元格，打开“插入”选项卡，在“图表”组中单击“数据透视图”下拉按钮，在下拉列表中选择“数据透视图”选项。打开“创建数据透视图”对话框，保持对话框中的所有选项为默认状态，单击“确定”按钮。

小贴示

根据数据源创建的数据透视图没办法在创建之初选择图表类型。但是可以通过后期的“更改图表类型”命令来更改数据透视图的类型。

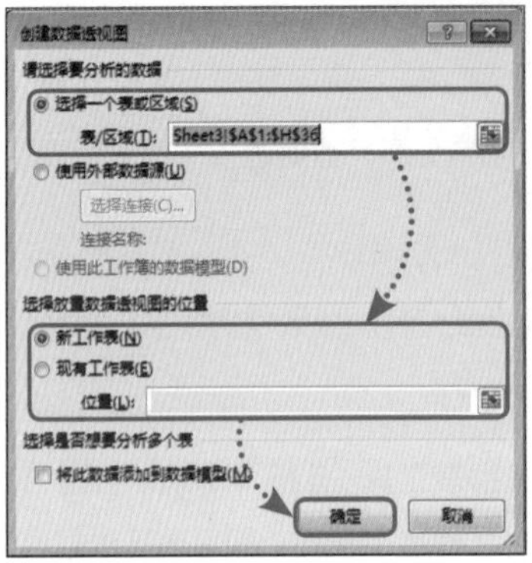

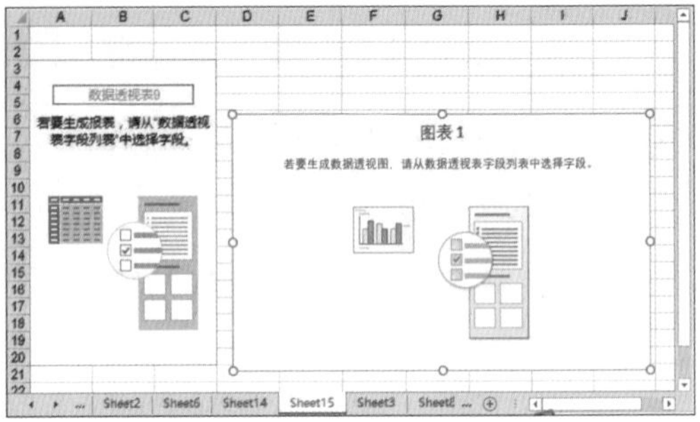

根据数据源创建的数据透视图是空白的，需要向数据透视表中添加字段后数据透视图中才能显示内容。

3. 使用数据透视表向导创建数据透视图

如果你安装的是低版本，就只能通过使用向导来创建透视图，具体操作如下：

Step 01 单击任意单元格，依次按下“Alt”、“D”、“P”键，打开向导（步骤1）对话框。选中“数据透视图（及数据透视表）”单选按钮，然后单击“下一步”按钮，如图❶所示。

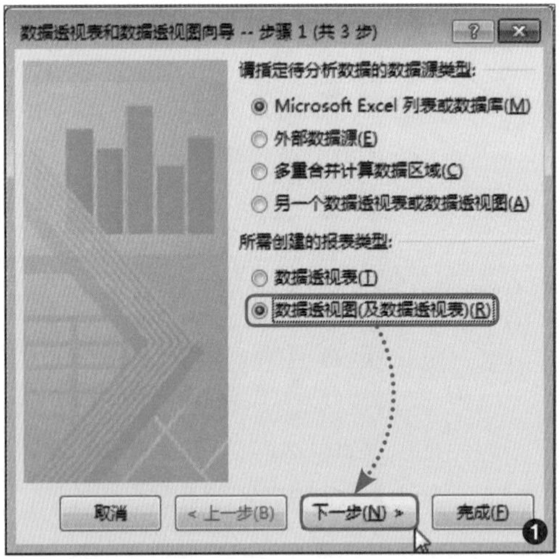

Step 02 在向导（步骤2）对话框中，保持默认选项，单击“下一步”按钮，如图❷所示。

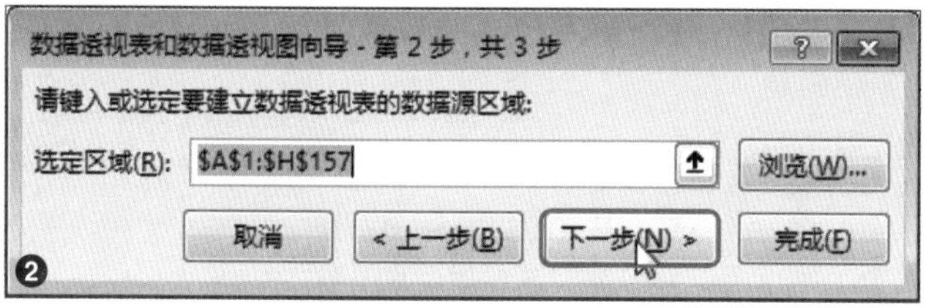

Step 03 在向导（步骤3）对话框中，设置好数据透视图的位置，单击“完成”按钮即可，如图❸所示。

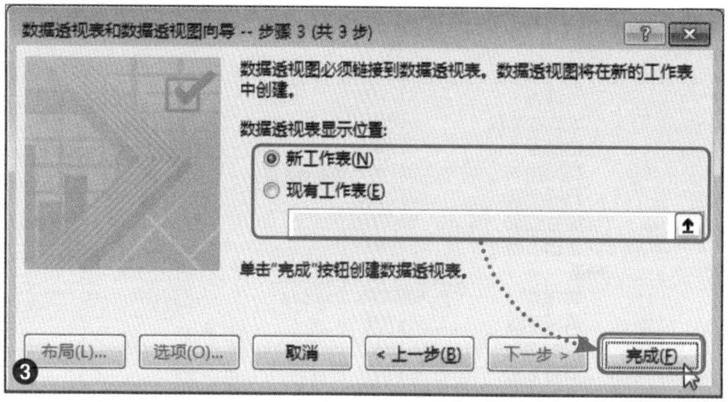

02 数据透视图我想这么看

数据透视图和数据透视表是相互链接的，通过数据透视图上的字段按钮也可以实现数据透视表数据的排序和筛选。

单击数据透视图左下角的行字段按钮，在展开的筛选器中可对数据透视表进行筛选，同时数据透视图也会跟着数据透视表中的数据一起发生变化。

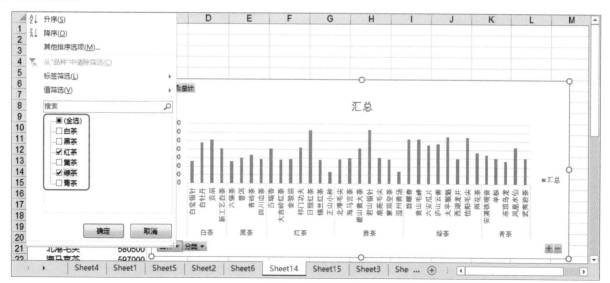

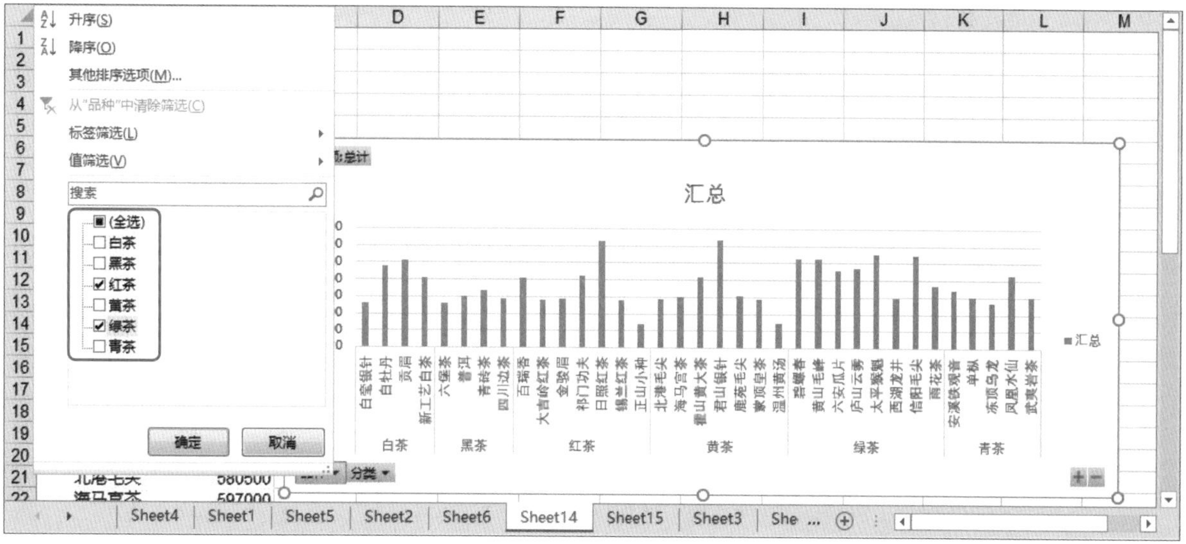

单击数据透视图右下角的“+”按钮可以展开数据透视表中所有行字段，单击“-”按钮可以折叠所有行字段。字段展开或折叠的效果同样在数据透视图上呈现。

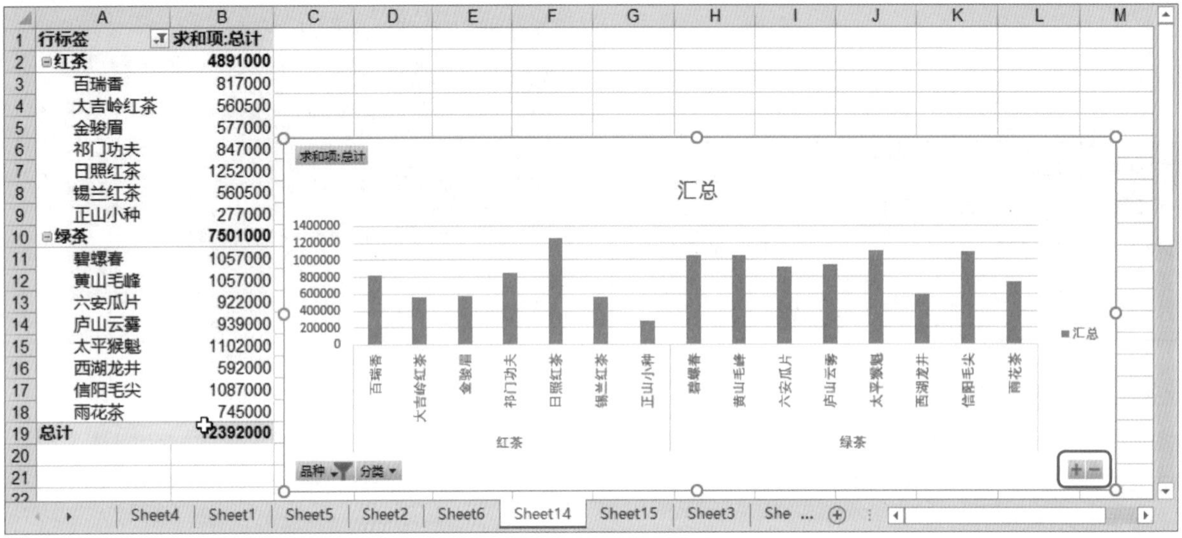

知识加油站：将数据透视图转换为静态图表

数据透视图是基于数据透视表创建的，当数据透视表中的数据有变动，其数据透视图也会随之发生变化。如果想要得到一张静态的图表该怎么操作？很简单，只需将该透视图转化为图片形式就可以了。其方法为：选中数据透视图，单击鼠标右键，在快捷菜单中选择“复制”命令，然后在所需单元格上右击鼠标，选择“粘贴选项”下的“图片”选项。

QUESTION

学习心得

本课主要介绍了数据透视表的创建及应用。数据透视表是数据分析的一个有力的工具，数据透视表可以通过几个固定的字段变换出无数种表格样式，大家必须要掌握字段的添加技巧和筛选技巧，才能灵活的运用数据透视表。

欢迎大家到“德胜书坊”微信平台和相关QQ群中分享你们的心得，希望能够对至今迷茫的表哥表妹们有所帮助！

数据透视表看似简单，想要精通，是需要大家下一番功夫来研究的！

Chapter 07

数据的形象代言人——图表

图表注重的是内在，而不是外观！
切莫过渡修饰外观，
而忽视了图表原本的价值！

SECTION 01

数据图表更直观

一般情况下人们可能很难记住一串数字，以及它们之间的关系和趋势，但是却可以很轻松地记住一幅图像或者一段曲线。这是因为图形对视觉的刺激要远远大于数字，从这一点来看，如果用图形来表达数据，就更有利于数据的分析和比较，而Excel就有这种将数据转换成图形的功能，那就是图表。Excel图表可以用各种形状的数据系列来表达数据，例如，柱型、条形、折线、饼形等等。图表的应用可以使数据更加有趣、生动、吸引人、易于阅读和评价。

下面两张图是用图表展示数据的效果，是不是比纯数字更有看头。小德子会在下文详细叙述Excel图表的制作过程。

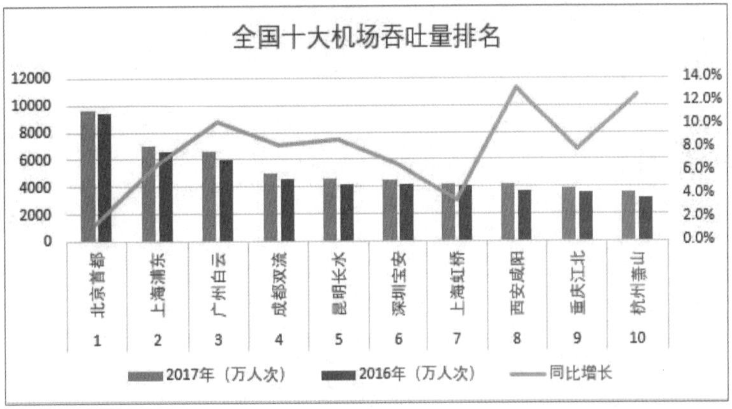

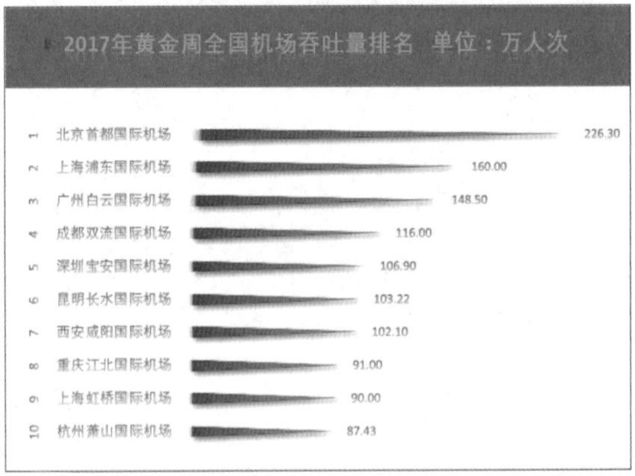

01 选对图表很重要

在Excel中有多种方法可以插入图表，在插入图表时要根据数据类型选择合适的图表，这样才能更好的表达数据。

如果用户想要快速获得一个图表，只要选中需要创建图表的数据区域，按Alt+F1组合键，Excel便会自动创建一个图表。使用快捷键自动插入的图表只能是簇状柱形图，这也是Excel中使用率最高的图表类型。

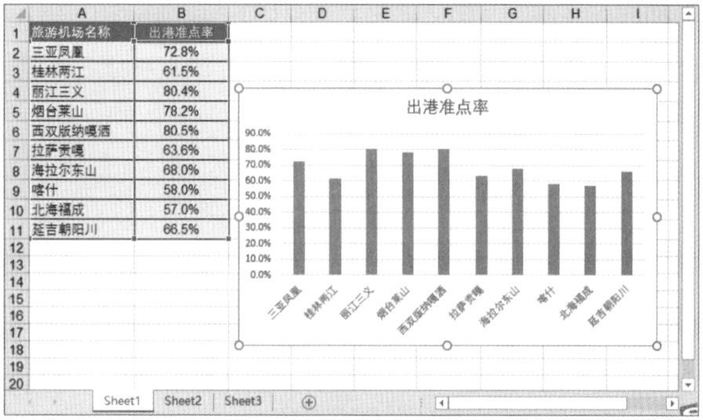

使用快捷键插入的簇状柱形图对于数据表达来说也许并不是最佳的选择，这时候可以通过选项卡，有选择性的插入图表。先选择数据区域，然后打开“插入”选项卡，在“图表”组中有各种图表类型按钮，假如我们想插入折线图，则单击“插入折线图或面积图”按钮，在下拉列表中选择需要的折线图类型，即可向工作表中插入相应的图表。

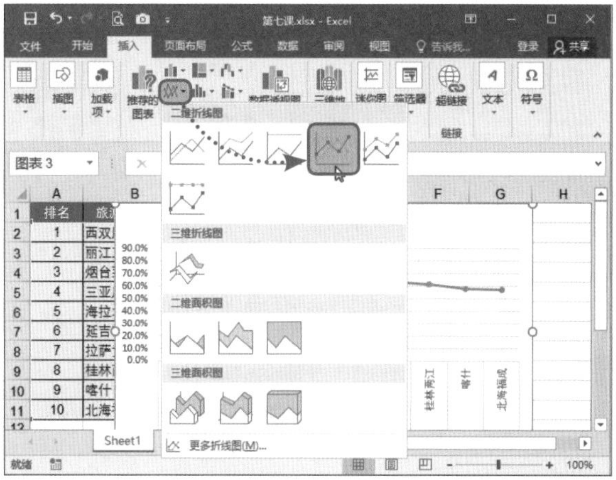

知识加油站：使用推荐的图表创建

除了手动选择图表类型还可以尝试插入推荐的图表。在“图表”组中单击“推荐的图表”按钮，打开“插入图表”对话框，对话框左侧显示系统推荐的图表，拖动滚动条可查看所有推荐的图表，如果要插入哪个图表，直接选中这个图表，单击“确定”按钮即可。

成功插入图表后，功能区会随即增加两个选项卡，即“图表工具-设计”选项卡和“图表工具-格式”选项卡，一般情况下，“设计”选项卡更为常用，主要用于图表布局、设置样式、修改数据系列等，而“格式”选项卡，主要用来设计图表的视觉效果。只有图表为选中状态时这两个选项卡才会出现，否则会隐藏。

02 换个图表类型试试看

如果将图表插入到工作表后，还是对图表类型有些不满意，这时候也不用急着将图表删除，可以换个图表类型试试看。

Step 01 打开“图表工具-设计”选项卡，在“类型”组中单击“更改图表类型”按钮。打开“更改图表类型”对话框。

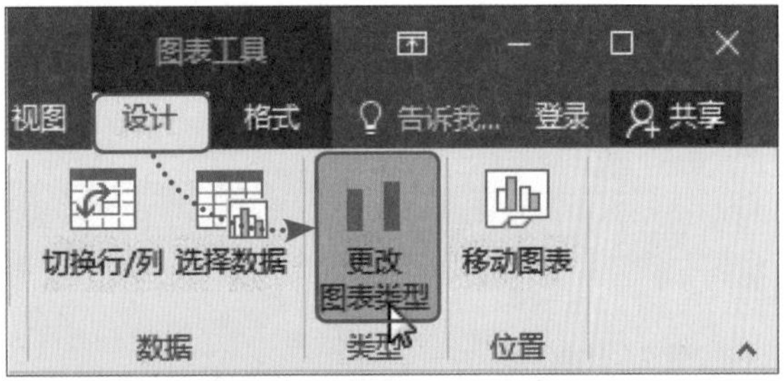

Step 02 在“所有图表”选项卡左侧选择图表类型，窗口中会显示出所选类型的所有图表形式。进一步选择好合适的图表后单击“确定”按钮，该图表即可替换之前的图表。

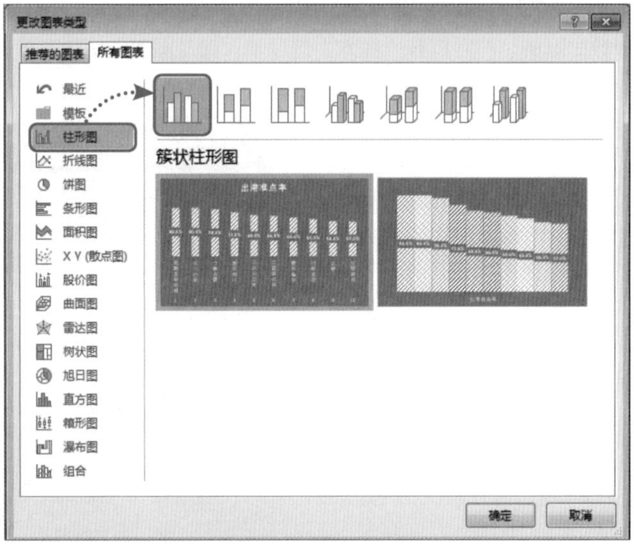

更改图表类型相比重新插入图表的好处在于，更改图表类型后，之前对图表进行过的设置都会保留下来，不用再重新设置一遍。

03 图表布局要精心

插入图表后为了让数据得到更好的表达，也为了让图表整体看上去更协调，可以对图表进行重新布局。

如果用户想要节省时间快速的完成图表的布局，可以使用“快速布局”功能。

打开“图表工具-设计”选项卡，在“图表布局”组中单击“快速布局”按钮，下拉列表中包含10种布局形式，将光标停留在布局选项上方能够预览到该布局效果。单击可应用该布局。

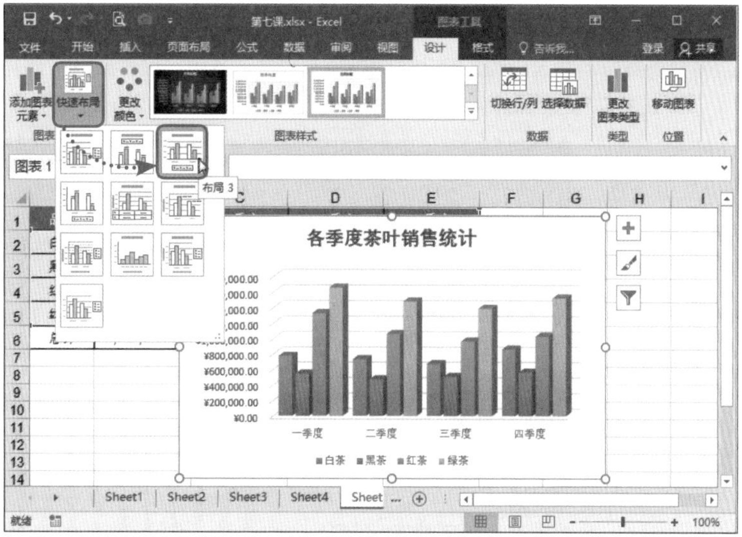

除了内置的几种图表布局，还可以自行添加图表元素，对图表进行布局。这样图表的外形就会有无限种可能。添加图表元素也有不同的方法，比如在选项卡中进行添加，或者通过图表右侧的快捷按钮添加。一般比较常用的图表元素有图表标题、数据标签、网格线、图例等。

图表在选中状态下，右上角会出现三个快捷按钮，位于最上方的一个按钮即为“图表元素”按钮，单击该按钮，会展开一个列表，想要添加哪种图表元素直接勾选其对应的复选框即可，反之，取消复选框的勾选可以删除相应的图表元素。

当鼠标指向某个图表元素后，在该选项的右侧会出现一个小三角按钮，单击该按钮，从中可以对该图表元素做更细致的设置。

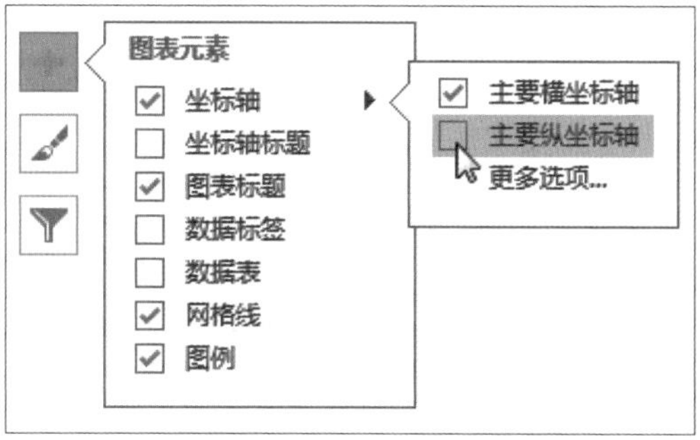

04 图表分析借助趋势线

前面小德子说过可以通过选项卡添加图表元素，下面我们将利用“图表工具-设计”选项卡中的“添加图表元素”功能按钮向图表中添加趋势线。趋势线用来分析数据的发展趋势。趋势线的种类有很多，其中“线性预测”趋势线还能预测数据未来的发展趋势。

选中图表，打开“图表工具-设计”选项卡，在“图表布局”组中单击“添加图表元素”按钮，在展开的列表中选择“趋势线”选项，在其下级列表中选择“线性预测”选项。图表中随即被添加一条线性预测趋势线。这条趋势线预测了未来两天的数据趋势。

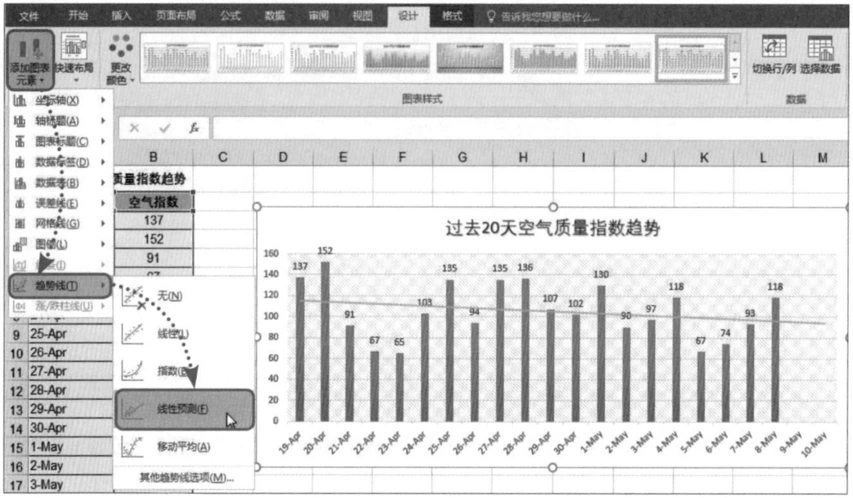

默认情况下趋势线和数据系列是同一颜色，修改趋势线的颜色，可以使其变得更加突出。

Step 01 右击趋势线在展开的菜单中选择“设置趋势线格式”命令。打开“设置趋势线格式”窗格。

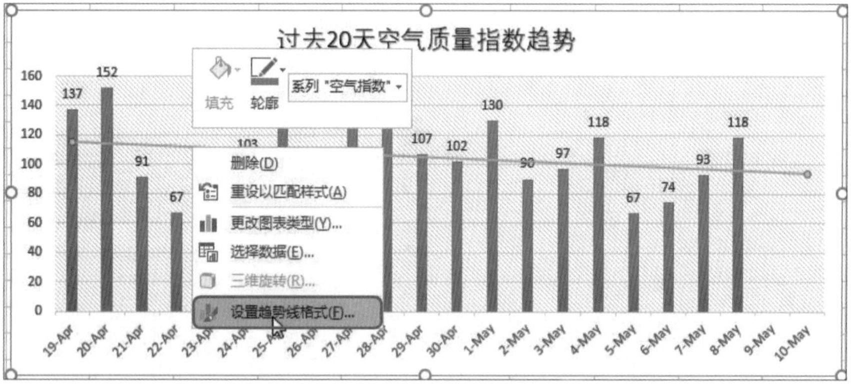

Step 02 在窗格中打开“填充与线条”选项卡，在“线条”组中选中“实线”单选按钮，单击“颜色”按钮，在展开的列表中选择一个和数据系列对比明显的颜色。另外，如果在“效果”选项卡中设置一点阴影效果，那么趋势线将会变得很立体。

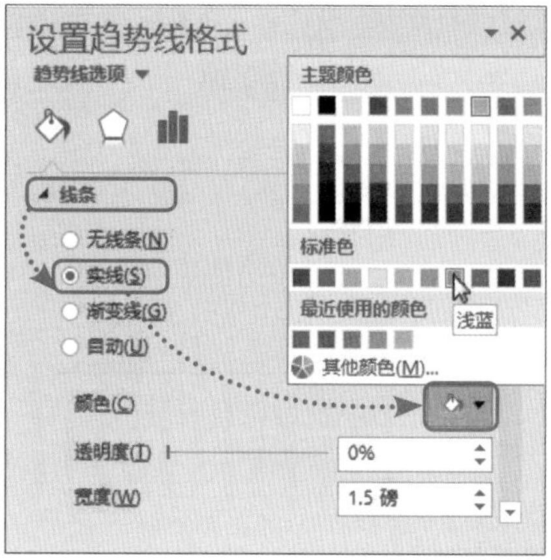

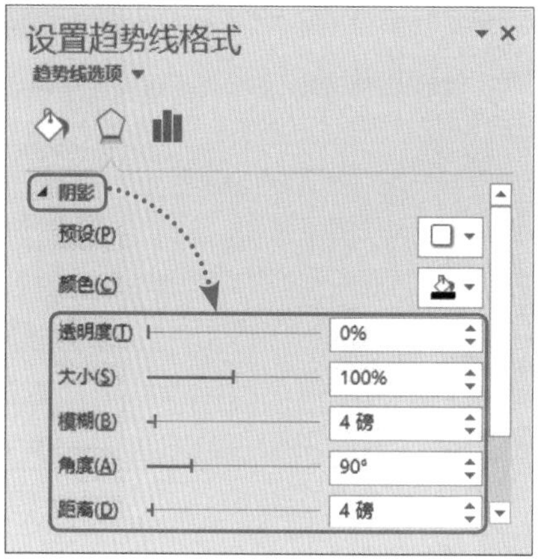

看，经过“加工”的趋势线是不是比最初要显眼了很多。

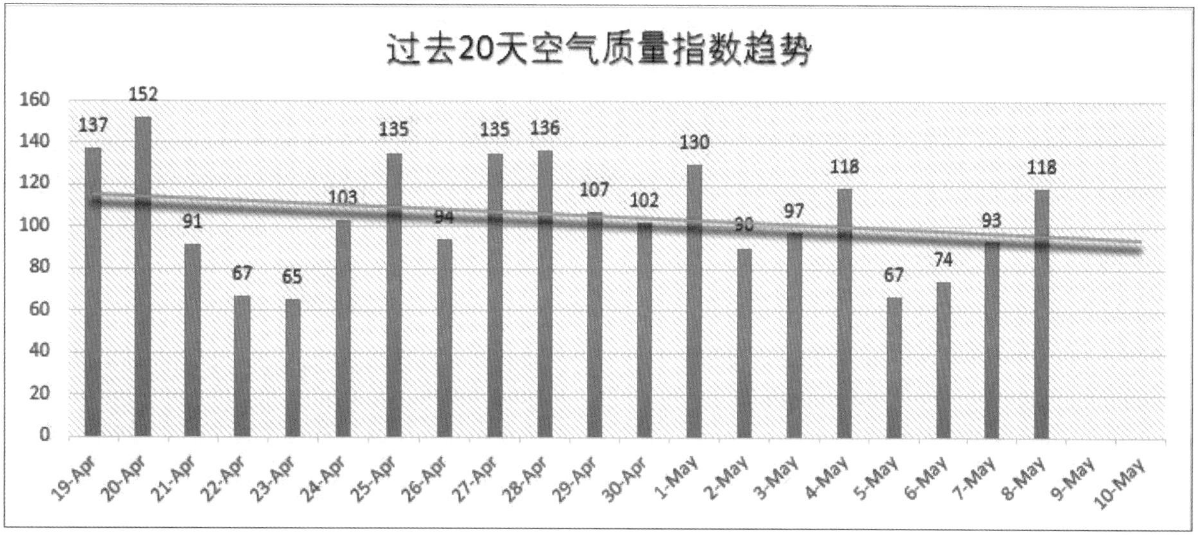

如果想要更改趋势线的类型，可以先选中趋势线，在“图表工具-设计”选项卡中，单击“添加图表元素”下拉按钮，从中选择“趋势线”选项，并在其级联菜单中选择更换的类型，这里选择“移动平均”类型。该类型默认的周期为2，若要修改其周期值，就选择“其他趋势线选项”选项，在打开的窗格中，设置相应的周期值就好。

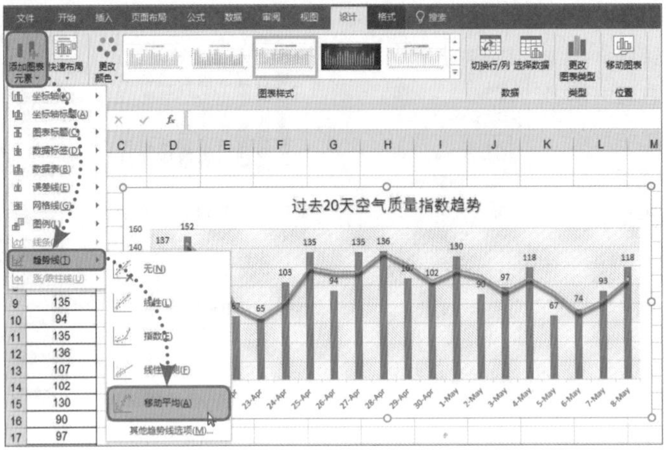

05 图表可以更养眼

让图表变漂亮有很多种方法，Excel内置了一些图表样式，套用图表样式可以快速让图表变漂亮，即省心省时也没有什么技术含量。

“图表工具-设计”选项卡的“图表样式”组中共包含8种图表样式，直接单击便可应用。

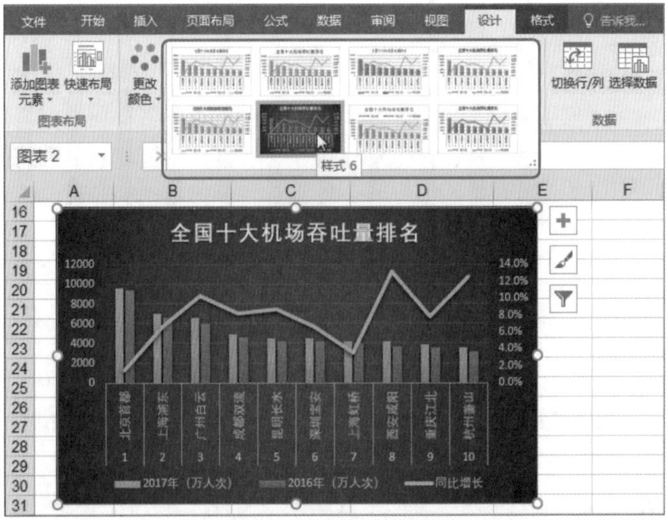

知识加油站：更改图表系列颜色

“图表样式”组中还有一个“更改颜色”按钮。单击该按钮，在其下拉列表中可以重新选择图表系列的颜色。内置的图表系列颜色分“彩色”和“单色”两大类，彩色能够让图表的各个系列值形成鲜明的对比，而单色会让图表系列产生渐变的效果，用户根据实际需要进行选择即可。

设计图表样式难的是自定义，自定义图表样式时可以对图表元素、图表中的文字、图表背景等进行设计。下面小德子将以本课开头出现的图表为例介绍该图表的设计过程。

1. 修改图例名称

Step 01 根据数据源插入簇状条形图。删除图表标题、主要横坐标轴和网格线。在图表顶部添加图例，在数据系列外添加数据标签。然后打开“图表工具-设计”选项卡，在“数据”组中单击“选择数据”按钮，如图❶所示。

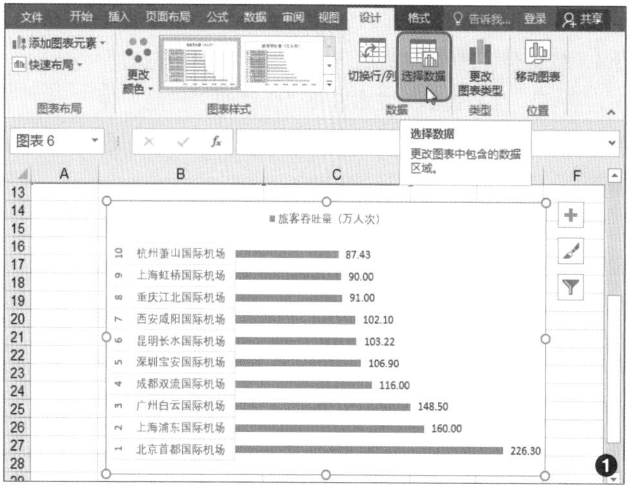

Step 02 打开“选择数据源”对话框。在“图例项”列表中选中图例选项。单击“编辑”按钮，如图❷所示。弹出“编辑数据系列”对话框。在“系列名称”文本框中输入以下文本：“2017年黄金周全国机场吞吐量排名 单位：万人次”，随后单击“确定”按钮，如图❸所示。返回上一级对话框。单击“确定”按钮，关闭对话框。

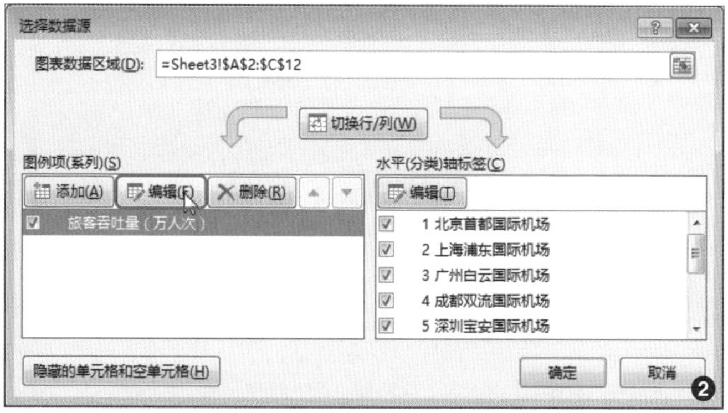

Step 03 拖动图例边框四周的控制点，适当增加其高度，使其宽度和图表相同，将图例填充上灰色，最后拖动将图例使其和图表顶端对齐。

Step 04 保持图例为选中状态，打开“图表工具-格式”选项卡，在“艺术字”样式组中选择“填充-金色，着色4，软棱台”艺术字样式。然后单击“艺术字效果”下拉按钮，在列表中为文本选择“全映像，接触”映像效果。最后将字号增加到“16”号，结果如图❹所示。

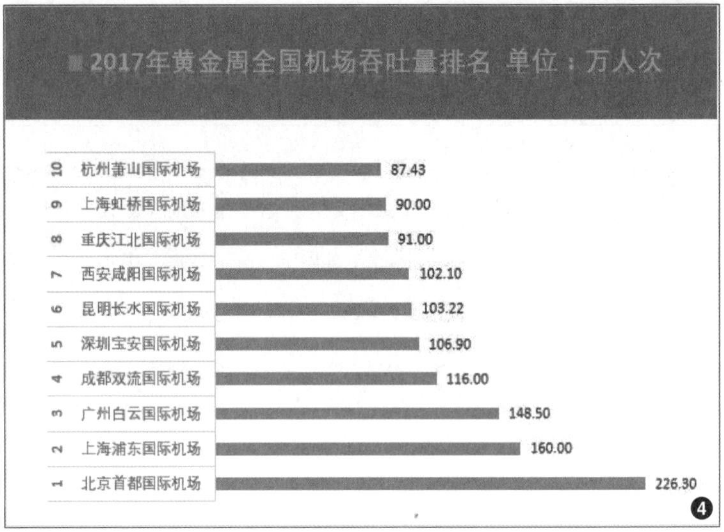

2. 修改数据系列形状

大家一定很好奇，最初小德子插入的图表是簇状条形图，为什么后来条形会变成三角形？小德子马上揭晓答案。

Step 01 在“插入”选项卡的“插图”组中单击“形状”按钮，在下拉列表中选择“等腰三角形”。在工作表中绘制三角形，随后将三角形向左旋转90°。

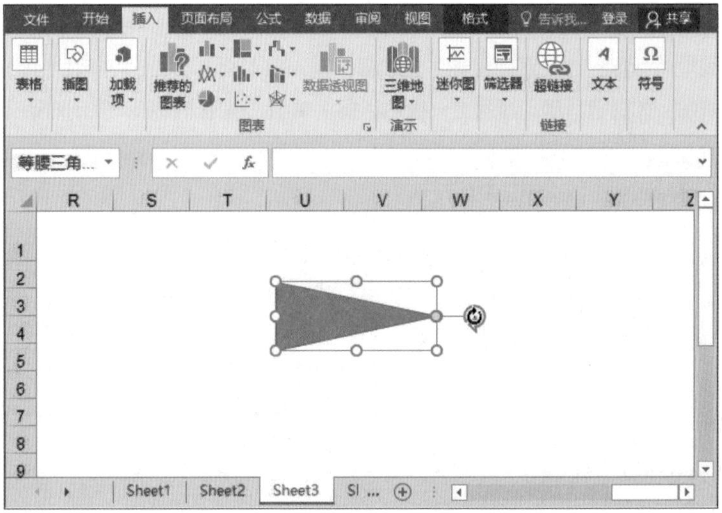

Step 02 保持三角形为选中状态，打开“绘图工具-格式”选项卡，单击“形状填充”按钮，从中选择一个合适的填充色。再次打开“形状填充”下拉列表。选择“渐变”选项，在下级列表中选择合适的渐变效果。设置好填充效果后，按Ctrl+C组合键将图形复制到剪贴板。

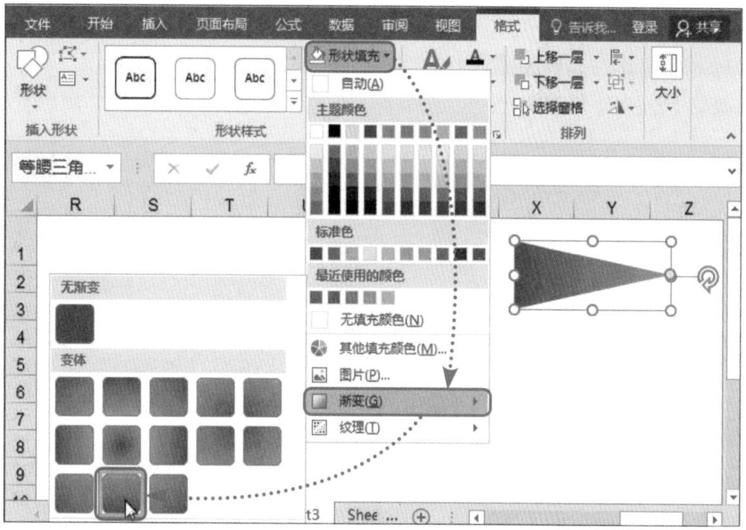

Step 03 双击任意数据系列，打开“设置数据系列格式”窗格。在“填充与线条”选项卡中选中“图片或纹理填充”单选按钮，单击“剪贴板”按钮。数据系列随即变成三角形。在“效果”选项卡中还可以为数据系列添加阴影效果。使数据系列更漂亮。

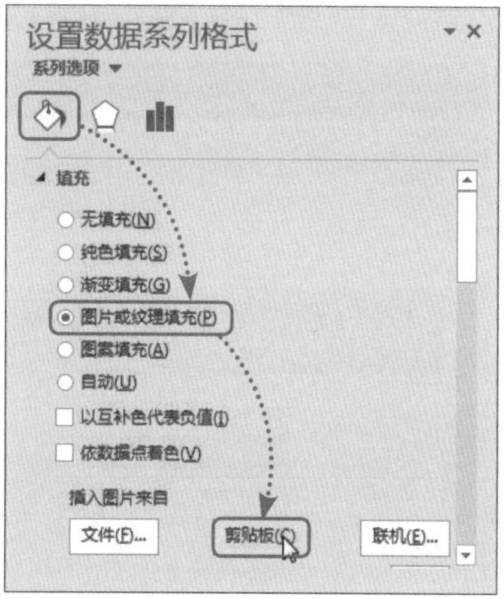

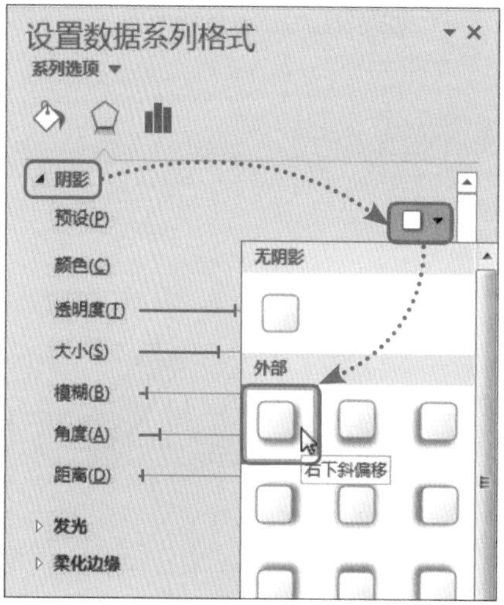

3. 设置逆序坐标

在纵坐标上方双击，打开“设置坐标轴格式”窗格，切换到“坐标轴选项”选项卡，勾选“逆序类别”复选框。图表中纵坐标随即被上下翻转。切换到“填充与线条”选项卡，选中“无线条”单选按钮，将纵坐标中的分隔线删除。

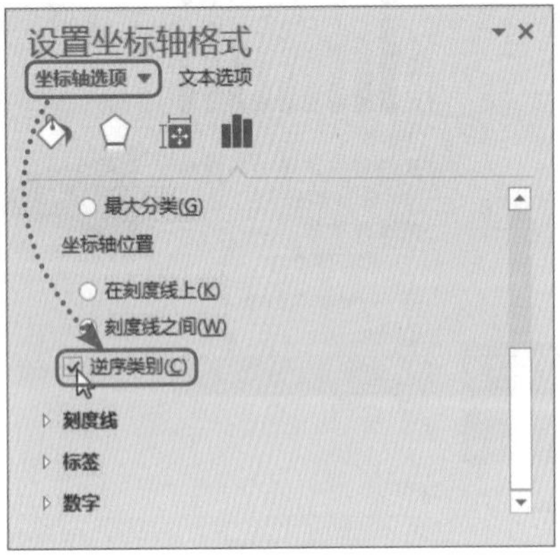

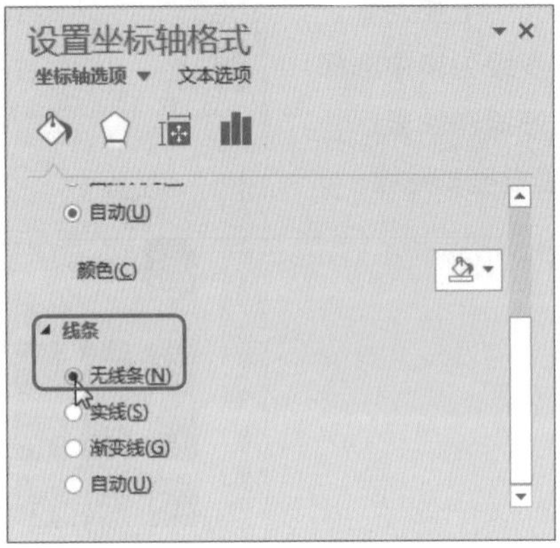

至此图表已经设计的差不多了，只需要最后为纵坐标和数据标签设置艺术字样式就可以了。

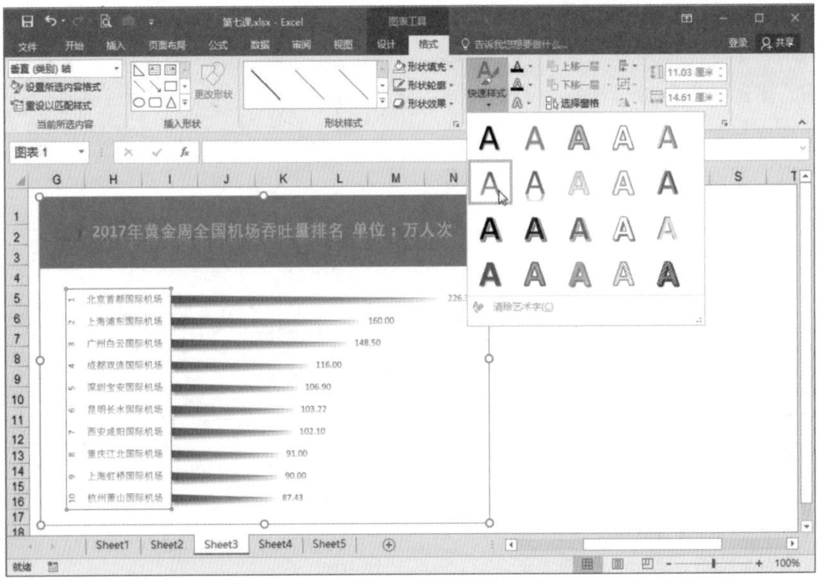

小贴示

在图表上双击任意元素都可以打开对应的设置窗格，设置窗格的作用非常的大。在设置窗格中可以对所选元素的线条、填充、效果、大小与属性以及选项进行设置。

06 动态图表的设计

动态图表，顾名思义就是可以动的图表。动态图表会根据选项变化生成不同的数据系列。制作动态图表并没有什么特定的方法，我们可以根据已掌握的Excel知识来创建动态图表，比如之前已经学习了数据透视表和数据透视图的应用，那么便可以利用数据透视表和数据透视图再配合上切片器来制作动态图表，感兴趣的朋友可以开开脑洞自己尝试制作一下。在这里小德子要跟大家分享一种相对简单的制作方法。即公式配合窗体控件制作动态图表。

1. 添加辅助数据插入图表

Step 01 根据茶叶销售表，在A9:B15区域制作辅助表。在B10单元格中输入公式"=INDEX(B2:E2,B$9)"，然后向下填充公式。在D12:D15单元格区域输入季度名称。

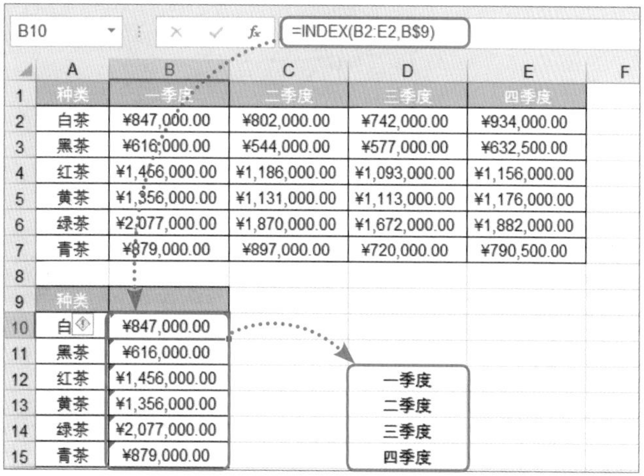

Step 02 选择A10:B15单元格区域，创建簇状柱形图，然后将图表适当美化一下。

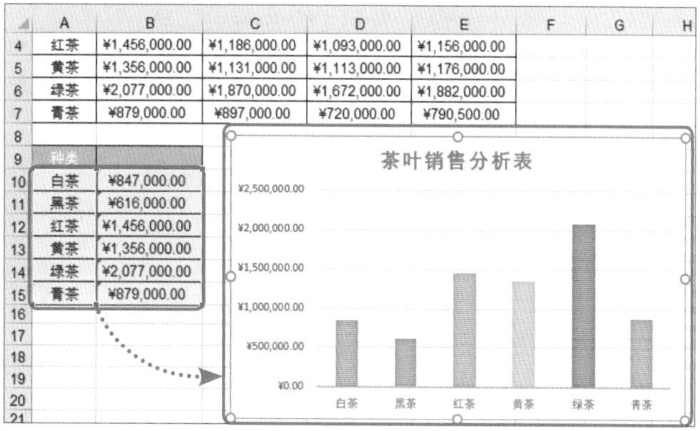

2. 添加并设置控件

Excel控件收藏在开发工具选项卡中，而默认情况下Excel功能区中并没有开发工具选项卡。此时需要先添加开发工具选项卡。

Step 01 在“开发工具”选项卡中，单击“插入”下拉按钮，在展开的列表中选择“组合框（窗体控件）”选项，如图❶所示。

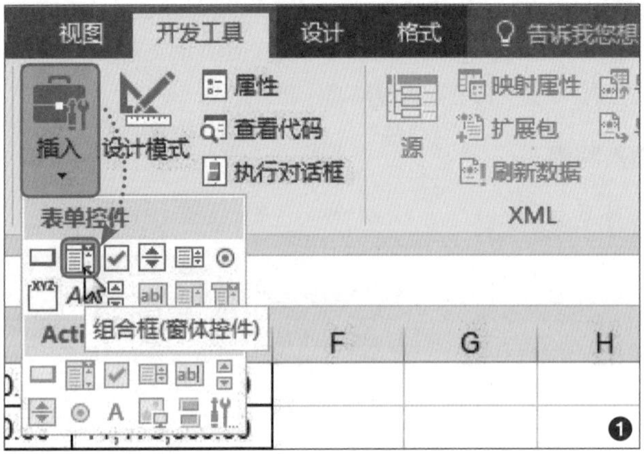

Step 02 在图表右上角绘制控件，随后在“控件”组中单击“属性”按钮。打开“设置对象格式”对话框，如图❷所示。

Step 03 在工作表中选取“数据源区域”为“$D$12:$D$15”，设置“单元格链接”区域为“$B$9”。单击“确定”按钮，如图❸所示。

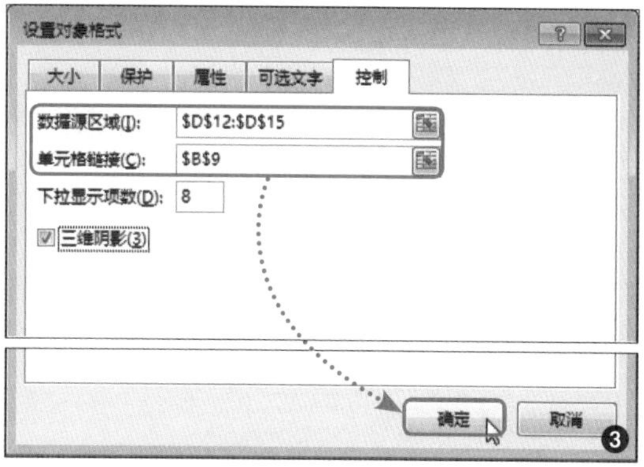

Step 04 设置完成后，单击窗体控件下拉按钮，在下拉列表中出现了四个季度选项，选择任意一个选项，图表会立刻显示该季度的茶叶销售情况，如图❹所示。

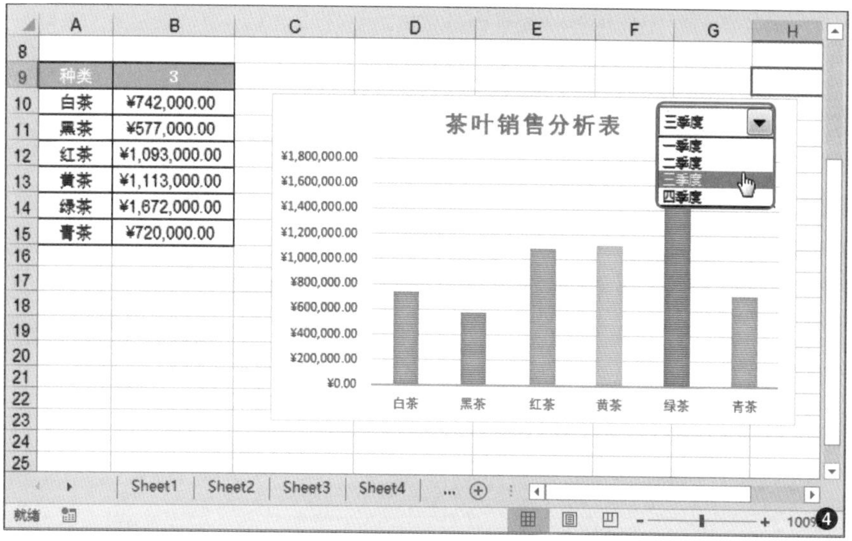

知识加油站：添加控件功能

默认情况下，Excel功能区中是不显示控件功能的。必须手动添加该功能。在“文件”菜单中单击“选项”按钮，打开“Excel选项”对话框。进入“自定义功能区”界面，在自定义功能区中选择“主选项卡”选项。在下方的列表中勾选“开发工具”复选框。单击“确定”按钮关闭对话框。此时功能区中即会出现“开发工具”选项卡。在该选项卡中，单击“插入”下拉按钮，从中选择所需的控件选项即可在工作表中绘制相应控件。

SECTION 02

浓缩的精华——小小迷你图

迷你图可以算是低配版的微型图表，它小到只能以单元格为背景，迷你图的作用同样是将数据进行可视化处理，只是迷你图的功能远远不及图表那么强大，只有折线图、柱形图和盈亏三种类型，但是迷你图使用起来却更加的简单便捷这也是其最大的优点。

下面我们一起来见识一下这可爱的迷你图吧。

扫描延伸阅读

01 创建迷你图原来这么简单

创建迷你图的方法很简单，下面介绍具体步骤。

Step 01 选中需要创建迷你图的单元格。打开“插入”选项卡，在“迷你图”组中单击“折线图”按钮。

Step 02 弹出“创建迷你图”对话框。在工作表中选取数据范围，单击“确定”按钮。

Step 03 所选单元格内随即插入一个折线迷你图。此时功能区中会增加一个“迷你图工具-设计”选项卡。后面对迷你图的设计都要在这个选项卡中完成。

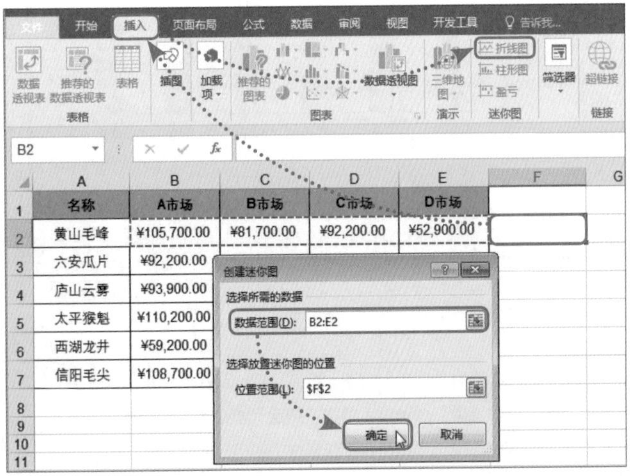

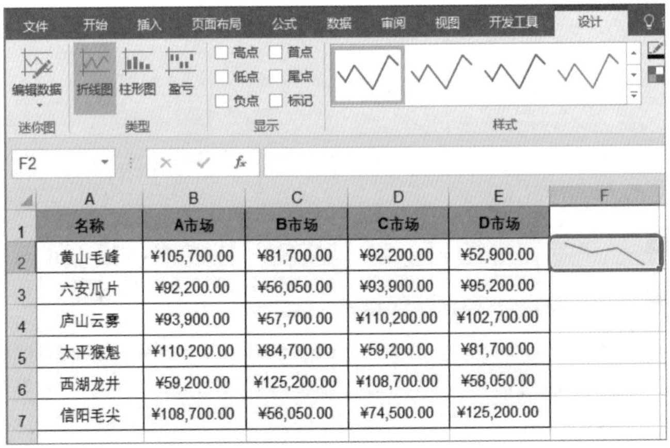

02 一组迷你图就这么创建

如果有需要也可以同时创建一组迷你图。其方法和创建单个迷你图相同，只是在“创建迷你图”对话框中所选择的数据范围和位置范围区域不同。

Step 01 选择需要创建一组迷你图的单元格区域，在“迷你图”组中单击“柱形图”按钮。

Step 02 弹出“创建迷你图”对话框，在工作表中选择好数据范围，单击“确定”按钮。一组迷你图随即被创建了出来。

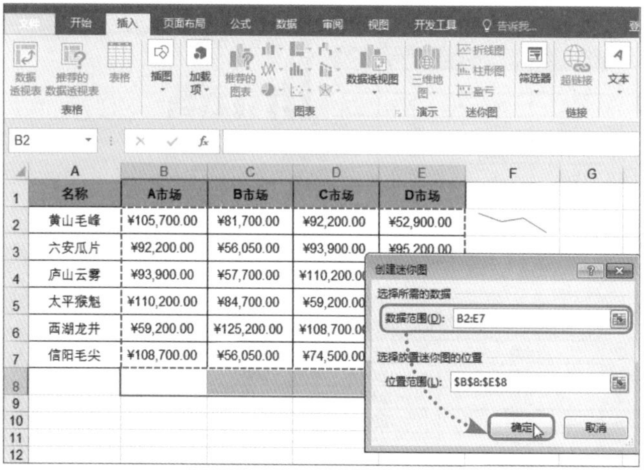

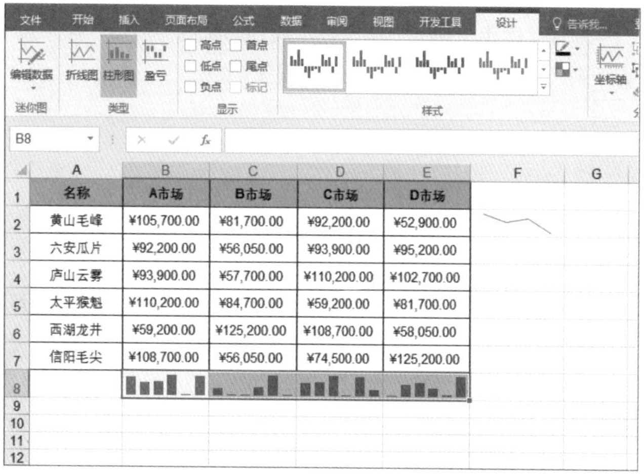

先创建一个迷你图，填充后也会得到一组迷你图。下面问题来了，想要取消一组迷你图的组合，该如何操作？

选中需要取消组合的迷你图，在“迷你图工具-设计”选项卡中单击“取消组合”按钮，所选迷你图即可与其他迷你图取消组合。

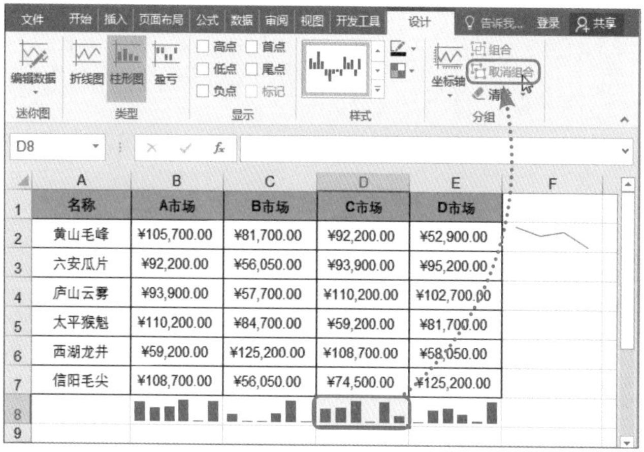

小贴示

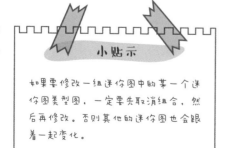

如果要修改一组迷你图中的某一个迷你图类型图，一定要先取消组合，然后再修改。否则其他的迷你图也会跟着一起变化。

03 在迷你图中添加标记点

为迷你图添加标记点可以突出显示迷你图的各个值点，让迷你图看起来更专业。

选中迷你图，打开“迷你图工具-设计”选项卡，在“显示”组中勾选复选框即可为迷你图增加相应的标记点。

在“格式”组中单击“标记颜色”下拉按钮，在展开的列表中可以修改各种标记的颜色。

另外，单击“格式”组中的“迷你图颜色”按钮，在下拉列表中还可以对迷你图的颜色进行设置。

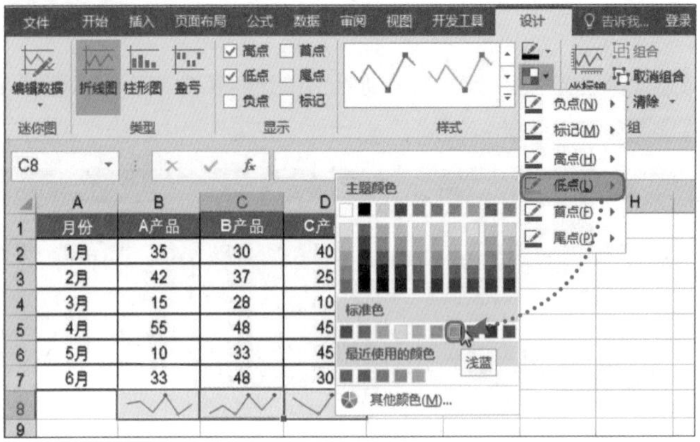

标记点不只对折线图有效，对柱形图和盈亏迷你图同样有效。右图是盈亏迷你图被添加了高点、低点以及负点并重新设置了标记点颜色的效果。

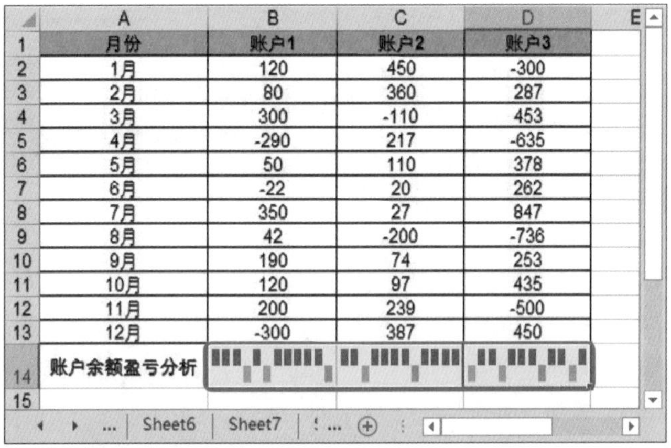

	A	B	C	D
1	月份	账户1	账户2	账户3
2	1月	120	450	-300
3	2月	80	360	287
4	3月	300	-110	453
5	4月	-290	217	-635
6	5月	50	110	378
7	6月	-22	20	262
8	7月	350	27	847
9	8月	42	-200	-736
10	9月	190	74	253
11	10月	120	97	435
12	11月	200	239	-500
13	12月	-300	387	450
14	账户余额盈亏分析			

知识加油站：清除迷你图不能依靠Delete

Excel中的大部分的内容可通过Delete键来删除，但是对于删除迷你图，Delete键却丝毫起不到任何作用。迷你图只能通过功能按钮来删除。选中需要删除的迷你图，在“迷你图工具-设计”选项卡中单击“清除”下拉按钮，从中选择“清除所选的迷你图”或“清除所选的迷你图组”选项即可删除。

QUESTION

学习心得

本课主要介绍了图表的应用，从图表的添加到图表的设计，最后到动态图表的制作，这其中的难点是对各类图表元素的设置，由于篇幅有限小德子不可能每一个知识点都讲到，只能将学习的方法教给大家。

欢迎大家到“德胜书坊”微信平台和相关QQ群中分享你们的心得，希望能够对至今迷茫的表哥表妹们有所帮助！

数据准确、结构清晰的图表，才是我们最想要的！

Chapter 08

让老板了解企业运作情况

复杂的事情简单做，你是专家！

简单的事情重复做，你是行家！

SECTION 01

你会打印数据表吗？

不论你身在职场的哪个职位可能多多少少都会涉及到文件的打印操作。同样的内容有的人打印出来页面布局清晰，数据分布均匀；而有的人打印出来却充满随意性，看一眼就知道打印文件的人是业余人士。下面小德子就来说说表格打印的那些事吧！

01 添加公司LOGO

我们经常可以看到有些公司的打印文件上每一页相同的位置都有公司的LOGO，那么大家有没有想过这些LOGO是如何添加上去的？直接在Excel数据报表中插入LOGO图片吗，如果要打印的文件有很多页，那岂不是要在每一页相同的位置都插入图片呢？其实不用那么麻烦，只需要在页眉或页脚中插入公司的LOGO图片，就可以在每一页中都打印公司LOGO。具体操作方法如下：

Step 01 打开“页面布局”选项卡，在“页面设置”组的右下角有一个“对话框启动器”按钮，单击该按钮。打开“页面设置”对话框。切换到“页眉/页脚”选项卡，单击“自定义页眉”按钮。

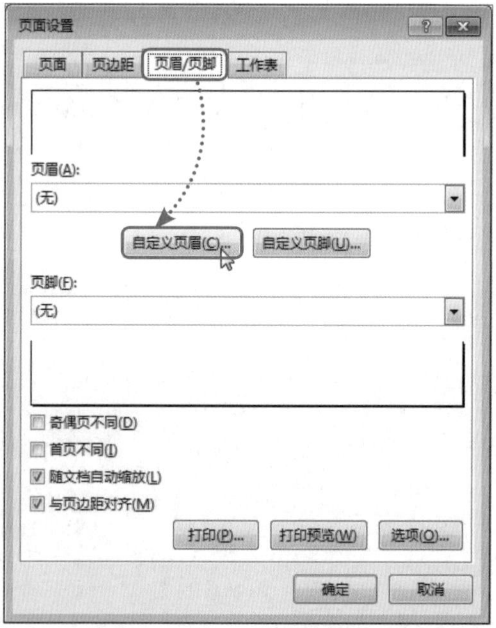

Step 02 打开“页眉”对话框，对话框下方有三个文本框分别为“左”、“中”、“右”。想将LOGO插入到什么位置就在相应的文本框中单击一下，定位光标。然后单击“插入图片”按钮。在计算机中找到LOGO图片，将其插入到页眉中光标所在位置。

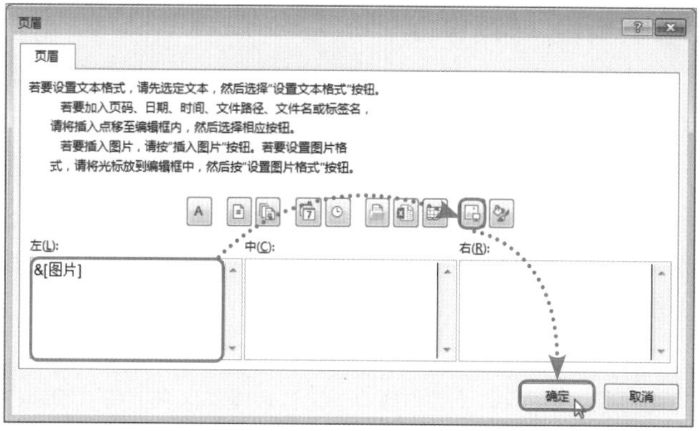

Step 03 在关闭“页面设置”对话框之前可以对打印效果进行预览。单击“打印预览”按钮可以进入预览界面直接预览打印效果。

小贴示

插入页眉的图片是可以调整大小的，在“页眉”对话框中单击“设置图片格式”按钮，可以在“设置图片格式”对话框中对图片的大小进行设置。

知识加油站：页边距的设置方法

在页眉中添加LOGO后，有可能会出现LOGO被表格数据覆盖的情况，这时可以通过调整页边距让LOGO完整显示出来。具体操作步骤为：在“文件”菜单中的“打印”界面右下角单击“显示边距”按钮，将预览区中的页边距线显示出来。将光标移动到页边距线上，当光标变成双向箭头时按住鼠标左键，拖动鼠标即可调整页边距。

02 打印区域任你定

如果只想打印一张表格中的指定部分内容，可以通过设置打印区域来完成。

选中需要单独打印的单元格区域，打开“页面布局”选项卡，在“页面设置”组中单击“打印区域”下拉按钮，在下拉列表中选择“设置打印区域”选项。即可完成打印区域的设定。

在名称框中选择打印区域，单击“取消打印区域”按钮，可将打印区域取消。（名称框位于工作表操作区左上角，编辑栏右侧。）

用户也可同时指定多个打印区域，只是这些打印区域只能在不同的页中被打印。

利用“隐藏”功能可将不相邻的行或列打印在一起。选中不需要打印的行或列，右击，在弹出的菜单中选择“隐藏”命令。与被隐藏的区域相邻的两个部分会被连在一起打印。

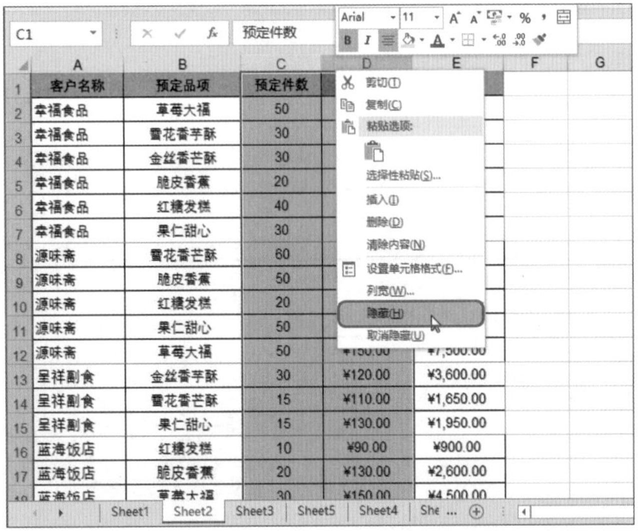

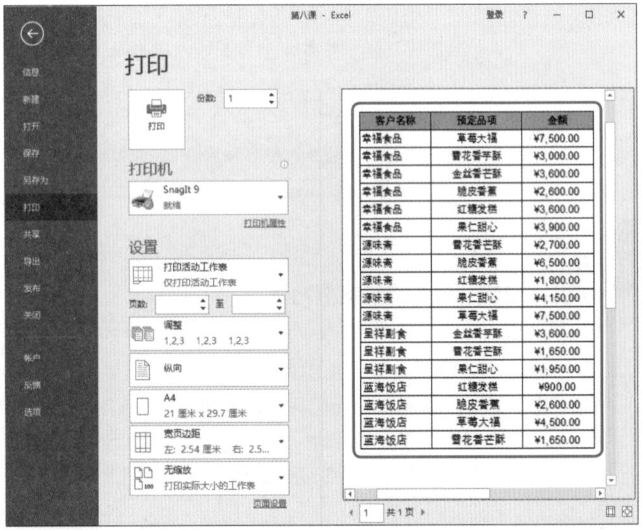

03 打印日期和页码

日期和页码都是打印的时候经常会添加的元素，如果要打印的内容只有一页那没必要添加页码，但要是待打印的数据有很多页，这时候添加页码就变得很重要了，因为页码可以帮助打印者快速的按正确的顺序整理打印稿。而打印日期可以起到一个提示的作用，提醒读者是什么时候打印的这份文件。添加页码和日期的操作方法和插入图片相同。

Step 01 打开“页面设置”对话框，在“页眉/页脚”选项卡中单击“自定义页脚”按钮。

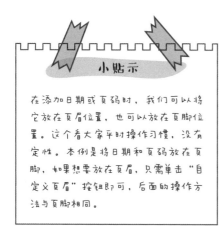

小贴示

在添加日期或页码时，我们可以将它放在页眉位置，也可以放在页脚位置。这个看大家平时操作习惯，没有定性。本例是将日期和页码放在页脚，如果想要放在页眉，只需单击“自定义页眉”按钮即可，后面的操作方法与页脚相同。

Step 02 在“页脚”对话框的“中”文本框中插入“页码”，在“右”文本框中插入“日期”，单击“确定”按钮。

日期和页码设置好后，在“页面设置”对话框中，单击“打印预览”按钮，可预览设置效果。或者直接单击“打印”按钮进行打印。

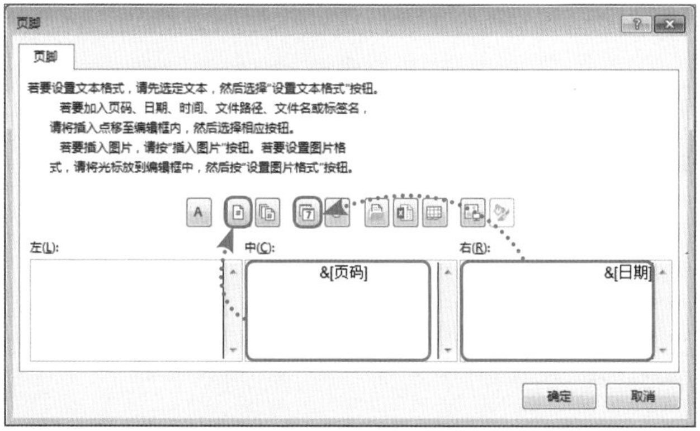

SECTION 02

你不知道的打印技巧

打印Excel文件有很深的学问，除了选定打印区域，添加打印元素外，还有很多普通用户不知道的打印技巧。下面小德子简单介绍几个。

01 使用照相机打印不连续区域

照相机？这个功能听起来是不是很陌生？Excel中是否真的有“照相机”功能？很多人根本不知道“照相机”是什么，在功能区中甚至都找不到“照相机”的影子。那么“照相机”究竟是什么？要如何使用？废话不多说，下面小德子正式的为大家介绍“照相机”的添加和使用方法。

其实照相机相当于一个屏幕截图工具，这个截屏不是单纯的截出一张图片，照相机所截的图片与数据源存在链接关系。截图上的数据会跟着数据源一起变化。默认的情况下功能区中不包含照相机功能按钮，用户需要自行添加。

1. 添加照相机功能

Step 01 单击“自定义快速访问工具栏”下拉按钮，在列表中选择“其他命令”选项。打开“Excel选项”对话框。

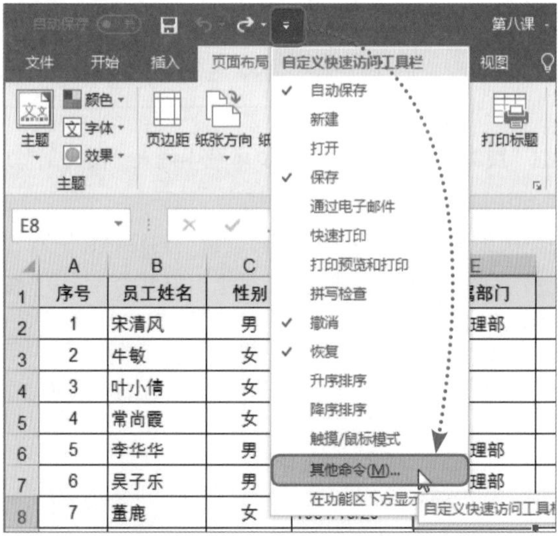

知识加油站：启动打印预览功能

进入打印预览界面有很多种方法，小德子在这里做一下总结：

- 打开“文件”菜单，单击“打印”按钮
- 在“页面设置”对话框中单击“打印预览”按钮
- 在快速访问工具栏中单击“打印预览和打印”按钮
- 快捷键Ctrl+F2

Step 02 打开“快速访问工具栏”界面，在“所有命令”列表中选择“照相机”选项，单击“添加”按钮。将“照相机”添加到“自定义快速访问工具栏”列表框中，单击“确定”按钮。关闭对话框。“照相机”按钮就被添加到了快速访问工具栏。

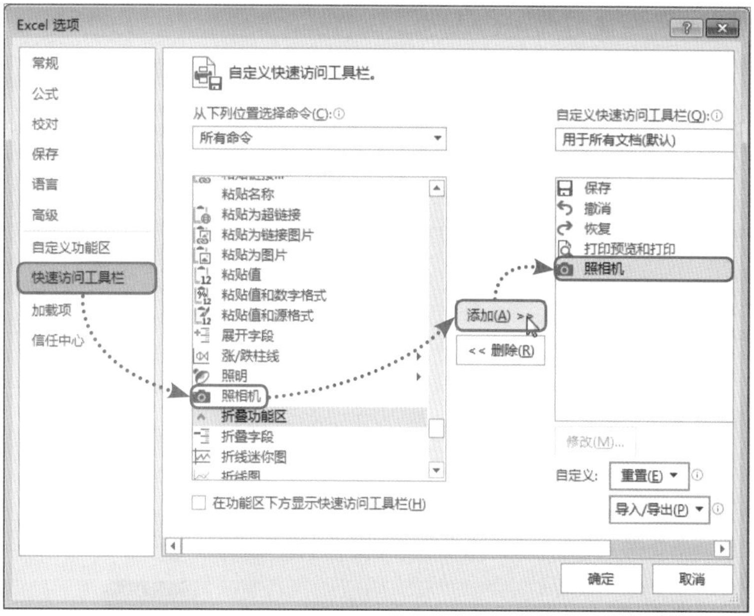

2. 使用照相机功能打印不连续区域

Step 01 先新建一个空白工作表待用。然后选中需要打印的第一个区域，单击“照相机”按钮。选中区域周围出现滚动的虚线。

Step 02 在空白工作表中单击，所选区域随即以图片形式出现在工作表中。继续向新工作表中添加打印的区域。调整图片的位置，图片的排列效果即为打印的最终效果。

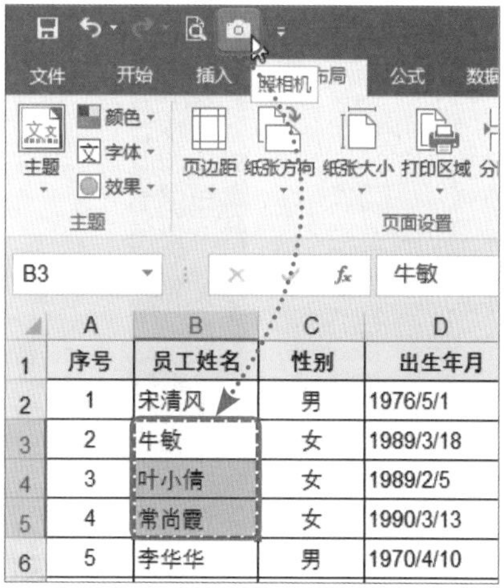

02 禁止打印底纹和边框色

现在提倡的是低碳环保，拒绝一切浪费，在打印要求不是很严苛的情况下，比如只是想要报表中的数据并不要求报表打印的多漂亮，这时候可以节约点油墨，进行单色打印，即打印黑白效果。

在打印界面左侧最下方单击“页面设置”按钮打开“页面设置”对话框。打开“工作表”选项卡，勾选“单色打印”复选框。

彩色打印随即变成了黑白打印。

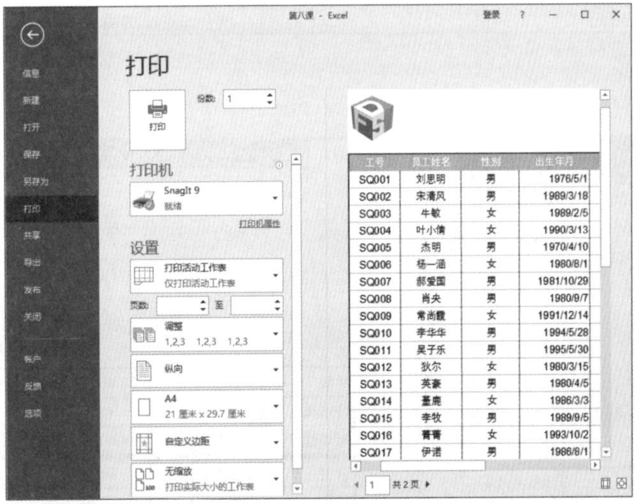

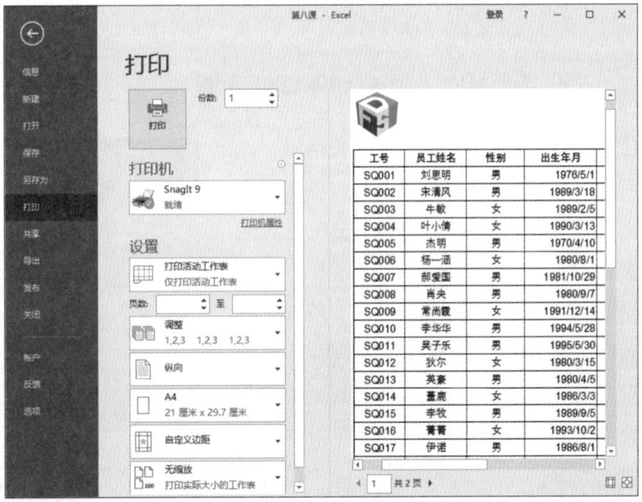

在“页面设置”对话框中还可以控制网格线、行号列标、错误单元格、批注的打印。另外还有一种直接去除边框和底纹的打印方式，勾选“草稿品质”复选框即可实现。

03 在每页中都显示表头项

在表格数据很多的情况下为了方便查看数据可以为每一页都打印表头（即标题）。

Step 01 打开“页面布局”选项卡，在“页面设置”组中单击“打印标题”按钮。打开“页面设置”对话框。

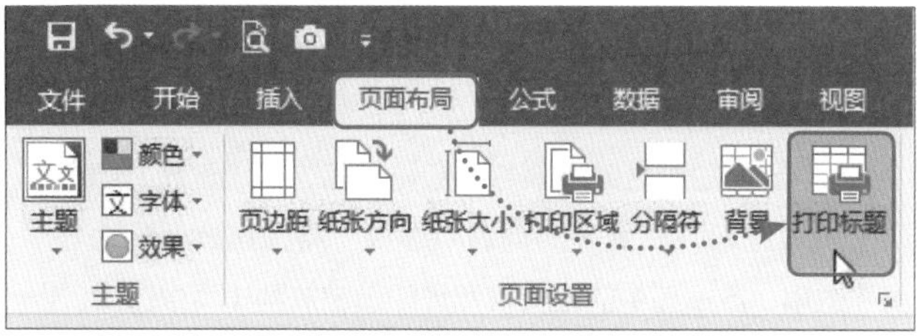

Step 02 单击“顶端标题行”右侧选取按钮，在工作表中选择表头所在行。再次单击选取按钮。

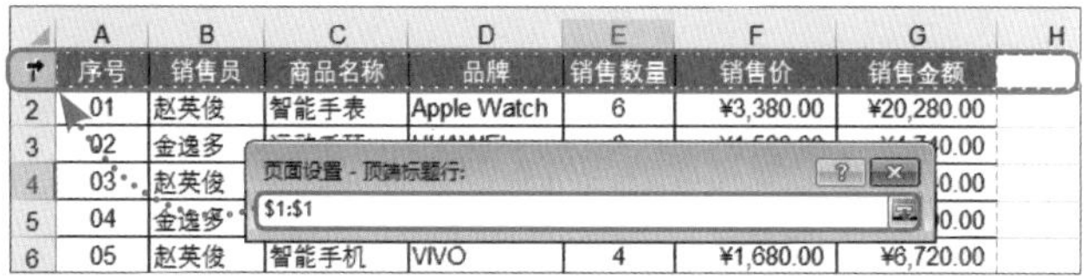

Step 03 返回对话框。单击“确定”按钮，完成顶端标题行的设置。

此时在打印预览区可以观察到每一页的第一行都被添加了标题行。如果要在每一页打印标题列，直接在“左端标题列”文本框中选取需要打印的列即可。

04 缩放打印

当表打印范围超出一页纸，却又超出不多的情况下可以使用缩放打印，将所有数据打印在一页纸上，这样不仅节约了纸张也便于观察数据，同时不至于因为缩放太多数据而看不清打印的内容。

按Ctrl+F2组合键进入打印预览界面，在“设置”组中单击缩放选项，在展开的列表中选择“将工作表调整为一页”选项。数据表中的所有行和列随即缩放到一页中打印。

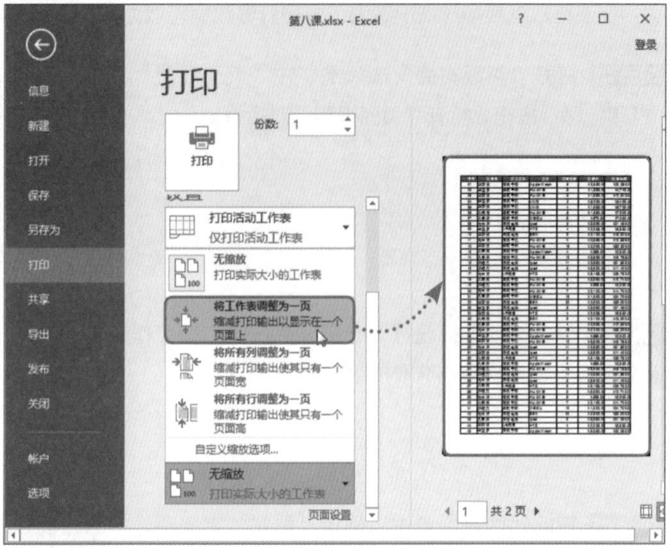

在“设置”组中还可以对打印范围、打印顺序、纸张方向、纸张大小、页边距等进行设置，这些设置都很简单，只要打开相应的选项列表，一看便知该如何操作。在这里就不一一叙述了。

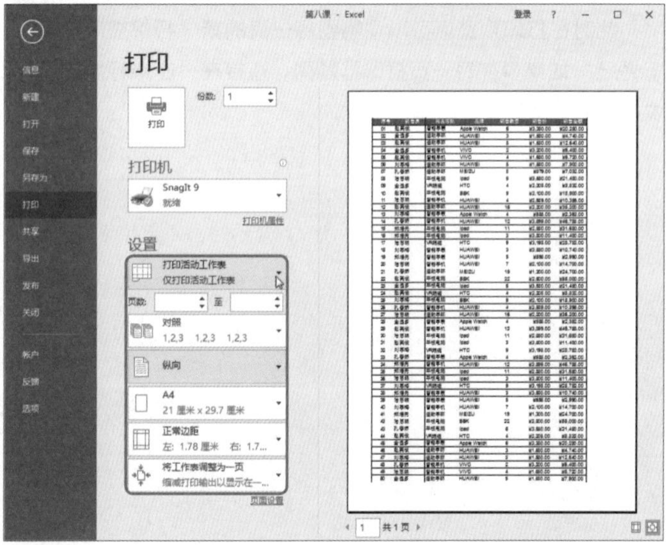

QUESTION

学习心得

本课是Excel部分最后一课，主要介绍了数据表的打印技巧。其实打印数据表并没有什么难的，关键看大家想要打印什么样的效果出来。用户可以仔细研究对话框和设置组中的每一个选项。只要逐一尝试便可以很轻易的分辨出这些选项和功能键的作用。

欢迎大家到“德胜书坊”微信平台和相关QQ群中分享自己的心得，希望能够对至今迷茫的表哥表妹们有所帮助！

其实，我们每个人都能做好数据报表，关键是看你是否用心做了！

发财

手帐旅行

EXCEL达人速成记

不一样的职场生活

德胜书坊 著

中国青年出版社

图书在版编目（CIP）数据

Excel达人速成记+旅行手帐 / 德胜书坊著. — 北京：中国青年出版社，2019.1
（不一样的职场生活）
ISBN 978-7-5153-5335-7
I.①E… II.①德… III. ①表处理软件 IV. ①TP391.13
中国版本图书馆CIP数据核字（2018）第228596号

不一样的职场生活——
Excel达人速成记+旅行手帐
德胜书坊 著

出版发行：中国青年出版社
地　　址：北京市东四十二条21号
邮政编码：100708
电　　话：（010）50856188 / 50856199
传　　真：（010）50856111
企　　划：北京中青雄狮数码传媒科技有限公司
策划编辑：张　鹏
责任编辑：张　军
封面设计：张旭兴
印　　刷：北京凯德印刷有限责任公司
开　　本：889 x 1194 1/24
印　　张：10
版　　次：2019年3月北京第1版
印　　次：2019年3月第1次印刷
书　　号：ISBN 978-7-5153-5335-7
定　　价：59.90 元
（附赠独家秘料，获取方法详见封二）

本书如有印装质量等问题，请与本社联系
电话：（010）50856188 / 50856199
读者来信：reader@cypmedia.com
投稿邮箱：author@cypmedia.com
如有其他问题请访问我们的网站：http://www.cypmedia.com

旅行手帐

EXCEL达人速成记

序言
Preface

为你的职场生活添上色彩！

本系列图书所涉及内容

职场办公干货知识+简笔画/手帐/手绘/健身，

带你体验不一样的职场生活！

《不一样的职场生活——Office达人速成记+工间健身》

《不一样的职场生活——PPT达人速成记+呆萌简笔画》

《不一样的职场生活——Excel达人速成记+旅行手帐》

《不一样的职场生活——Photoshop达人速成记+可爱手绘》

更适合谁看？

想快速融入职场生活的职场小白，速抢购！

想进一步提高，但又不愿报高价培训班的办公老手，速抢购！

想要大幅提高办公效率的加班狂人，速抢购！

想用小绘画丰富职场生活但完全零基础的手残党，速抢购！

本系列图书特色

市面上办公类图书都会有以下通病：

理论多，举例少——讲不透！

解析步骤复杂、冗长——看不明白！

本系列书与众不同的地方：

多图，少文字——版式轻松，文字接地气！

从实际应用出发，深度解析——超级实用！

微信+腾讯QQ——多平台互动！

干货+手绘/简笔画——颠覆传统！

附赠资源有什么？

你是不是还在犹豫，这本书到底买的值不值？

非常肯定地告诉你：六个字，值！超值！非常值！

简笔画/手帐/手绘内容将以图片的形式赠送，以实现“个性化”定制；

Word/Excel/PPT专题视频讲解，以实现“神助攻”充电；

更多的实用办公模板供读者下载，以提高工作效率；

更好的学习平台（微信公众号ID：DSSF007）进行实时分享！

更好的交流圈（QQ群：498113797）进行有效交流！

系列书使用攻略

德胜书坊
在看什么，笑得这么开心？
不一样的职场生活
这本书很有趣！讲解了更多的办公干货，还附赠了简笔画教程。
职场办公干货知识
Excel PS PPT Word
办公知识超实用，办公效率大大提高！
简笔画呆萌可爱，可以放松心情~
简笔画
呆萌人物、Q版表情、手帐元素
不一样的职场生活
不一样的职场生活系列丛书共有四本
Office办公达人速成记 + 工间健身
PT达人速成记 + 萌简笔画
oshop达人速成记 + 可爱手绘
Excel数据分析达人速成记 + 旅行手帐
真是给我这种职场小白指明了方向！

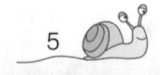

目录 CONTENTS

第1课

做好计划才不会乱分寸

旅行一定要制定清单。写下你想参观的地方，包括餐馆、博物馆、购物商场和其它旅游胜地，标记你要去的地方和要做的事情。以免抵达目的地时完全迷失，不知道要做什么。

PART 1 独门武器 — 旅行计划表

多彩的画笔在指尖飞舞，一起跟着我们将你的旅行计划绘制出来吧。

10

October

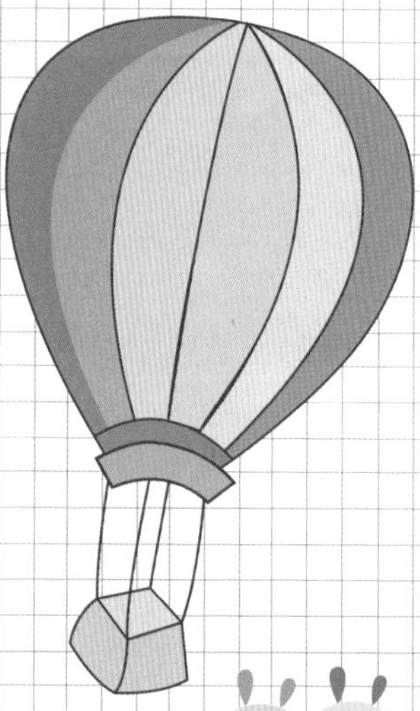

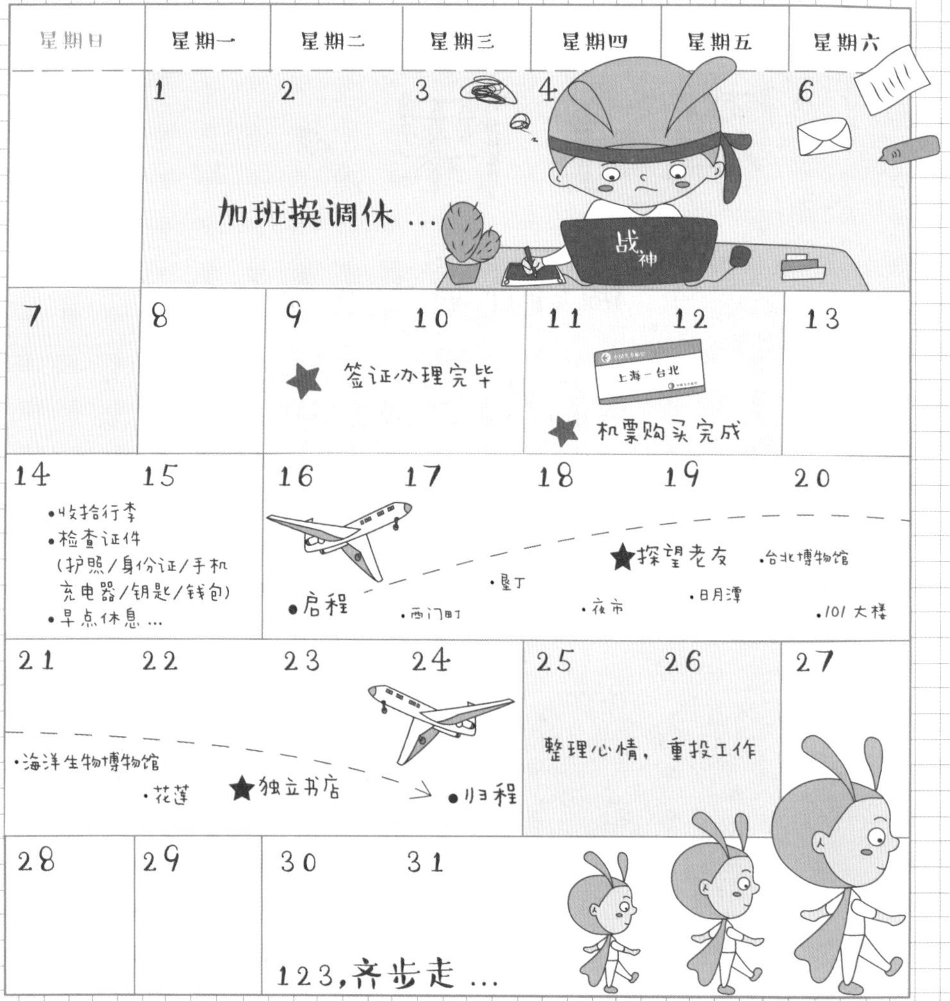
星期日
星期一
星期二
星期三
星期四
星期五
星期六
1 2 3 4 6
加班换调休…
战神
7 8 9 10 11 12 13
签证办理完毕
上海—台北
机票购买完成
14 15 16 17 18 19 20
•收拾行李
•检查证件
(护照/身份证/手机
充电器/钥匙/钱包)
•早点休息…
•启程
•西门町
•垦丁
•夜市
探望老友
•日月潭
•台北博物馆
•101大楼
21 22 23 24 25 26 27
•海洋生物博物馆
•花莲
独立书店
•归程
整理心情，重投工作
28 29 30 31
123，齐步走…

旅行季!

01 表格装饰 —— 热气球

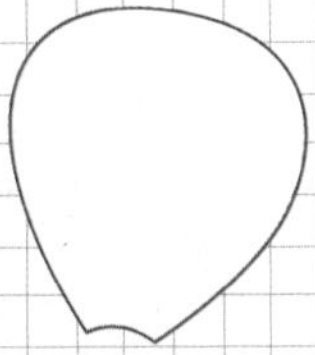
绘制球囊的外轮廓。

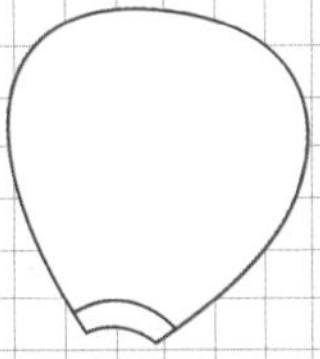
这根线不太重要。

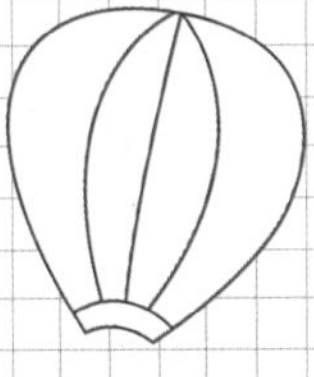
绘制热气球的纹路。

绘制保持平衡的线。

绘制载物吊篮。

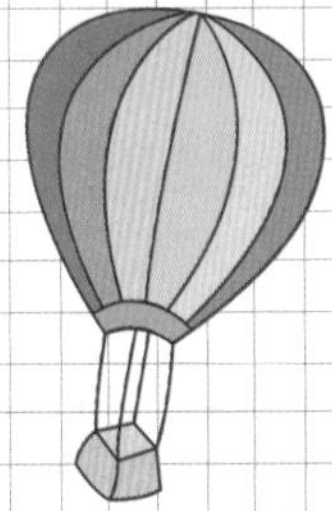
完成上色。

旅行小提示

热气球的注意事项

1尽量穿棉质面料的服装和运动鞋，不宜穿裙装、高跟鞋、凉鞋等；为防止灼伤，一定要身着长衣长裤，佩戴棉质帽子。

2高空飞行要注意防寒。每升高1000米，气温下降约6.5度。

3.高血压、心脏病患者不能进行热气球运动。

4热气球飞行最好的时间是在日出后两小时内或日落前两小时，因为该时段气流最为稳定。

02 表格装饰 —— 火箭

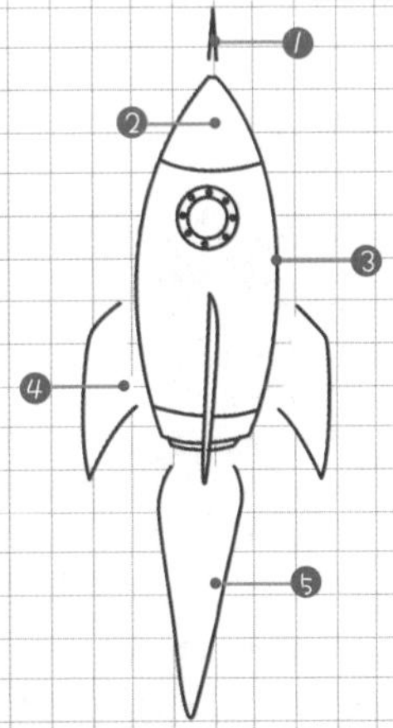

火箭结构
1 火箭弹头
2 导航装置
3 整流罩
4 火箭后翼
5 喷射火焰

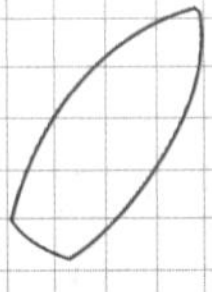
绘制外轮廓。

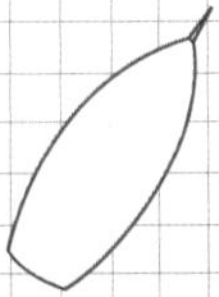
绘制小的箭头。

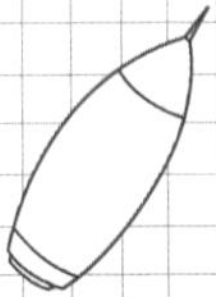
绘制火箭结构。

绘制火箭后翼。

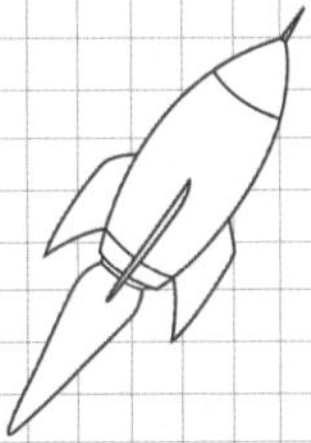
绘制燃烧火焰。

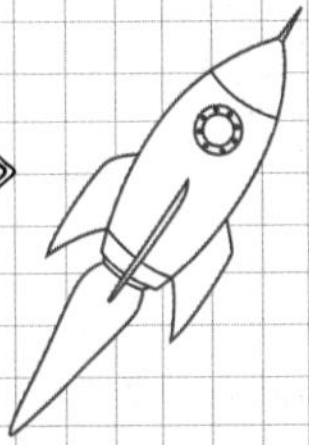
绘制装饰图案。

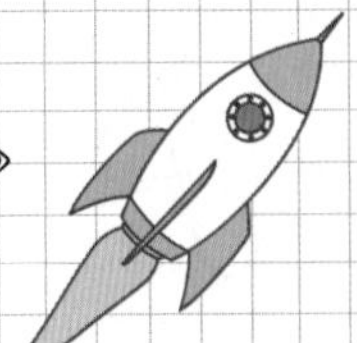
完成上色。

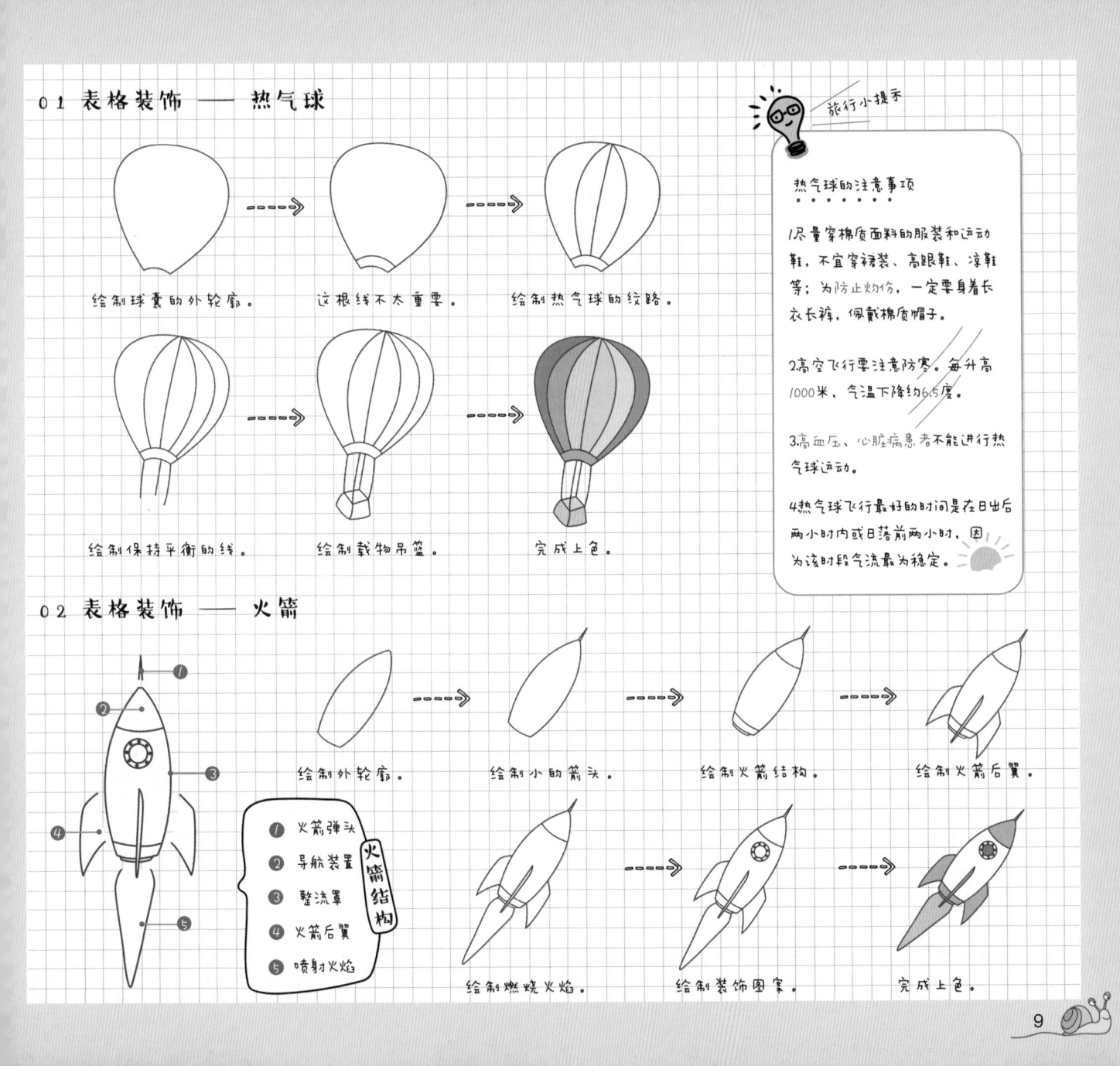

03 表格装饰 —— 旅行伙伴

女朋友

绘制面部及表情。

绘制可爱的小耳朵。

简单绘制上身。

绘制圆润的双腿。

上上粉嫩的颜色。

男朋友

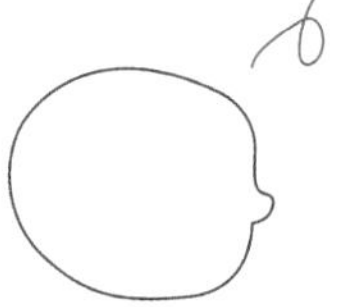

试试侧面

绘制圆圆的头型。

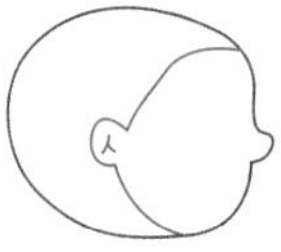

头套轮廓及耳朵

绘制可爱耳朵。

绘制侧脸表情。

绘制向前的手臂。

绘制超人披风。

绘制向后的手臂。

绘制站立着的腿。

绘制向前迈出的腿。

完成上色。

第2课

出发前的准备

旅行是一件让人既高兴又兴奋的事情，旅行出发之前需要做那些准备呢？其中包括：必备证件、应急药物、换洗衣物等等，想要完美旅行需要充分做好准备哦~赶紧动手画下来吧！收拾好行李准备出发。

2018 年年度旅游计划表

上海－台北 近30天机票价格

2018年 10月

星期日	星期一	星期二	星期三	星期四	星期五	星期六
	01 ¥1,940	02 ¥1,930	03 ¥1,860	04 ¥1,860	05 ¥1,930	06 ¥1,940
07 ¥1,750	08 ¥1,620	09 ¥1,530	10 低 ¥1,410	11 低 ¥1,410	12 ¥1,530	13 ¥1,620
14 ¥1,530	15 低 ¥1,410	16 低 ¥1,410	17 低 ¥1,410	18 低 ¥1,410	19 低 ¥1,410	20 ¥1,530
21 ¥1,620	22 ¥1,530	23 ¥1,530	24 ¥1,530	25	26	27 ¥1,620
28 ¥1,620	29 低 ¥1,410	30 ¥1,750	31 ¥1,750			

01 表格装饰 —— 烦恼

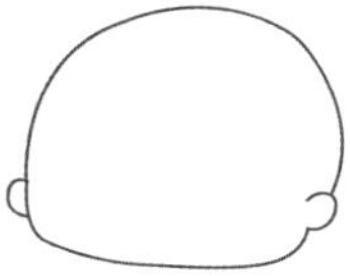
绘制脸部轮廓。

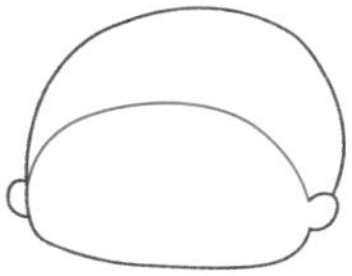
绘制头套边缘线。

绘制耳朵。

绘制眩晕表情。

绘制趴着的双手。

绘制披风。

绘制双腿轮廓。

上色完成。

02 表格装饰 —— 兴奋

绘制帽子。

绘制脸部轮廓及头发。

绘制面部表情。

绘制上身动作。

绘制后面的手臂。

绘制奔跑的双腿。

绘制行李箱的轮廓。

上色完成。

03 表格装饰 —— 钓鱼的猫

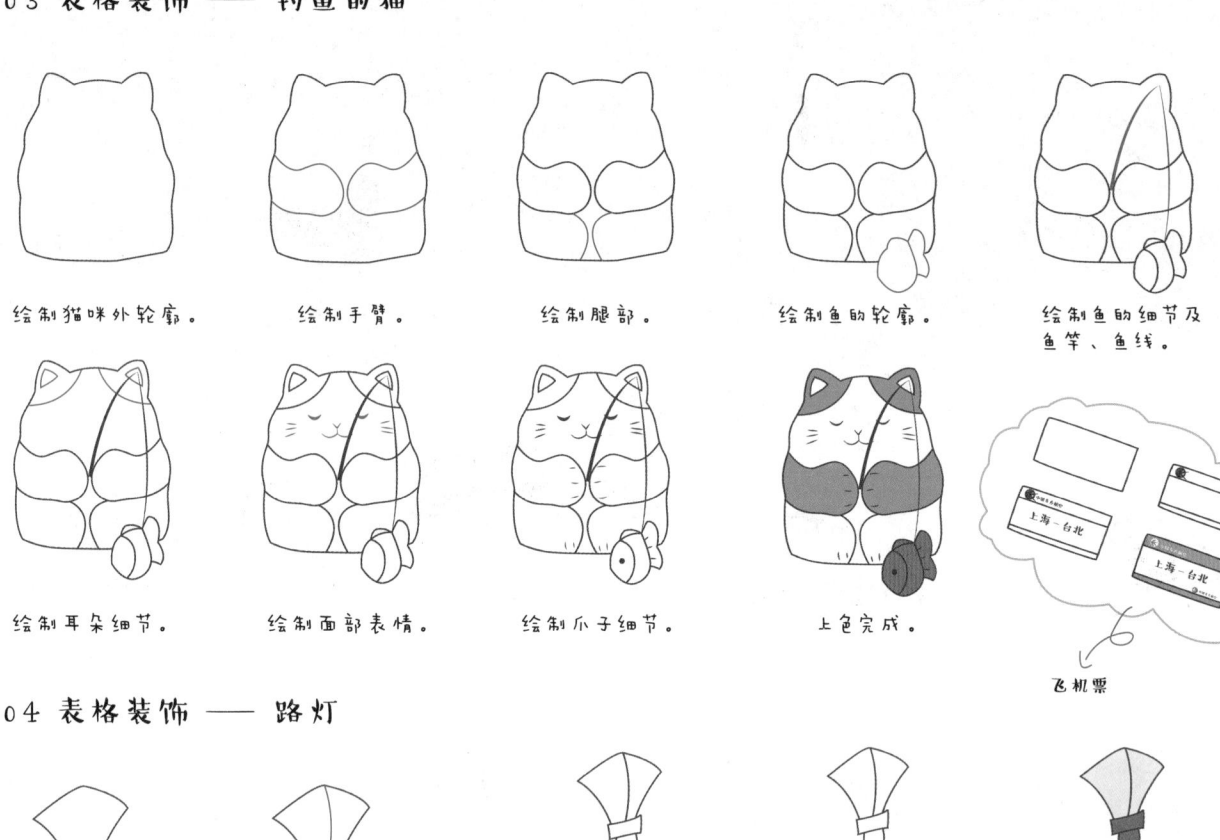

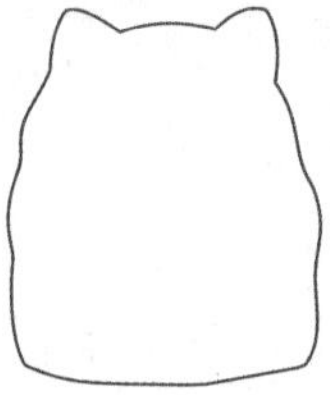

绘制猫咪外轮廓。

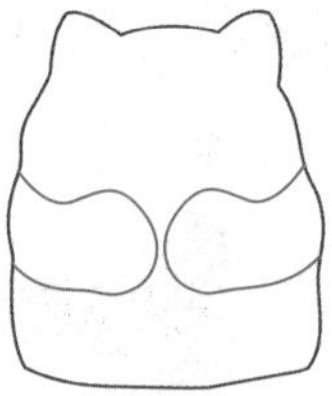

绘制手臂。

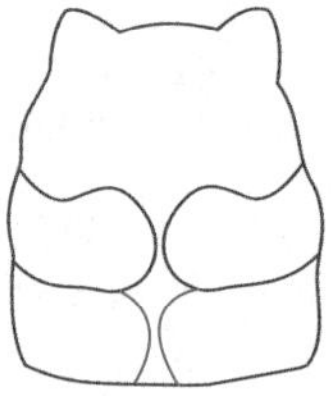

绘制腿部。

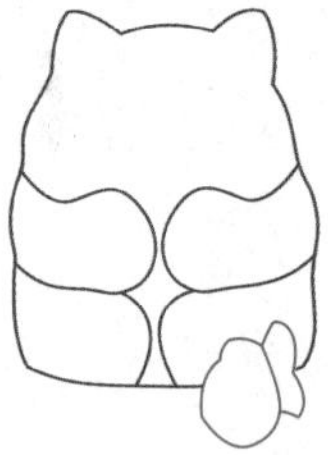

绘制鱼的轮廓。

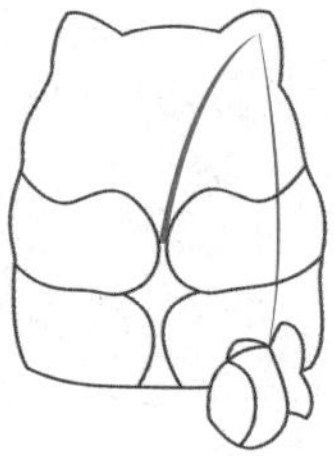

绘制鱼的细节及鱼竿、鱼线。

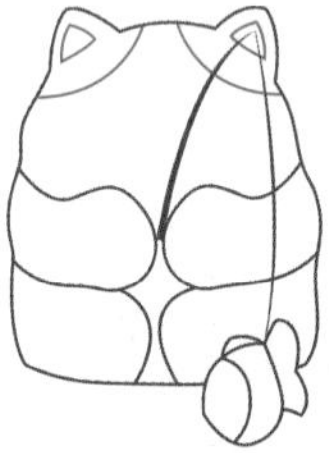

绘制耳朵细节。

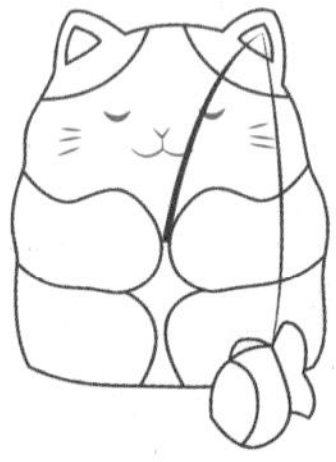

绘制面部表情。

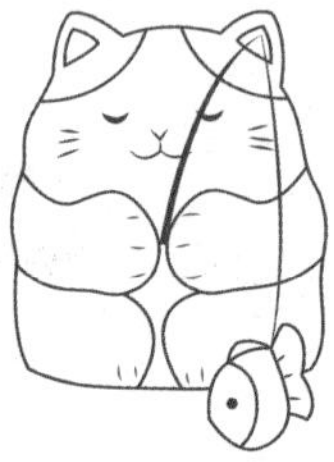

绘制爪子细节。

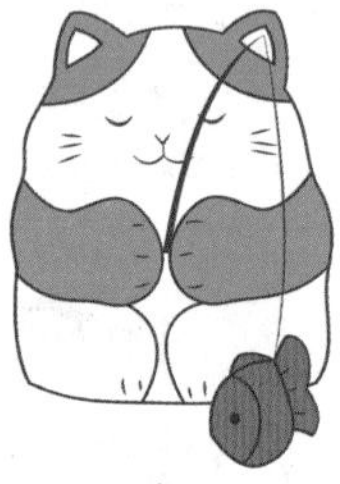

上色完成。

04 表格装饰 —— 路灯

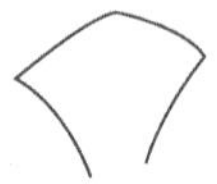

绘制灯罩轮廓。

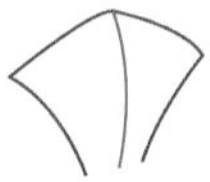

绘制立体形态。

绘制灯罩底座。

绘制完成。

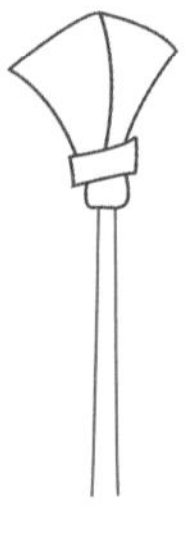

绘制灯杆。

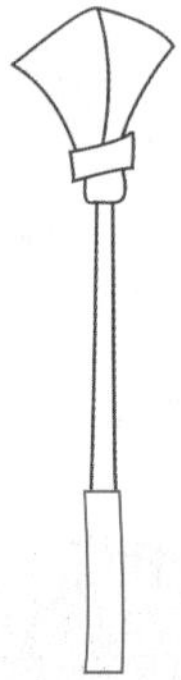

绘制灯杆底座。

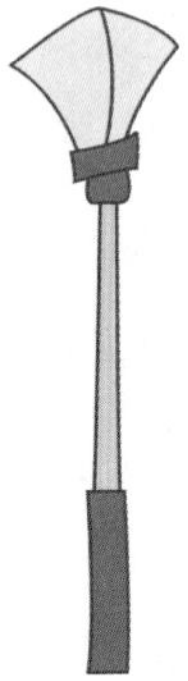

完成上色。

PART 2 旅行必备物品

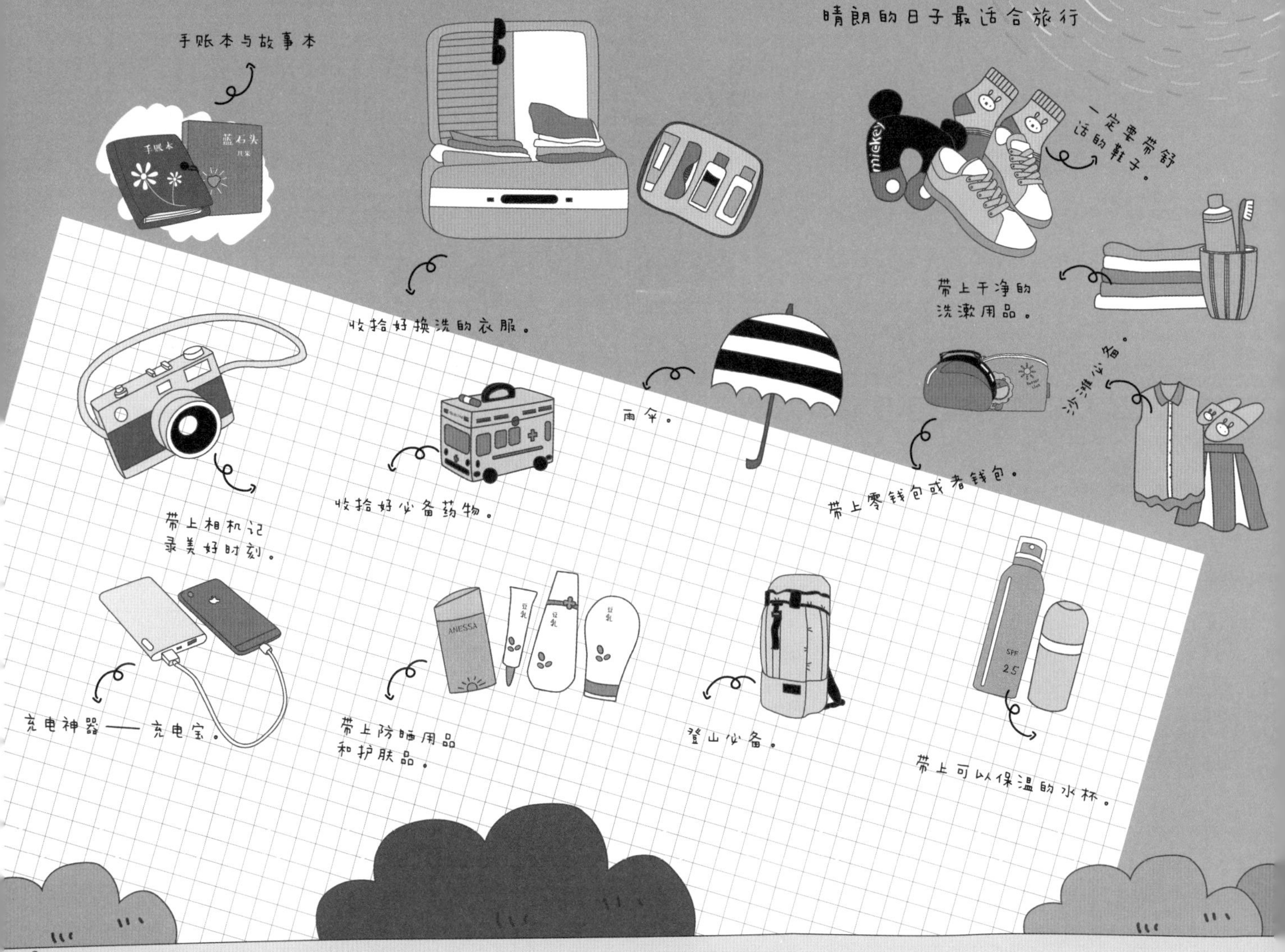

行李箱／包

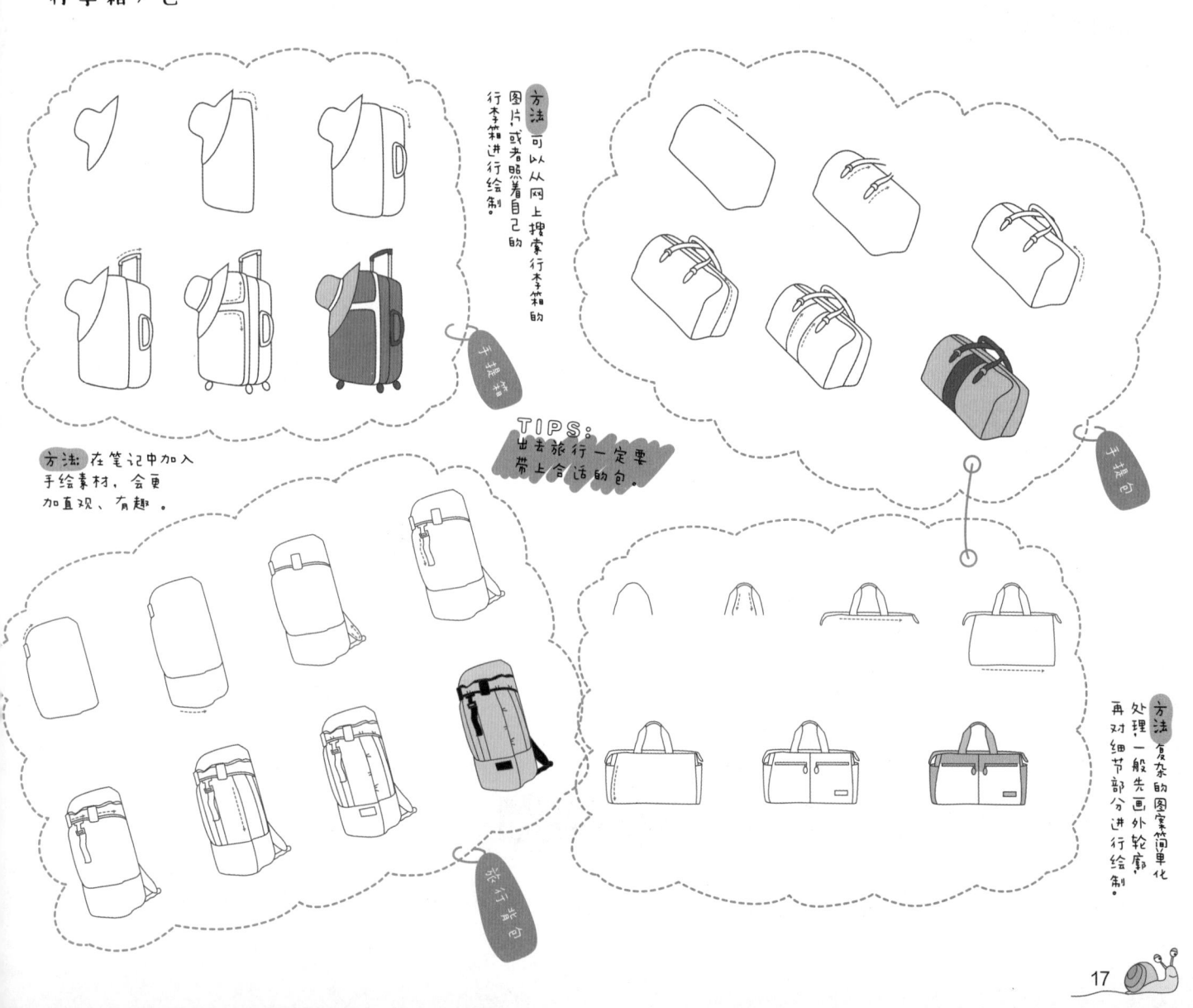

方法：可以从网上搜索行李箱的图片，或者照着自己的行李箱进行绘制。

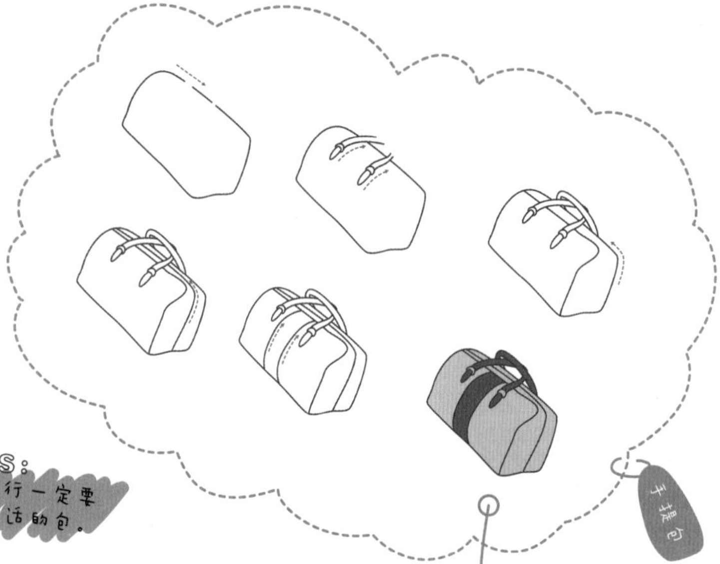

TIPS：出去旅行一定要带上合适的包。

方法：在笔记中加入手绘素材，会更加直观、有趣。

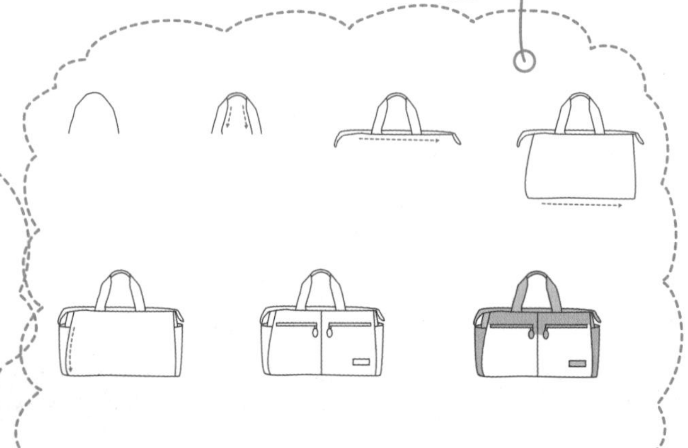

方法：复杂的图案简单化处理，一般先画外轮廓，再对细节部分进行绘制。

传统手提箱

TIP：出去旅行，行李箱一定要轻便牢固。

开始绘制帽子。

绘制前侧帽檐。

眼镜从轮廓画起。

绘制眼镜镜片及后侧帽檐。

留空方便后面的绘制。

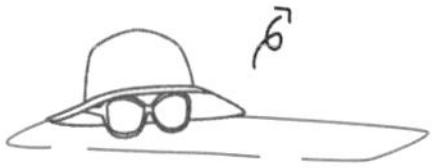

绘制手提箱上盖轮廓。

绘制带子及扣环。

绘制行李箱的轮廓。

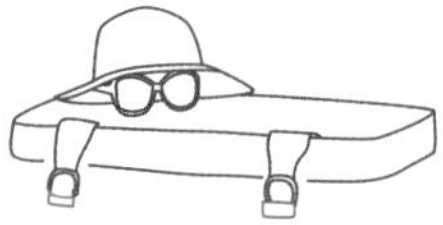

绘制固定带子。

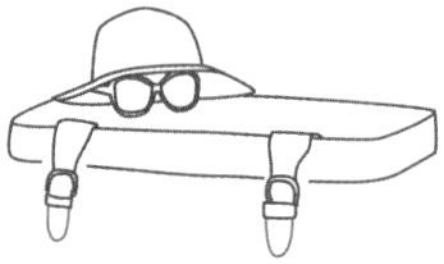

绘制绑带结尾。

绘制下方行李箱轮廓。

绘制下方绑带。

绘制铜板。

绘制上方绑带。

绘制行李箱细节。

绘制手拎把。

上色完成。

绘制曲线的技巧

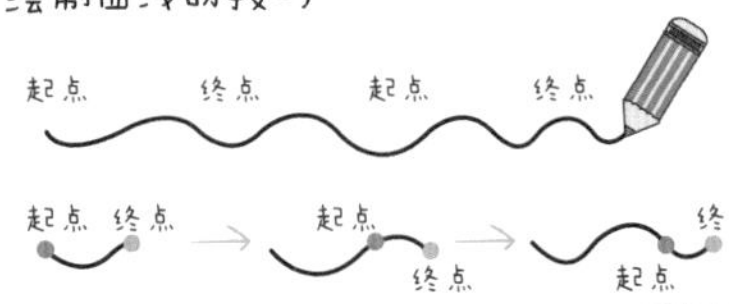

曲线形态的变化。

多多练习才能更好的掌握。

绘制时可变换波浪的形态。

波浪样式。

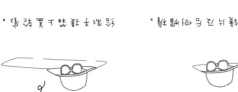

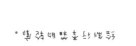

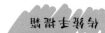

小型行李箱

TIP： 带一些舒适的衣物。

绘制行李箱中的衣物。

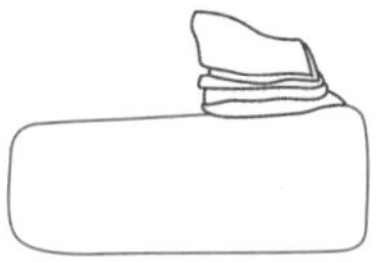

绘制行李箱前侧。

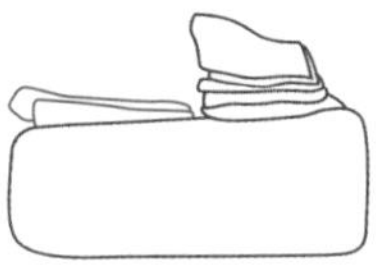

绘制左侧衣物。

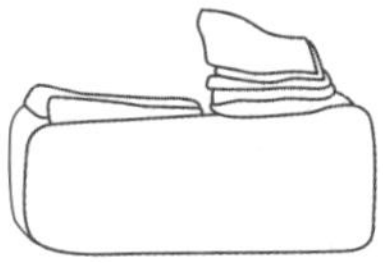

绘制行李箱左侧轮廓。

绘制行李箱上盖轮廓。

绘制悬挂的眼镜。

绘制左侧衣服增加层次感。

绘制上盖封袋。

绘制上盖封袋折痕。

绘制行李箱前侧细节。

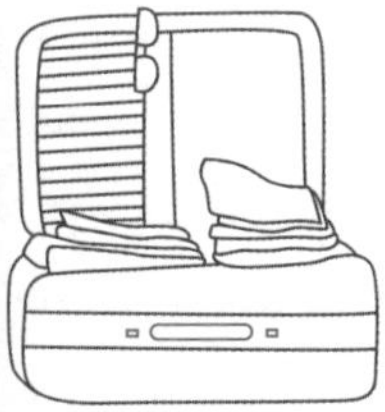

绘制手提箱手提把。

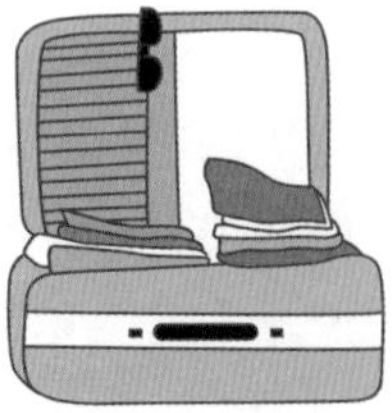

上色完成。

方法：先绘制行李箱里面的衣物再绘制行李箱的轮廓。

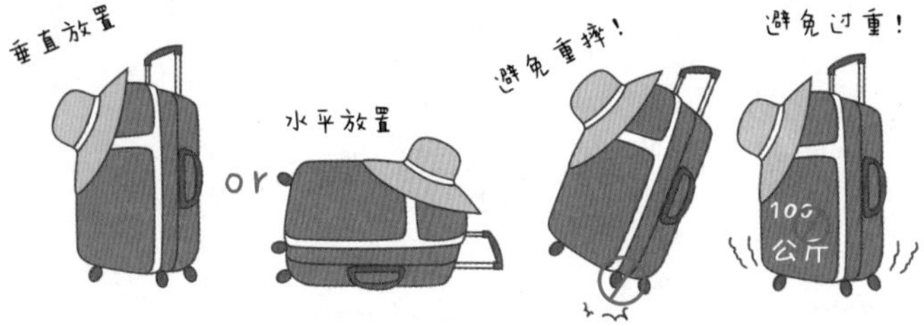

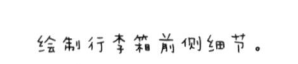

化妆包

步骤1：先绘制化妆包内的化妆品。✓

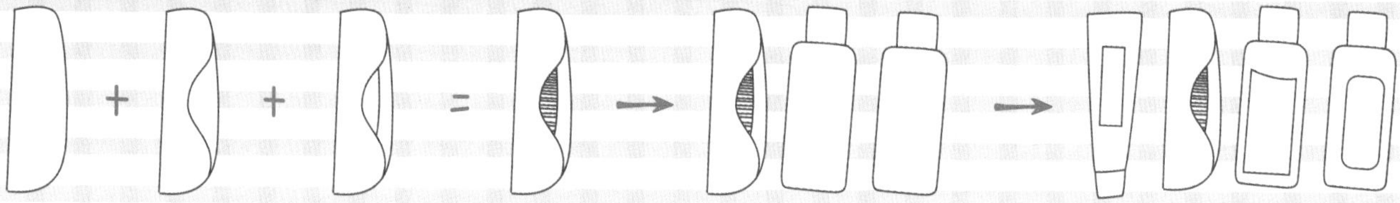

步骤2：再对化妆包的轮廓进行绘制。✓

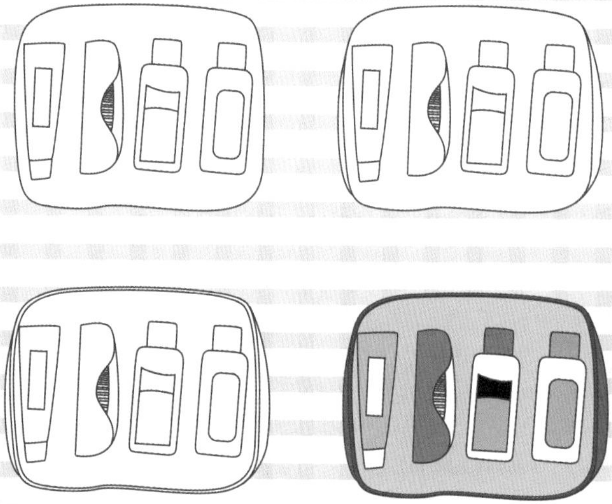

画出你的女朋友的化妆包吧~

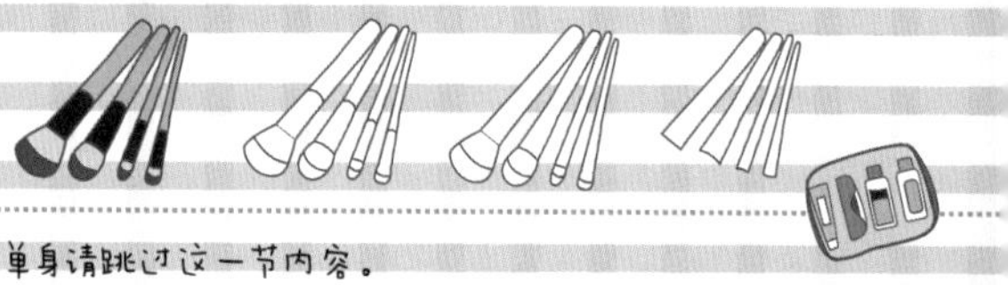

单身请跳过这一节内容。

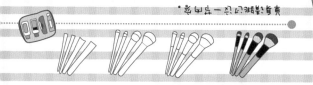

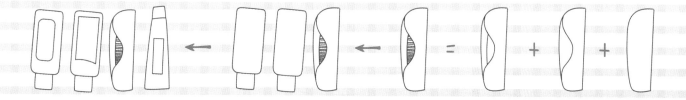

化妆品

护肤品套装

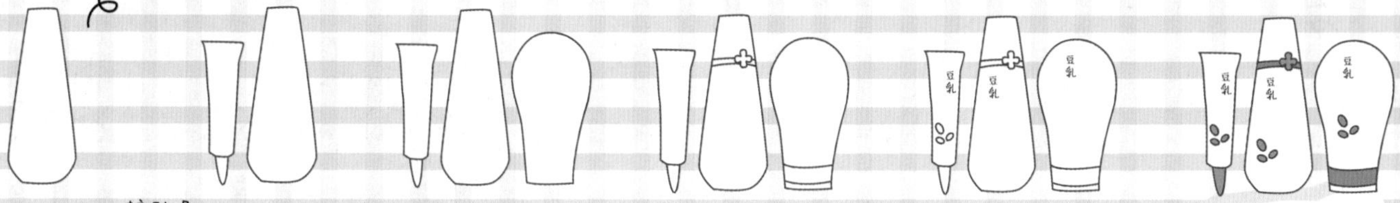

护肤品

指甲油

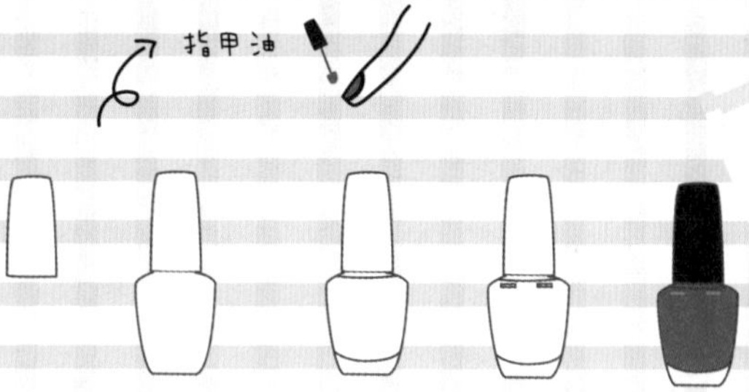

口红

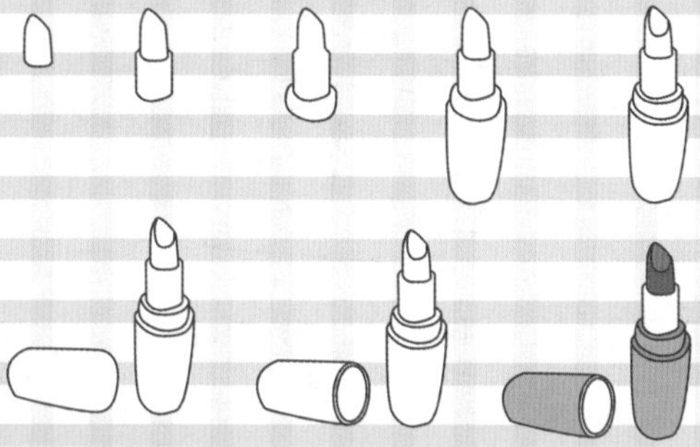

女孩子都喜欢的东西。

TIPS：

防晒必备用品。

腮红

戴墨镜：防止紫外线，风尘，更好的保护眼睛！

墨镜

涂防晒霜：防止肌肤被晒黑、晒伤。

防晒霜

防晒伞：阻挡约90%的紫外线。

防晒伞

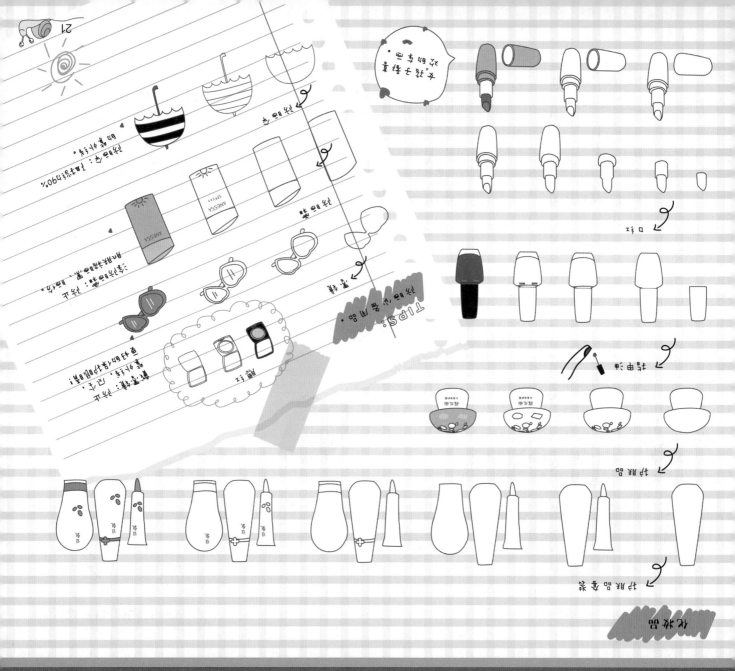

记录旅行美好时刻

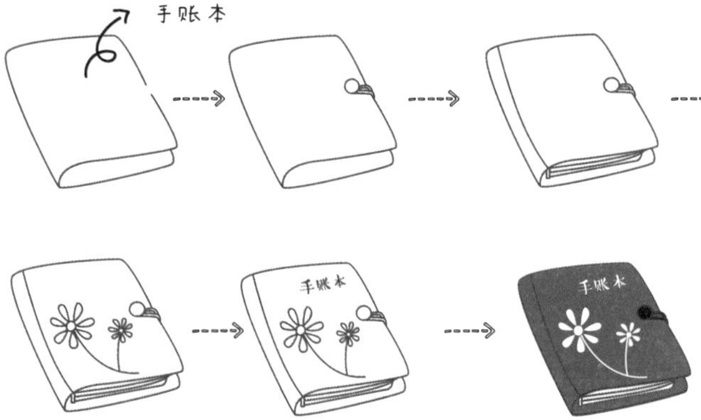

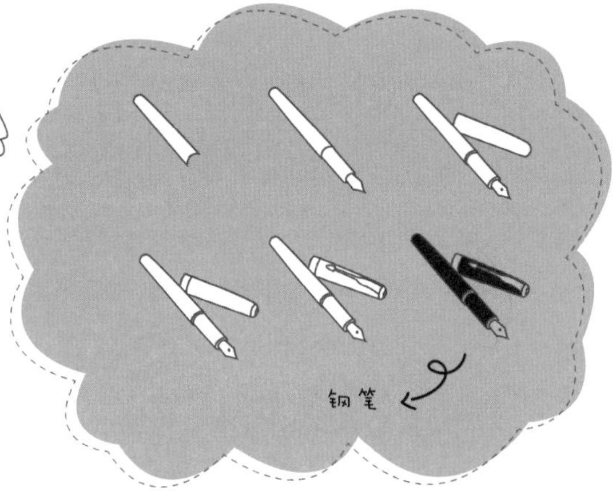

画圆小提示

如何画出漂亮的圆！

一个均匀饱满、平衡感极强的圆可以这样来画：你可以尝试着一半一半慢慢地画，注意连接处用笔的力度放轻；你也可以在纸上找一个固定点，慢慢转动纸，边转边用笔刻画。

一半一半地画

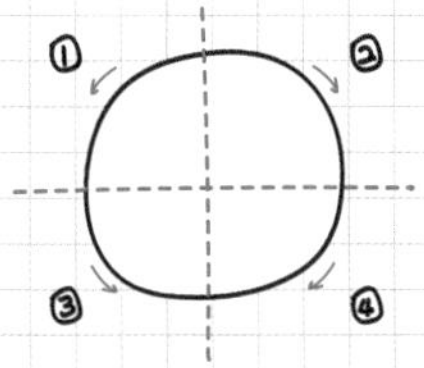

先画一个左半圆，再画一个右半圆，连接起来成整个圆，不太圆也没关系。

让纸转圈地画

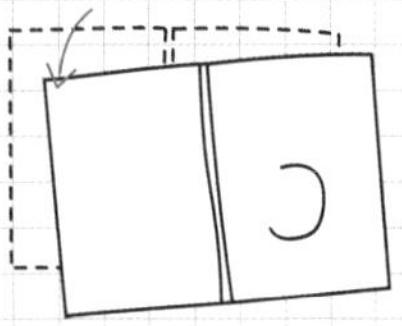

找一个点，转动画纸，笔随动，圆画成。

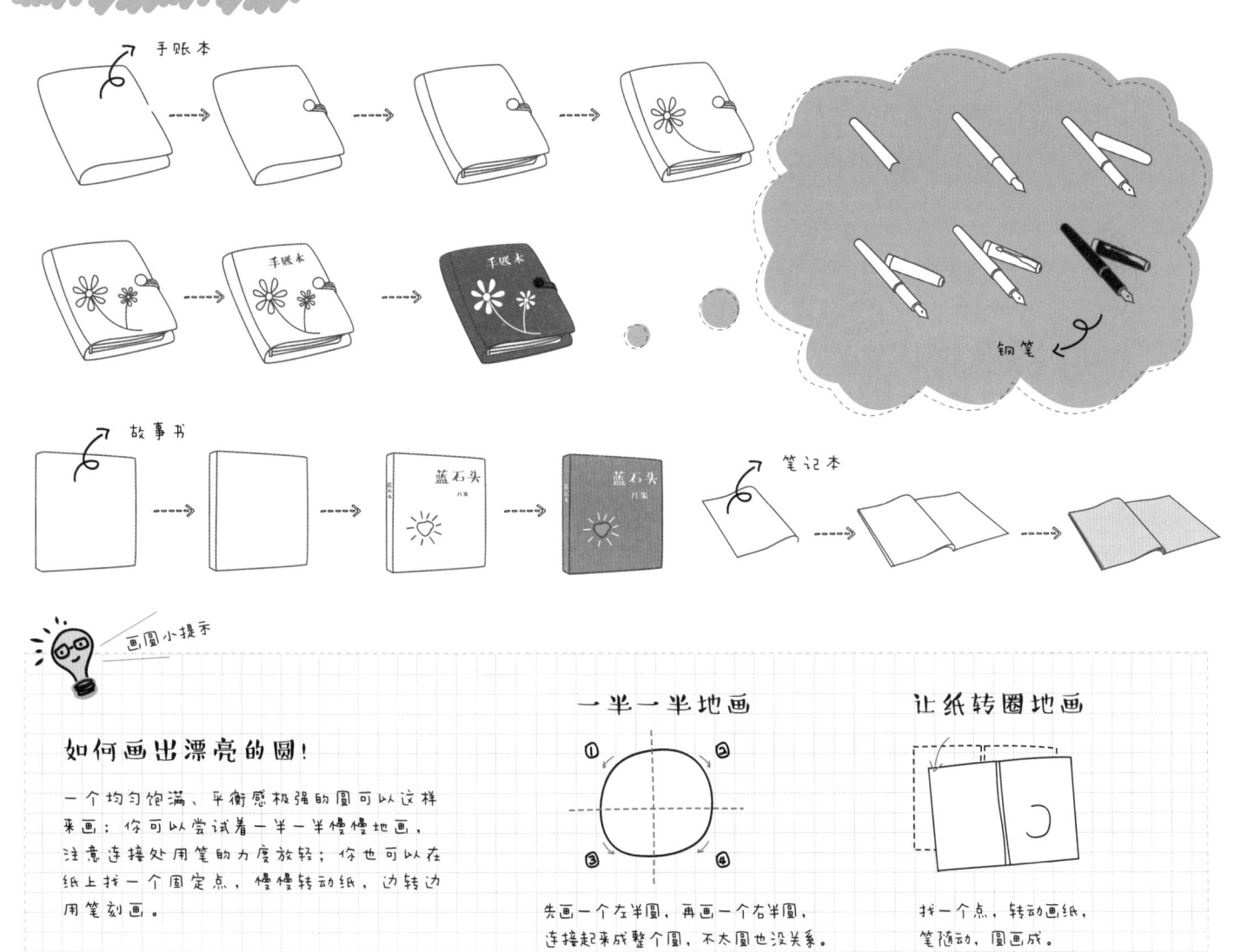

让旅途更加舒适

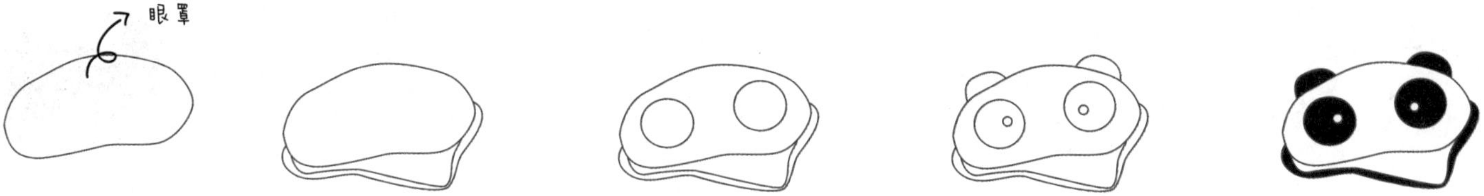

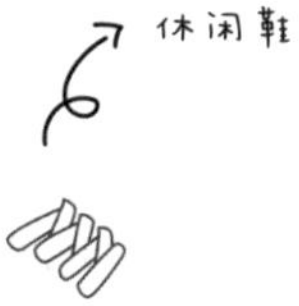

绘制鞋带。

绘制鞋口。

绘制休闲鞋外轮廓。

绘制鞋帮线条。

绘制鞋子细节。

绘制鞋底厚度细节。

绘制右侧鞋子。

完成右侧鞋带的绘制。

绘制鞋舌。

绘制右侧鞋口及鞋子轮廓。

绘制鞋子底部。

绘制右侧鞋子鞋面缝接处。

绘制鞋带固定按钮。

上色完成。

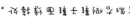

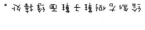

让旅途更加舒适

U 型枕

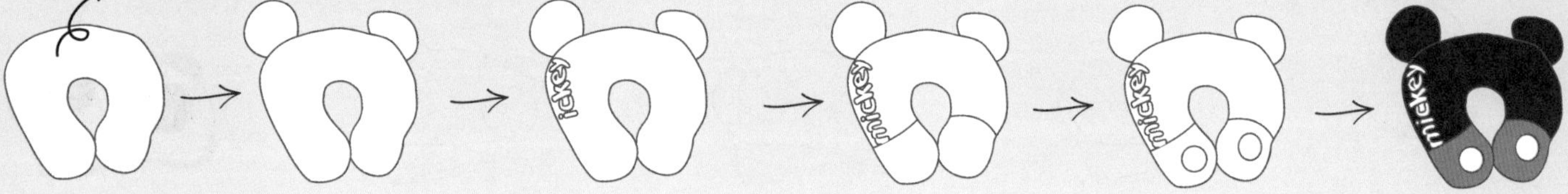

地板拖

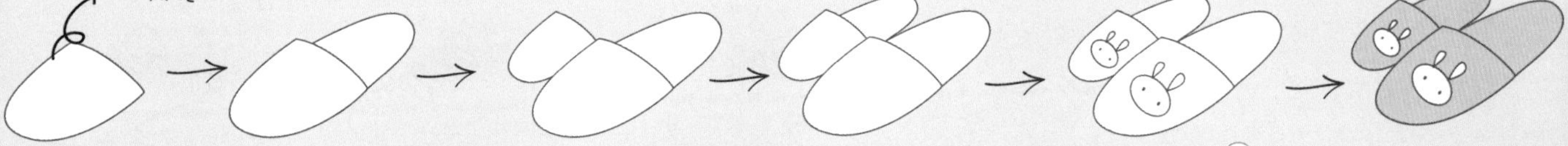

很流行这种
颜色不一样
的对袜。

棉袜

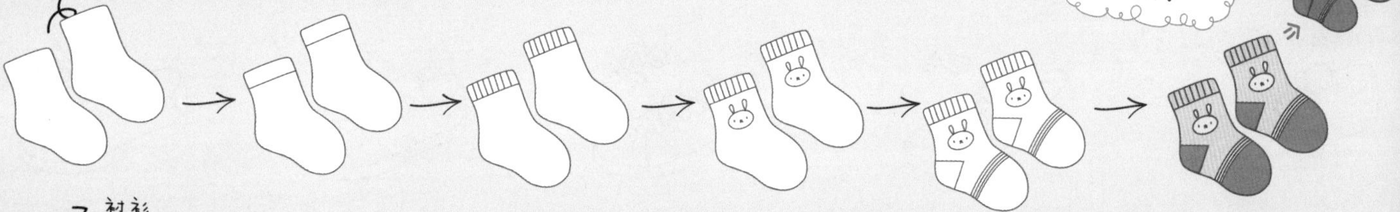

衬衫

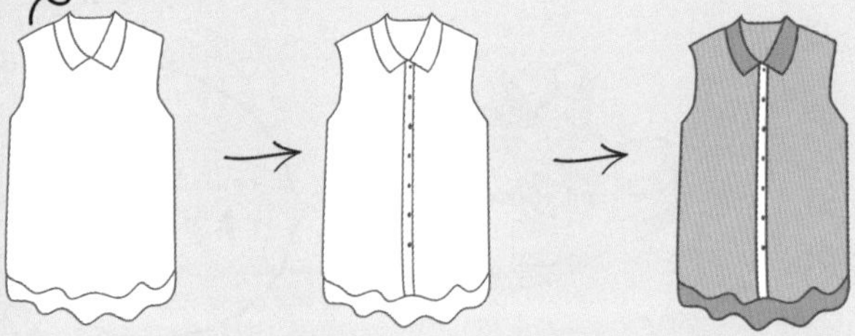

短裙

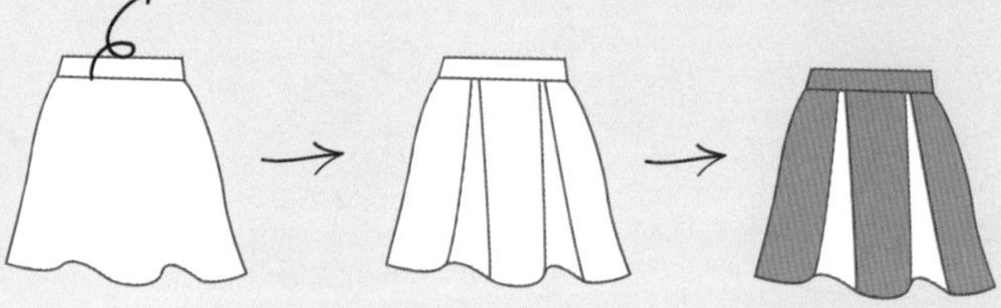

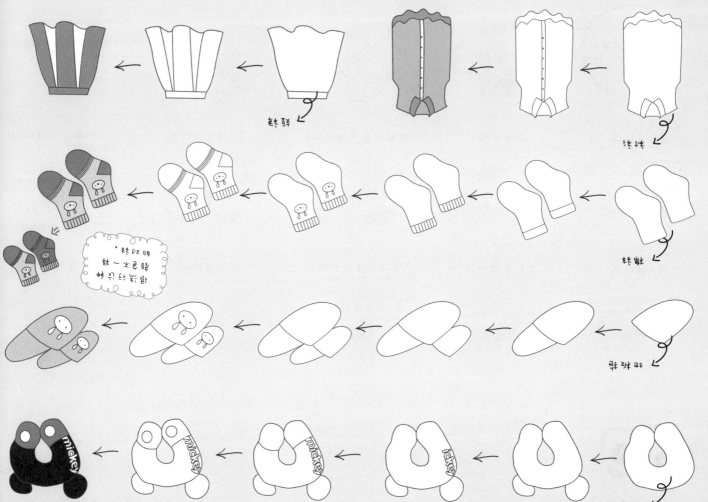

旅行必备法宝

扫描延伸阅读

手机＋充电宝

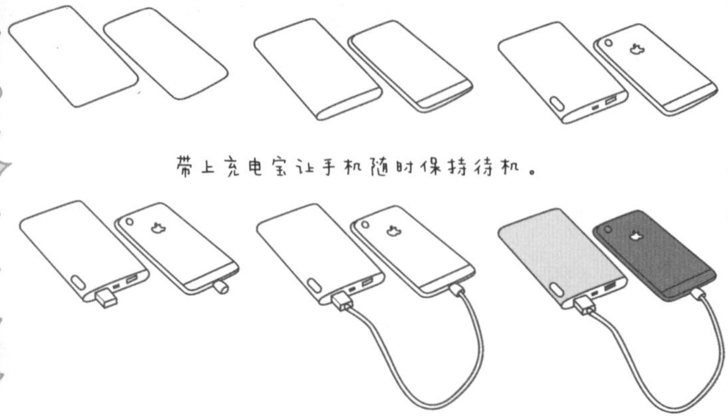

带上充电宝让手机随时保持待机。

电脑

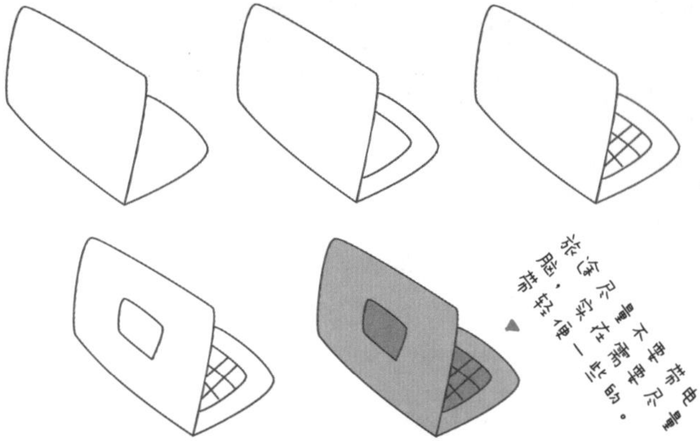

旅途尽量不要带电脑，实在需要尽量带轻便一些的。

保温杯

冬季不能喝冷水，旅行就带这个保温杯。

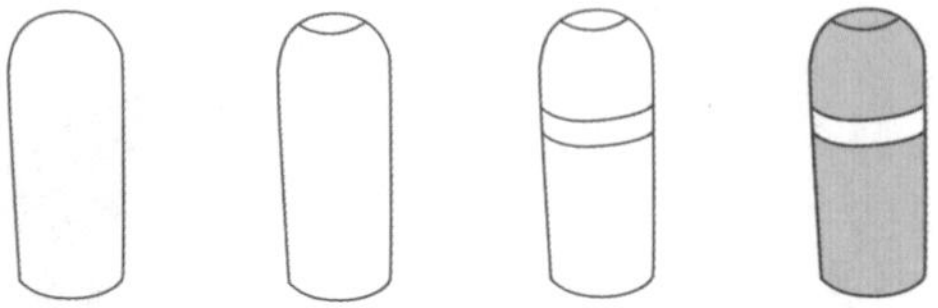

方法：绘制外轮廓之后填充自己喜欢的颜色。

夏天旅行带这个塑料杯，可以装上凉白开、饮料。

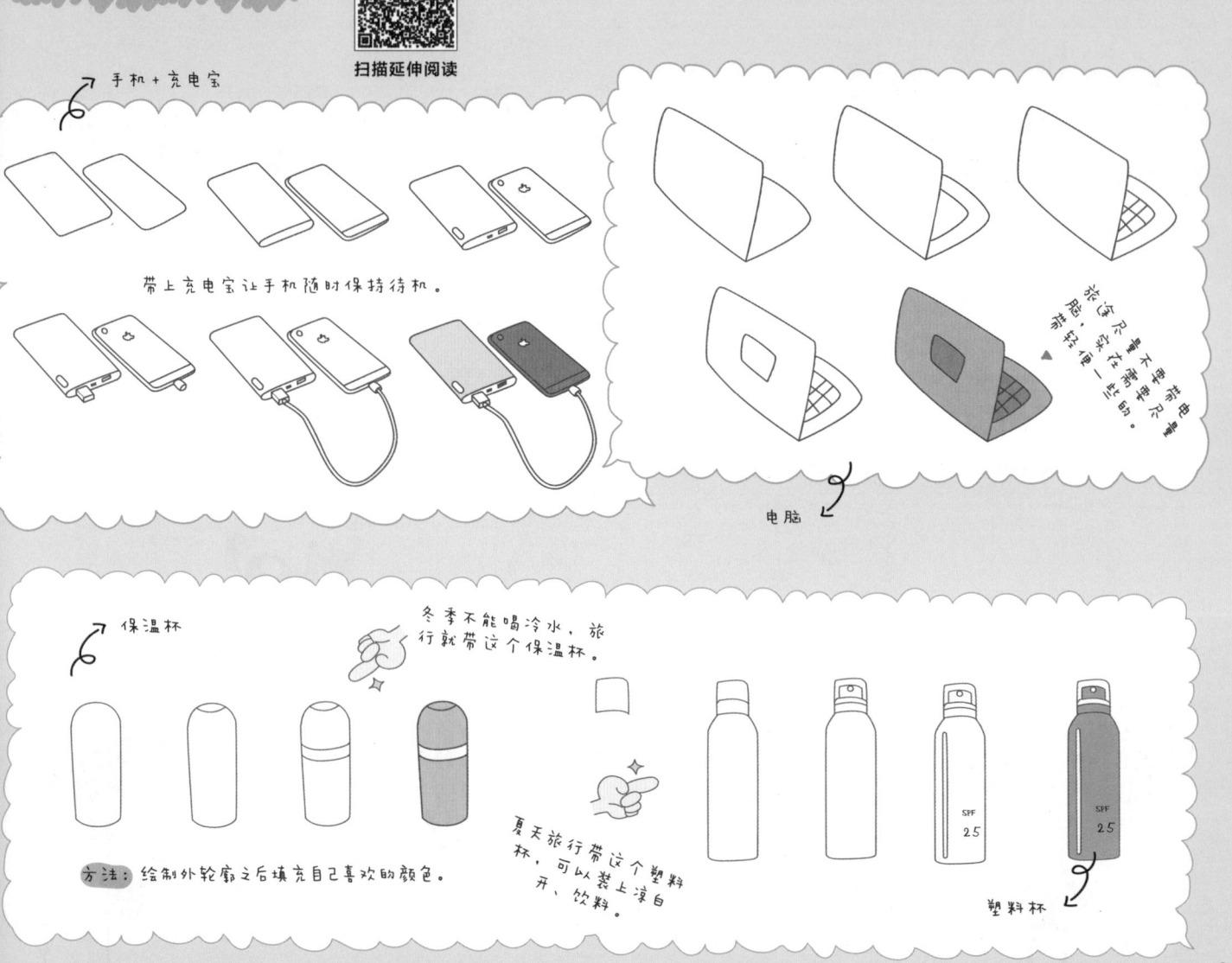

塑料杯

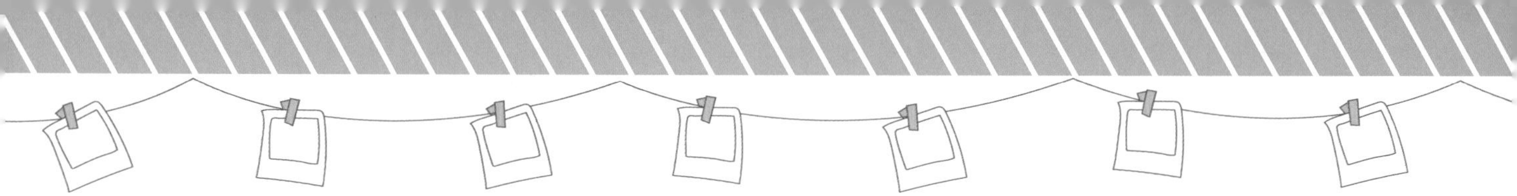

拍立得
拍立得立拍就得，非常方便，但相纸、胶片较贵。

【旅游如何拍风景，摄影阳光16法则】：

艳阳16阴天8，多云11日暮4;阴云压顶5.6，雨天落雪同日暮 天气晴朗就把光圈设f16，如多云就把光圈设为f11，如天阴就把光圈设为f8，天气非常阴沉把光圈设为f5.6!!
另外让快门速度尽可能接近iso，ISO50就设快门为1/60，ISO 100就设为1/125左右。

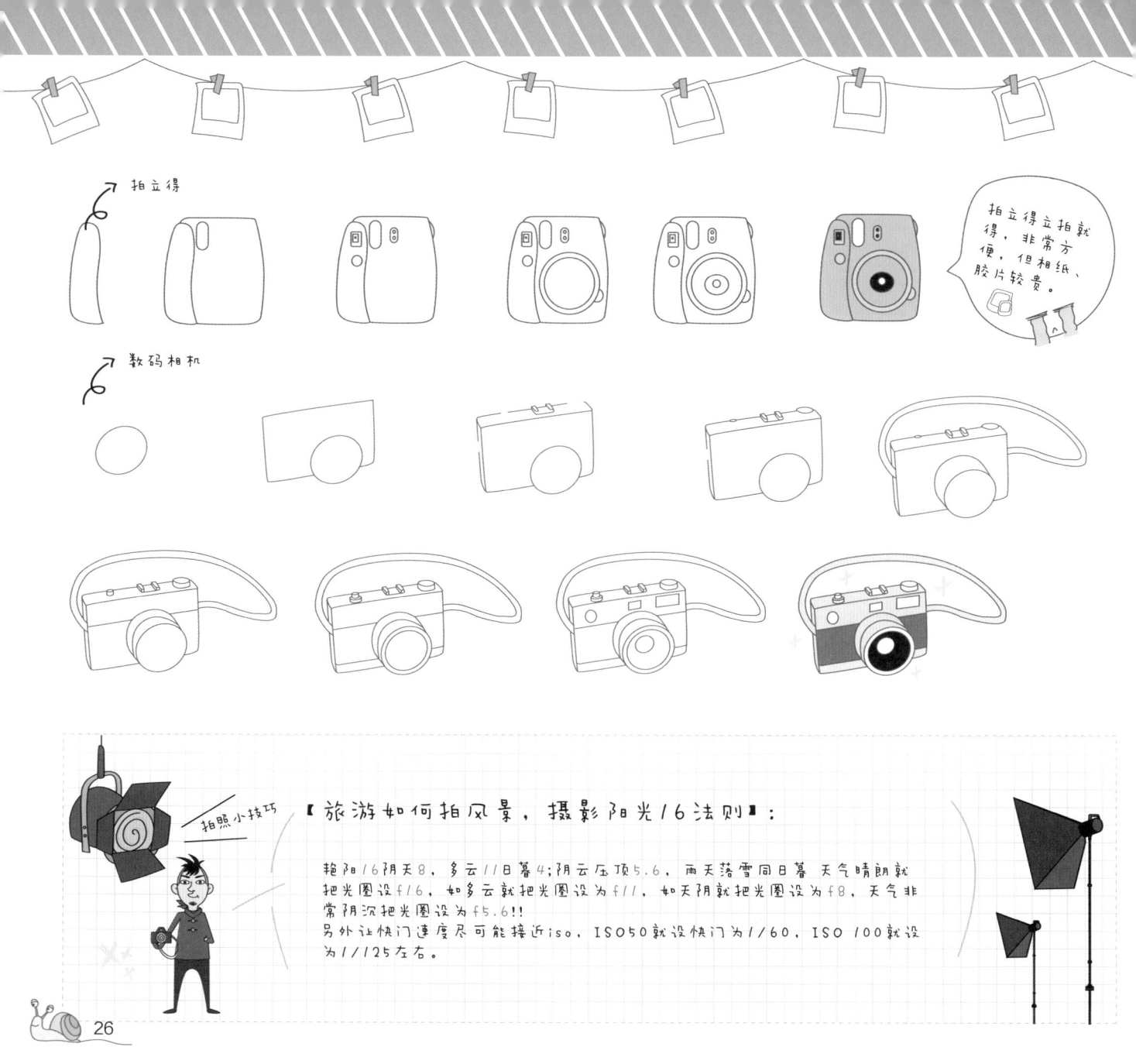

医疗箱及钱包

医疗箱

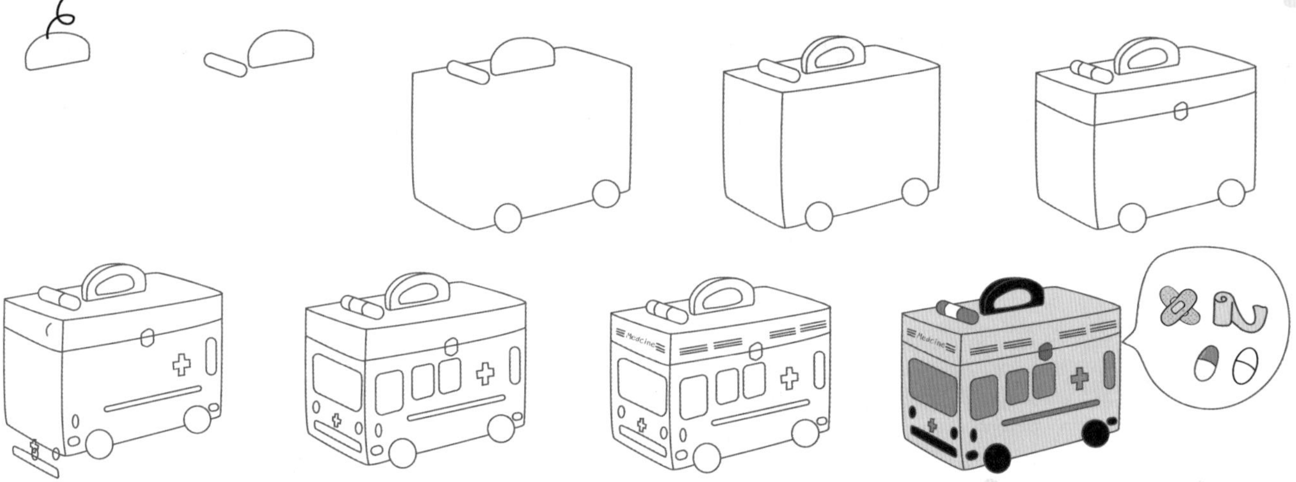

贝壳式零钱包

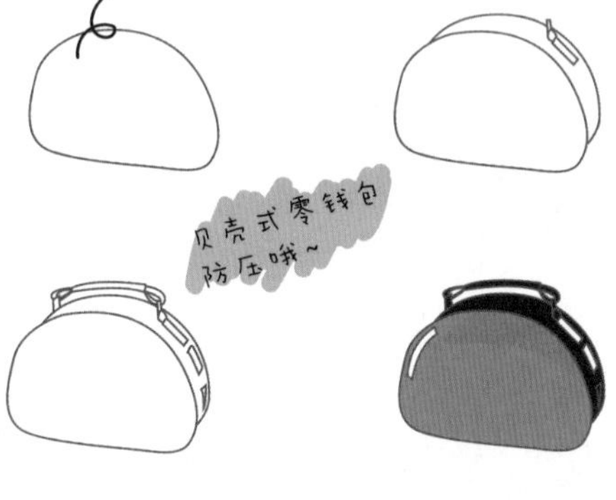

布袋式零钱包

洗漱用品

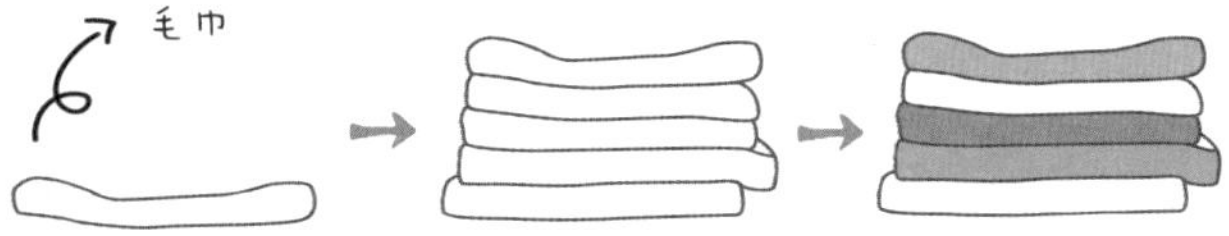

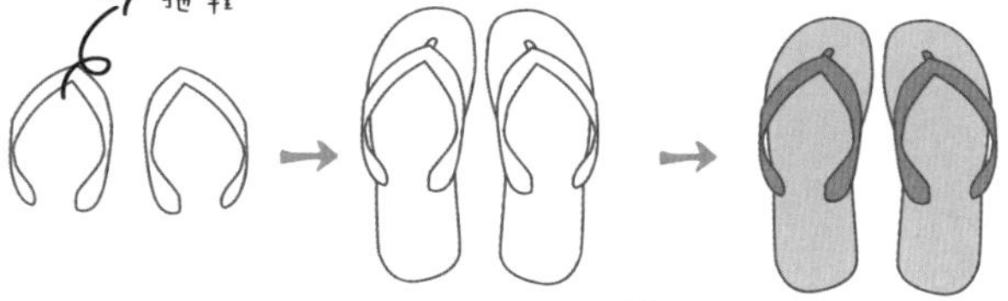

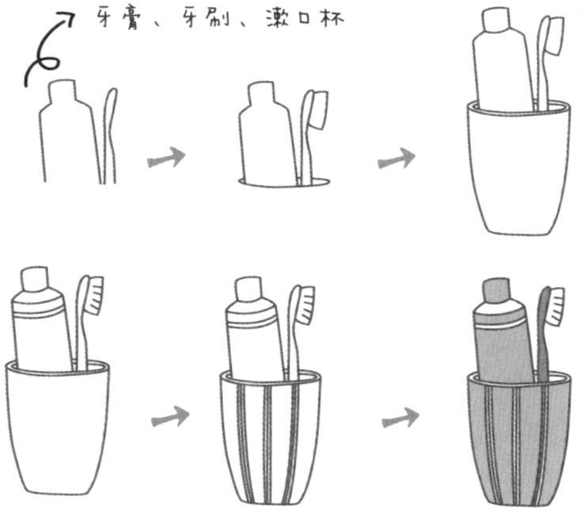

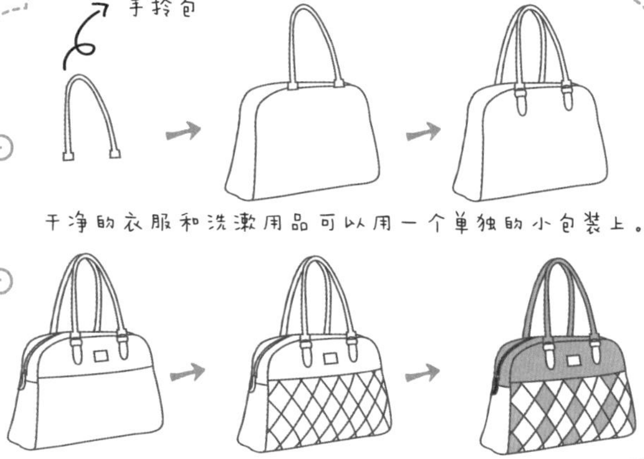

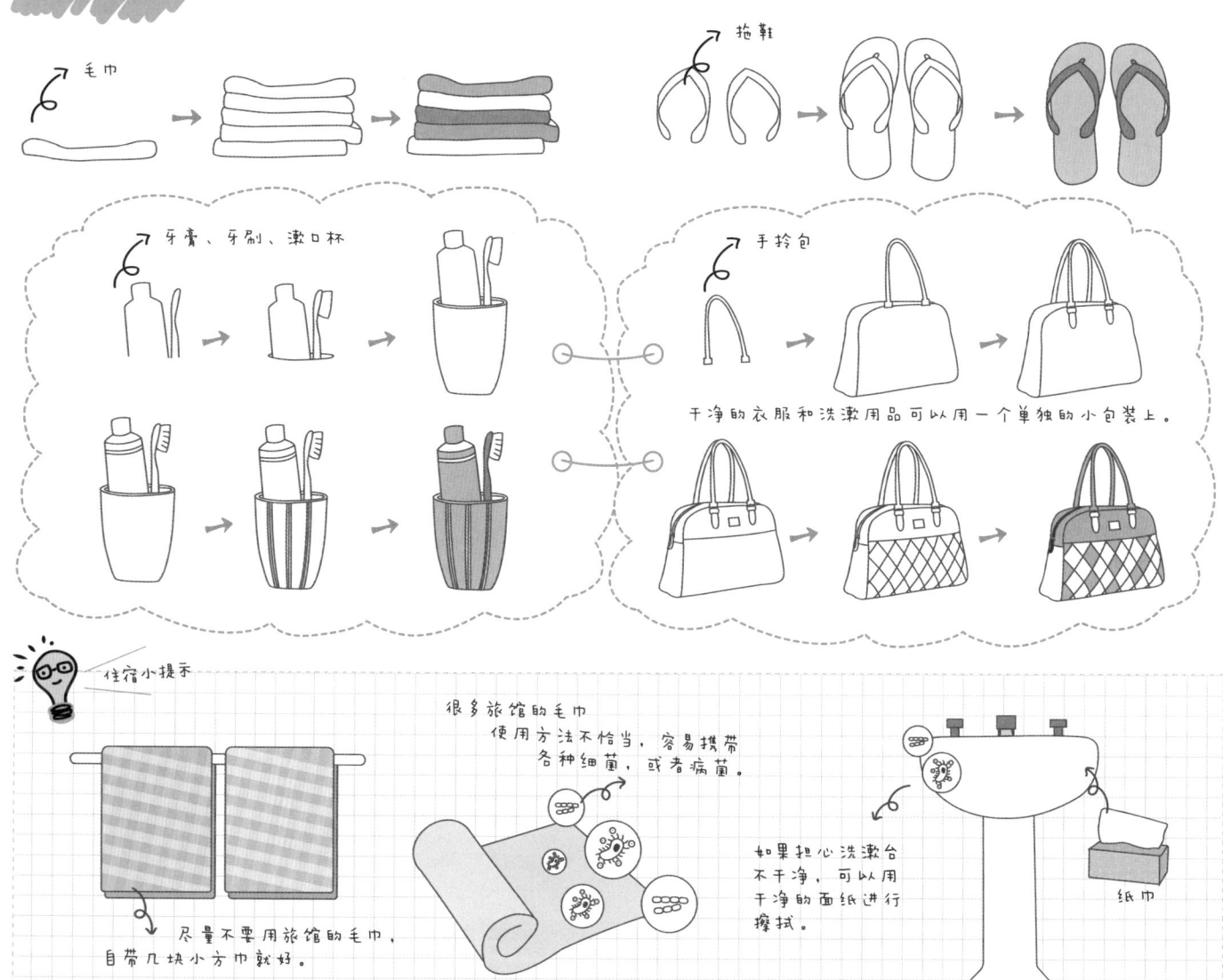

干净的衣服和洗漱用品可以用一个单独的小包装上。

住宿小提示

很多旅馆的毛巾使用方法不恰当，容易携带各种细菌，或者病菌。

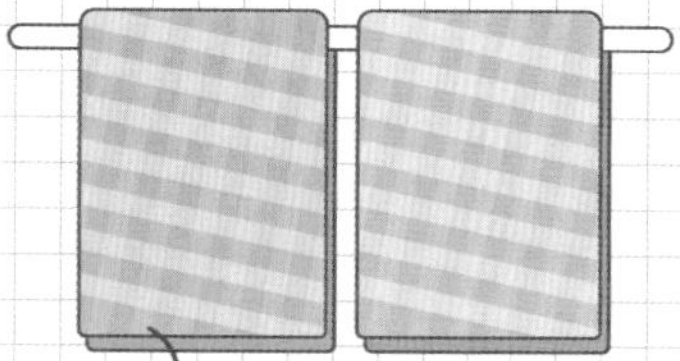

尽量不要用旅馆的毛巾，自带几块小方巾就好。

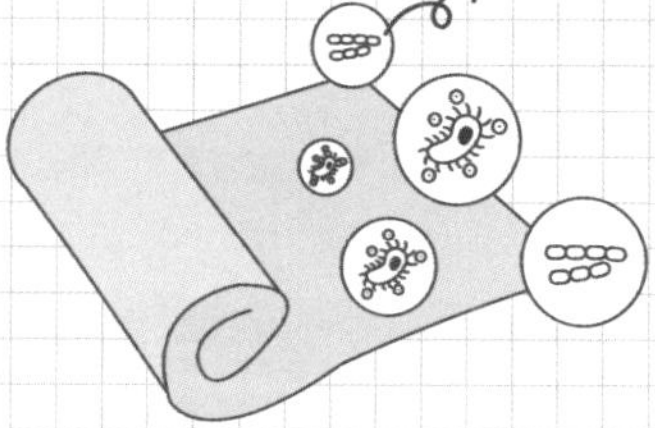

如果担心洗漱台不干净，可以用干净的面纸进行擦拭。

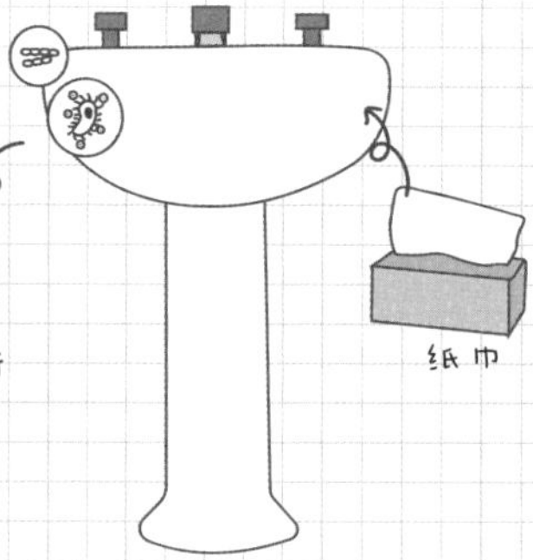

第3课

旅行开始喽！

路途中一定会遇到好玩的、好吃的，一些特色景点，拿起纸和本子记下有趣的事和东西。

在飞机上

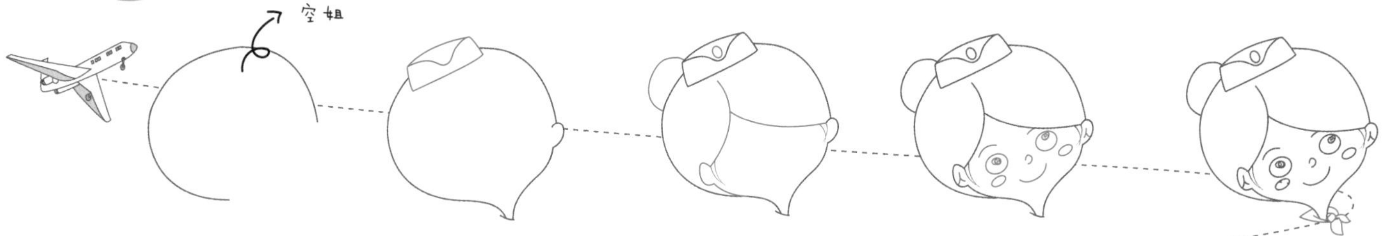

绘制头型。　开始绘制帽子。　绘制帽子细节及发型。　绘制五官。　绘制围脖。

绘制围脖条纹。　开始绘制上衣袖子。　绘制上衣轮廓。　绘制手臂及上衣细节。　开始绘制短裙。

绘制双腿及鞋子。　绘制手拉杆。　绘制行李箱的轮廓。　绘制行李箱轮子。　完成上色。

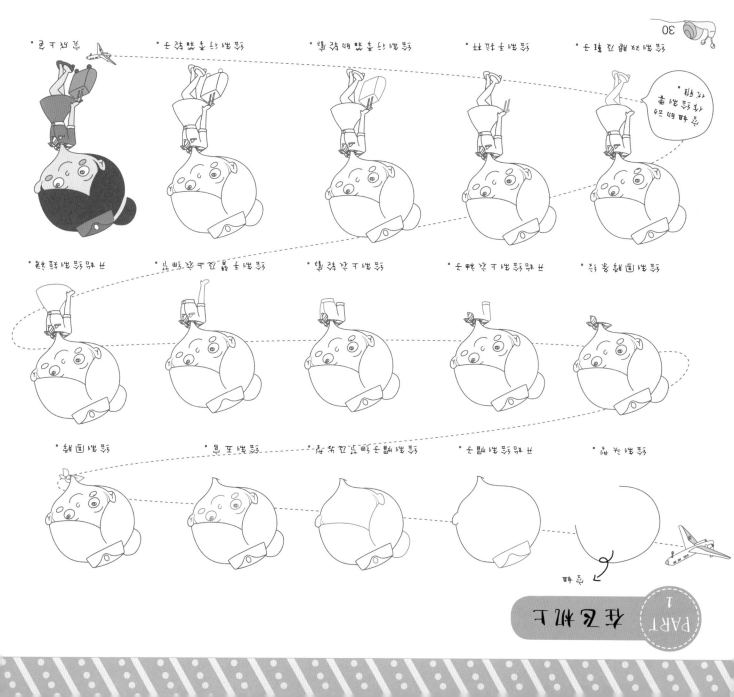

飞机餐 **方法：**先绘制餐盘中的食物再绘制餐盘的外轮廓。

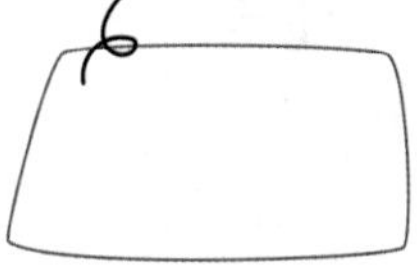

绘制小餐盘的外轮廓。

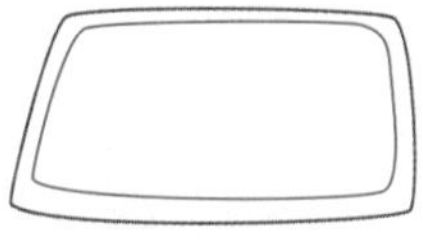

绘制小餐盘内轮廓。

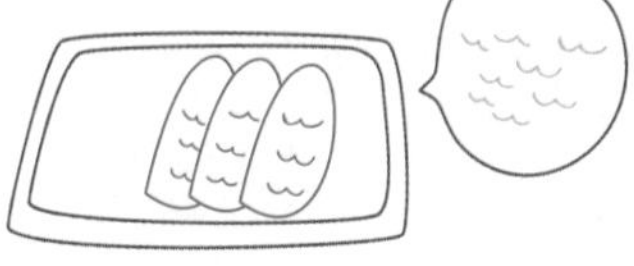

绘制鸡翅。

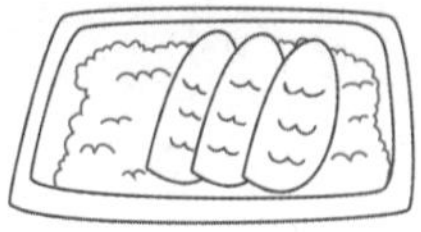

绘制饱满的米饭。

绘制巧克力外轮廓。

绘制巧克力立体感。

绘制包装图形。

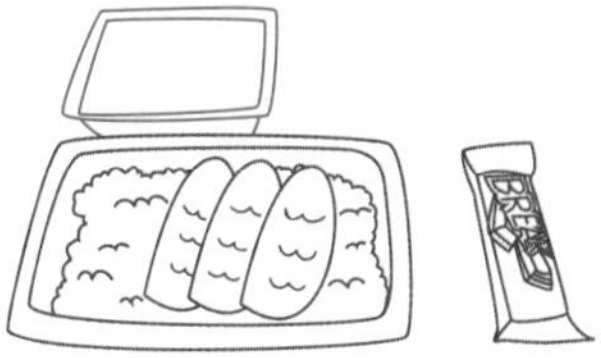

绘制小菜餐盒外轮廓。

绘制小菜形状。

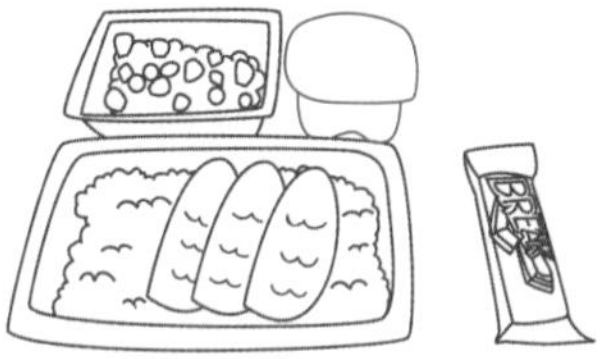

绘制酱料包装外轮廓。

绘制酱料名称。

绘制饮料杯。

绘制饮料杯杯口细节。

绘制饮料杯杯面的细节。

绘制餐盘轮廓。

上色完成。

PART 2 到达目的地

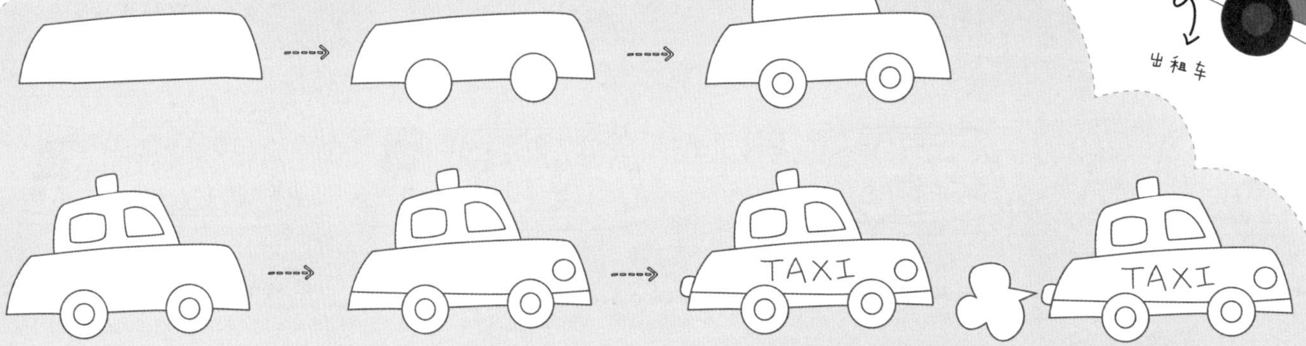

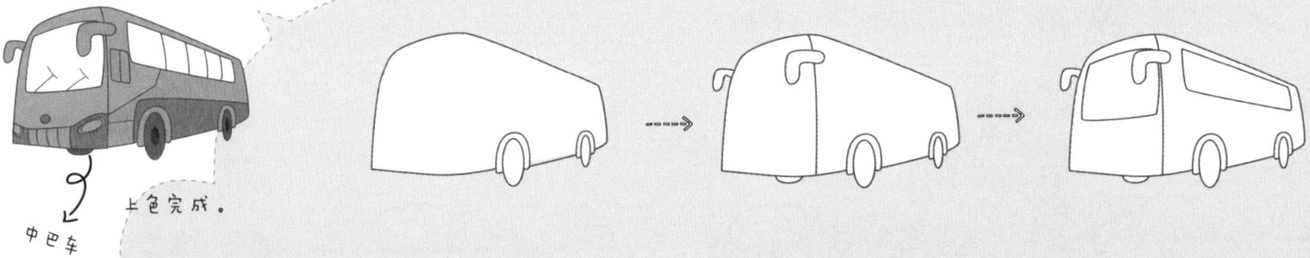

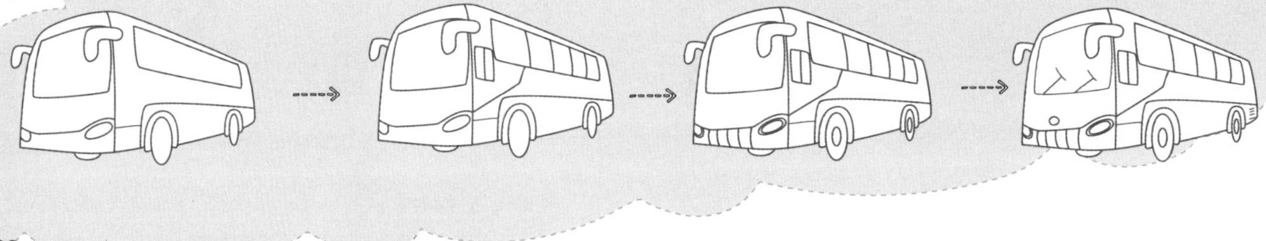

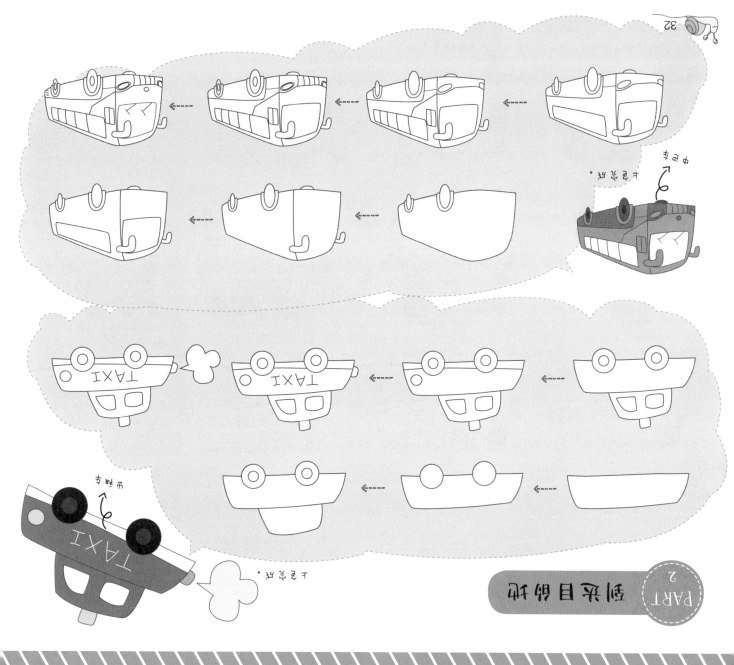

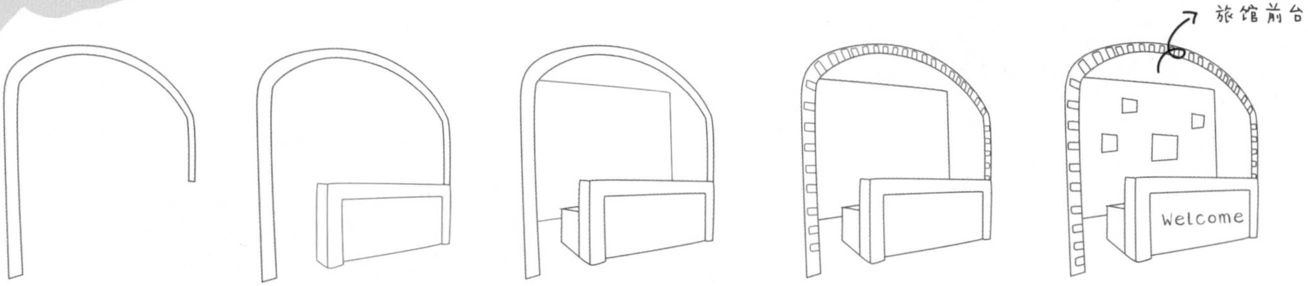

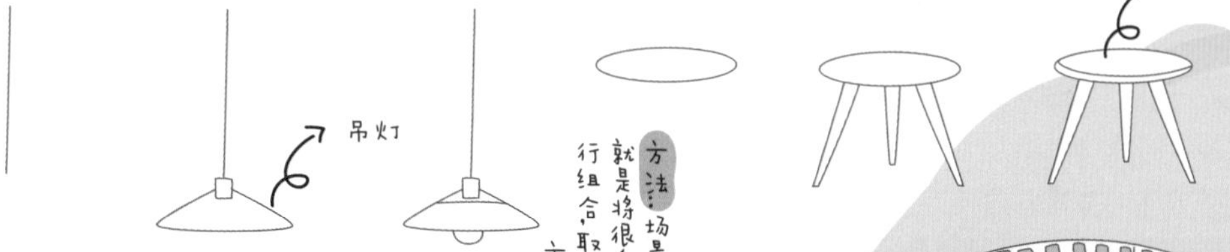

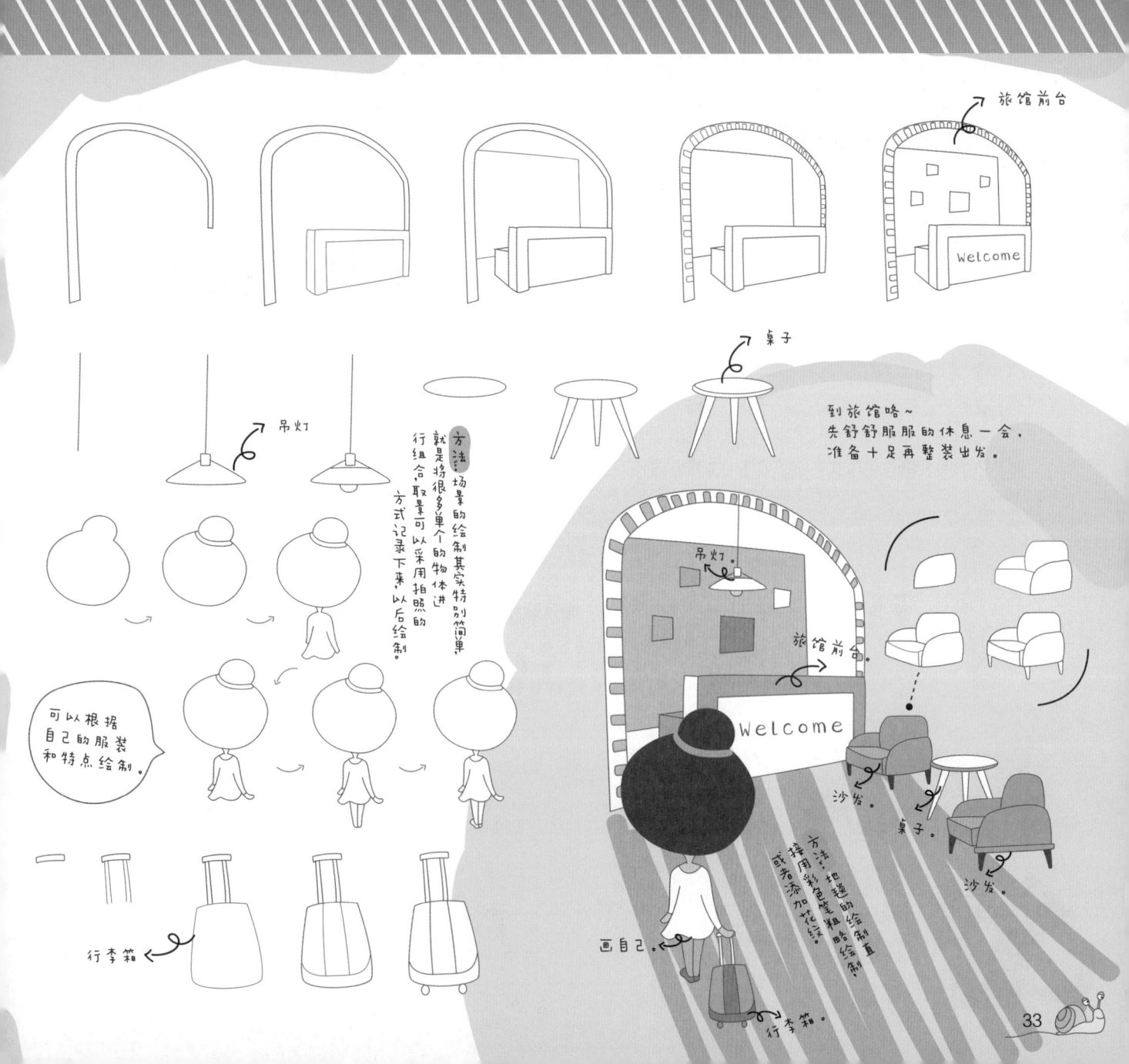

方法：场景的绘制其实特别简单，就是将很多单个的物体进行组合，取景可以采用拍照的方式记录下来，以后绘制。

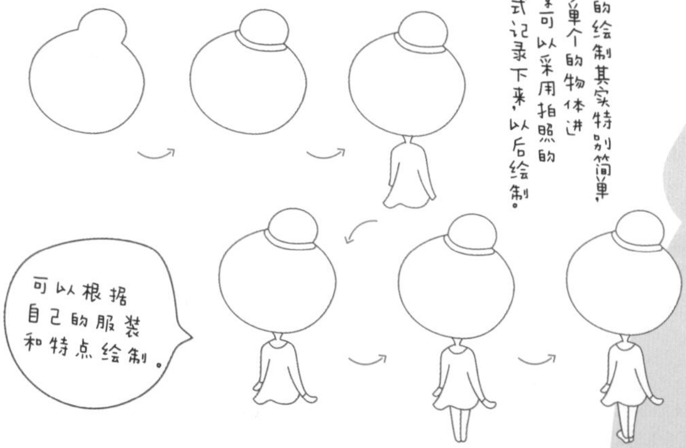

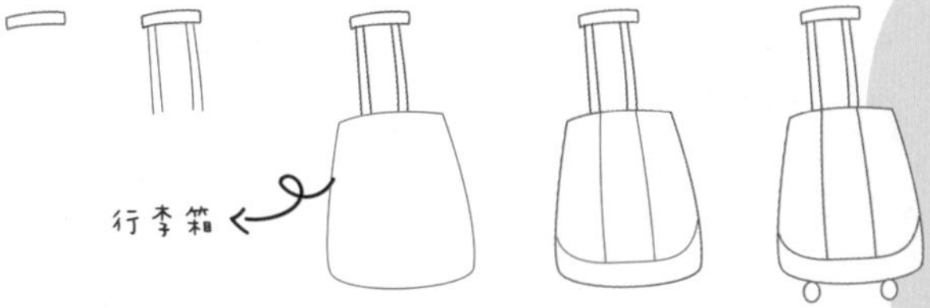

到旅馆咯~
先舒舒服服的休息一会，
准备十足再整装出发。

PART 3 先吃好吃的

喝好吃好才能够补充足够的能量支撑自己接下来的行程。

水果篇 （很少见的水果类）

莲雾，
也称杨蒲桃。

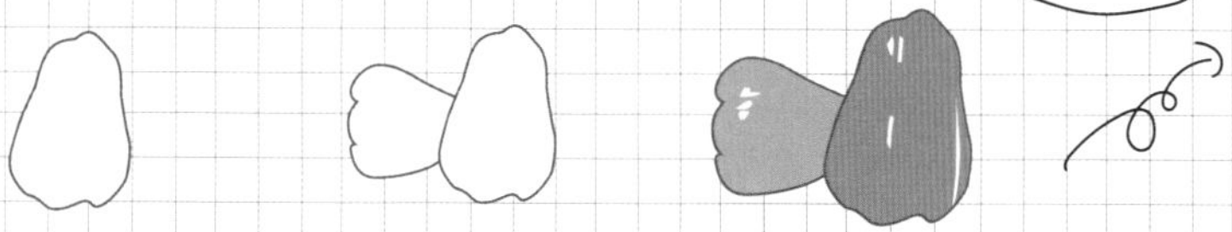

莲雾正确吃法：

首先清洗，莲雾底部比较容易藏有脏东西，要用水冲洗干净，再泡些盐水后再吃更好，吃的时候可以将果实底部的果脐切掉。

原产马来西亚及印度。中国广东、台湾及广西有栽培哦~

番荔枝，
也称释迦果。

食用方法：

纵向剖开后切片食用。亦可掰开，直接食用或以勺挖食，特别甜。

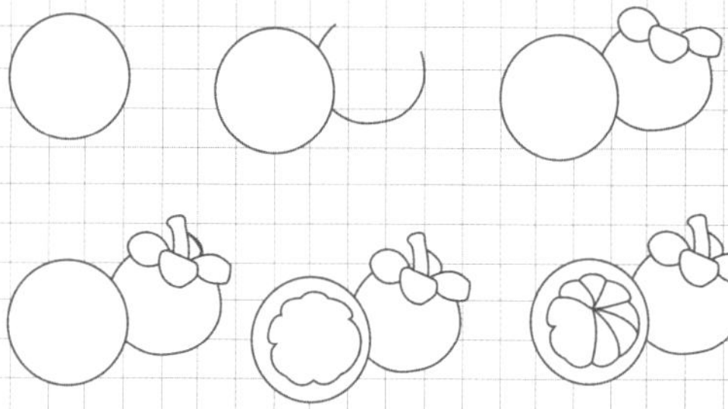

水果皇后，
山竹。

食用方法：

纵向剖开后切片食用。亦可掰开，直接食用或以勺挖食，特别甜。

芭乐。

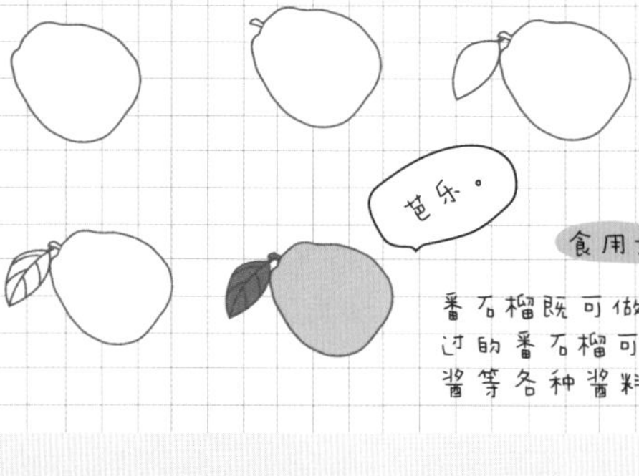

食用方法：

番石榴既可做新鲜水果生吃也可煮食，煮过的番石榴可以制作成果酱、果冻、酸辣酱等各种酱料。

水果篇 （常见的水果类）

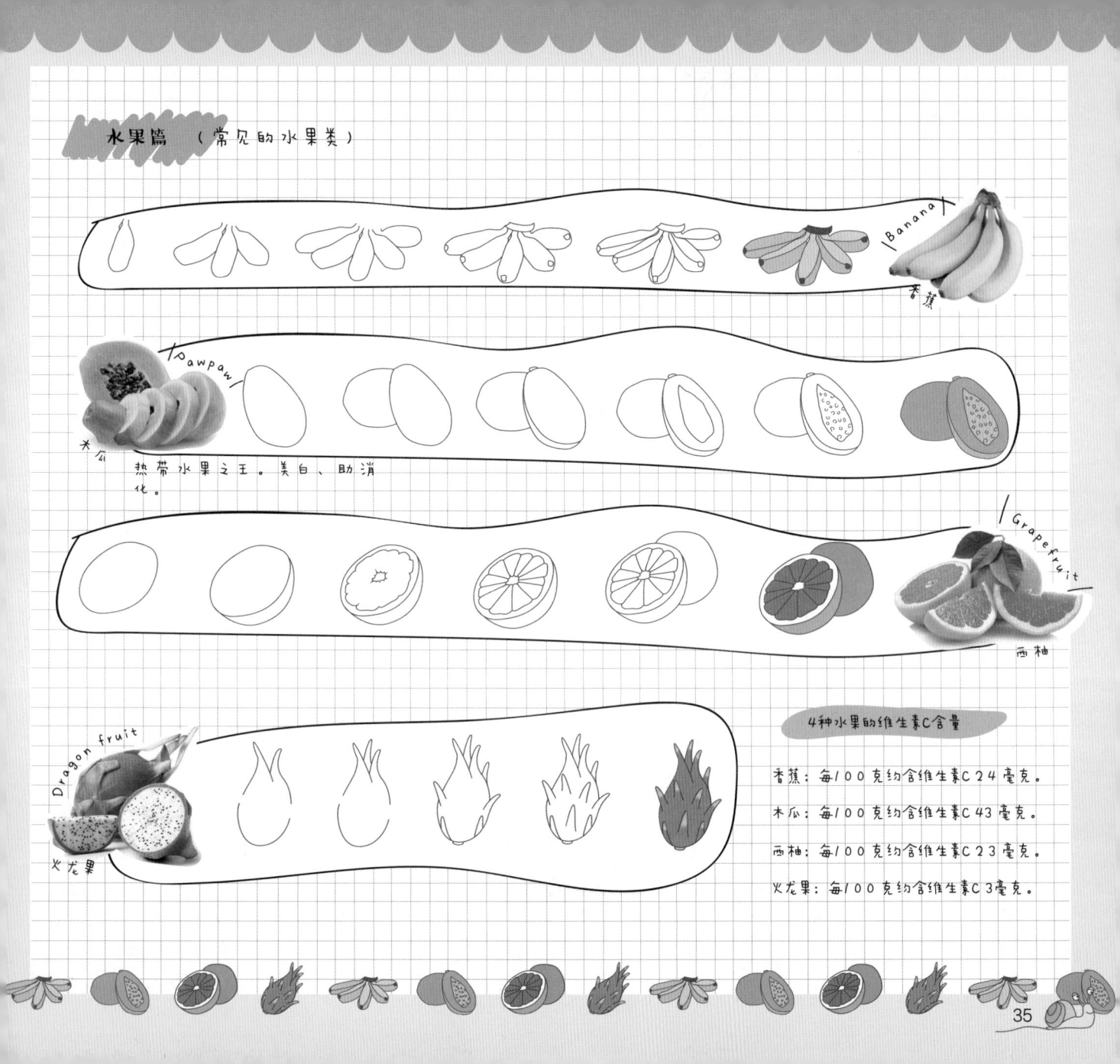

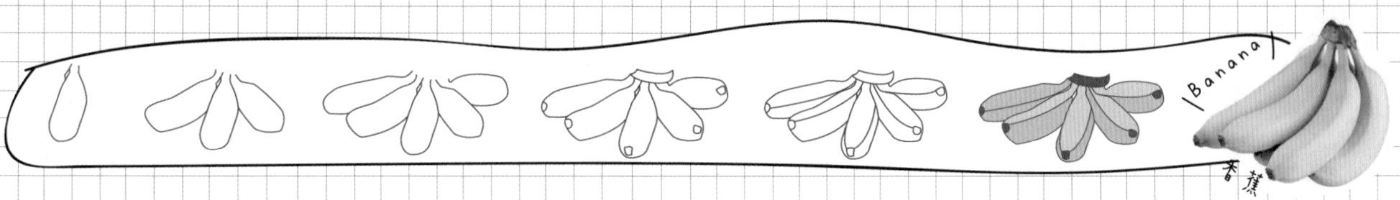

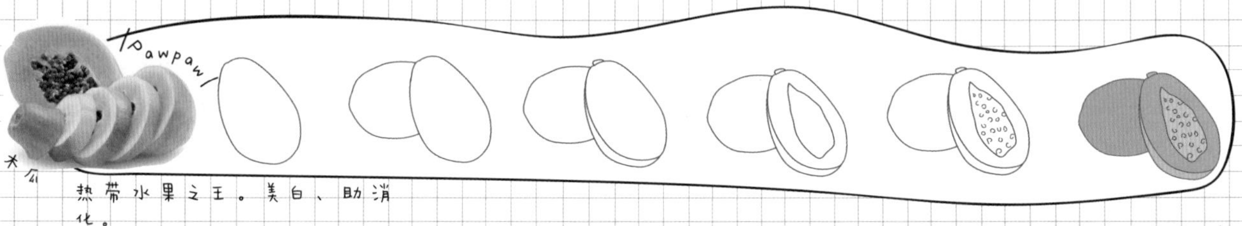

热带水果之王。美白、助消化。

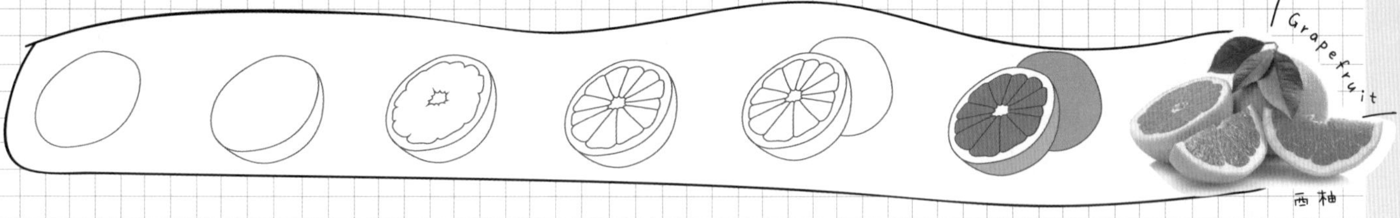

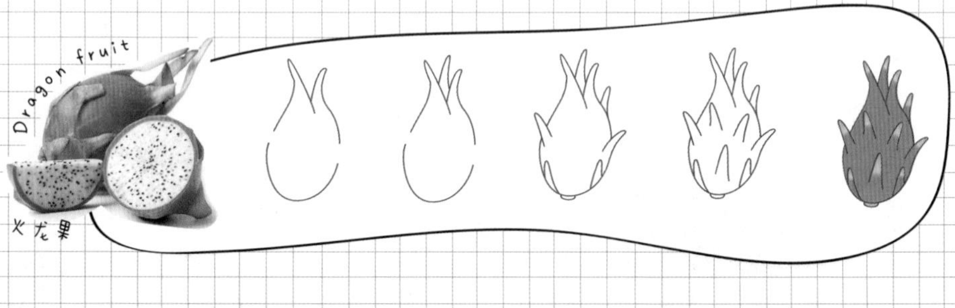

4种水果的维生素C含量

香蕉：每100克约含维生素C 24毫克。

木瓜：每100克约含维生素C 43毫克。

西柚：每100克约含维生素C 23毫克。

火龙果：每100克约含维生素C 3毫克。

美食篇

扫描延伸阅读

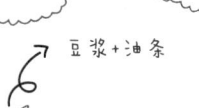

提示： 早餐一定要吃，豆浆+油条最配哦。

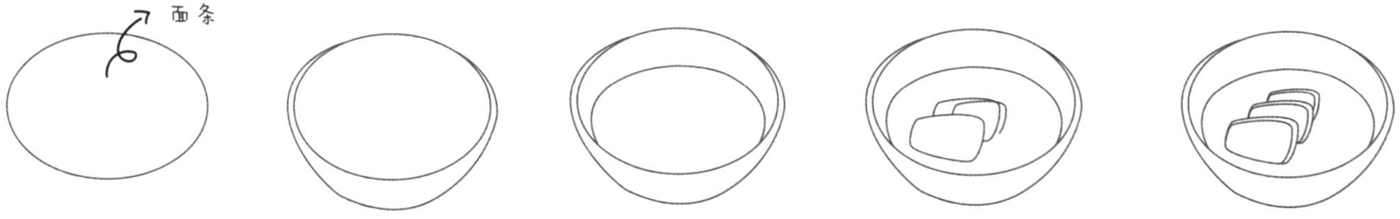

同学们是不是最讨厌画面条，在此，告诉大家如何快速绘制面条，几根曲线就可以绘制很形象的面条了。

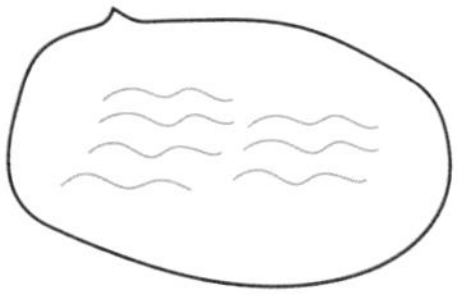

盖浇饭

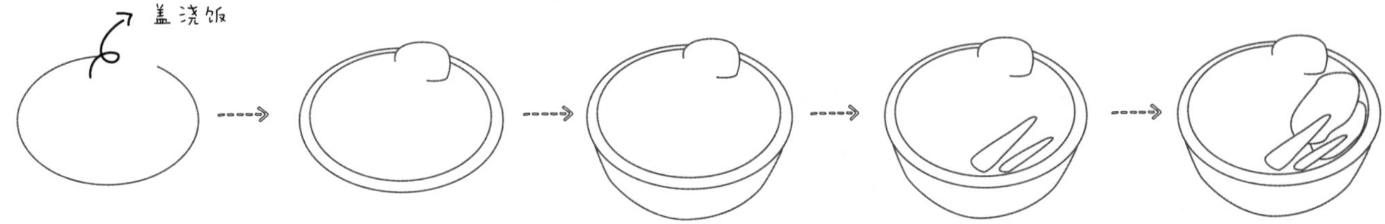

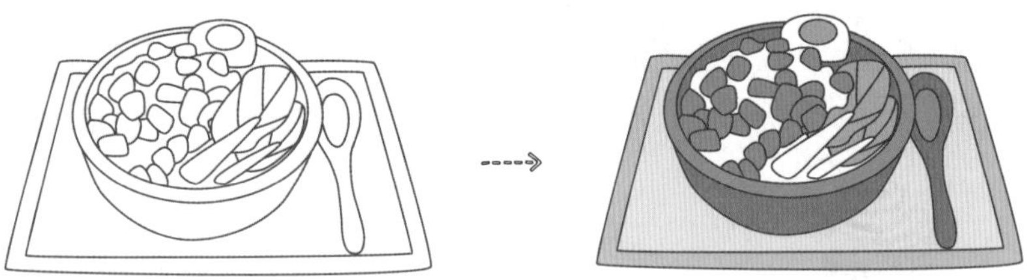

盖浇饭的来源

盖浇饭是一种古老的汉族小吃。属于西北甘肃地区叫法，东北叫烩饭，广东叫碟头饭，还有的地方只是叫咖喱土豆饭，咖喱鸡饭，麻婆豆腐饭，以此类推这样子，菜浇在饭上，由此称作盖浇饭。

鸡肉块

榴莲酥

泰国人病后、妇女产后均以榴莲补养身子。

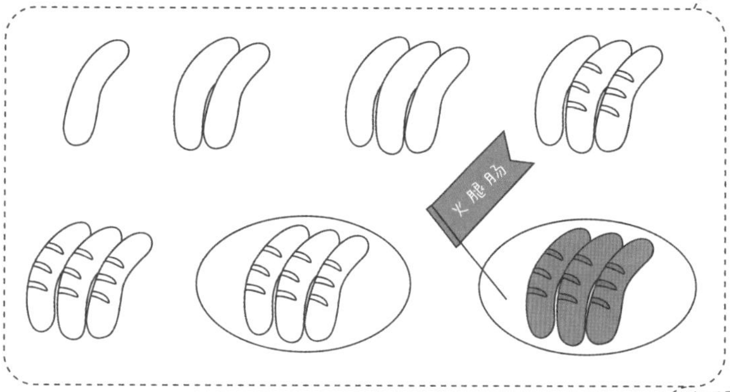
火腿肠

冰淇淋

冰淇淋

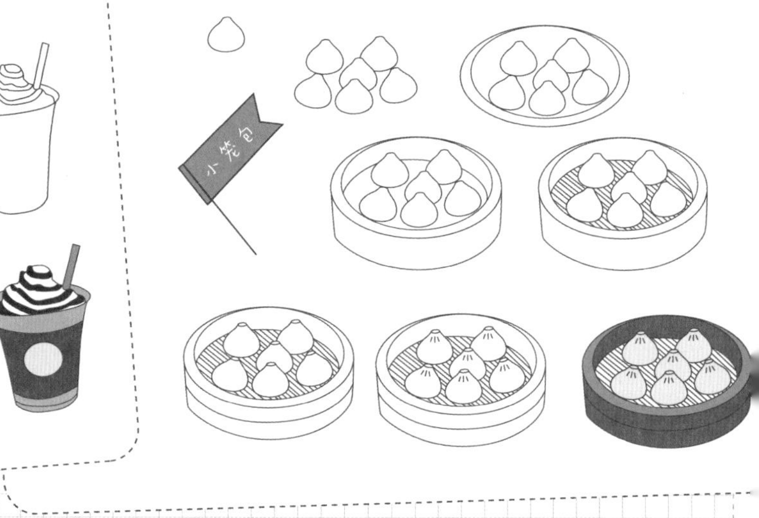
小笼包

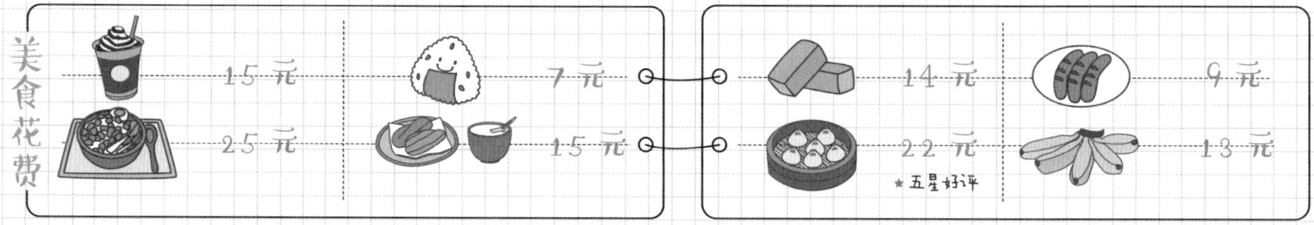
美食花费
15元
7元
25元
15元
14元
9元
22元
★五星好评
13元

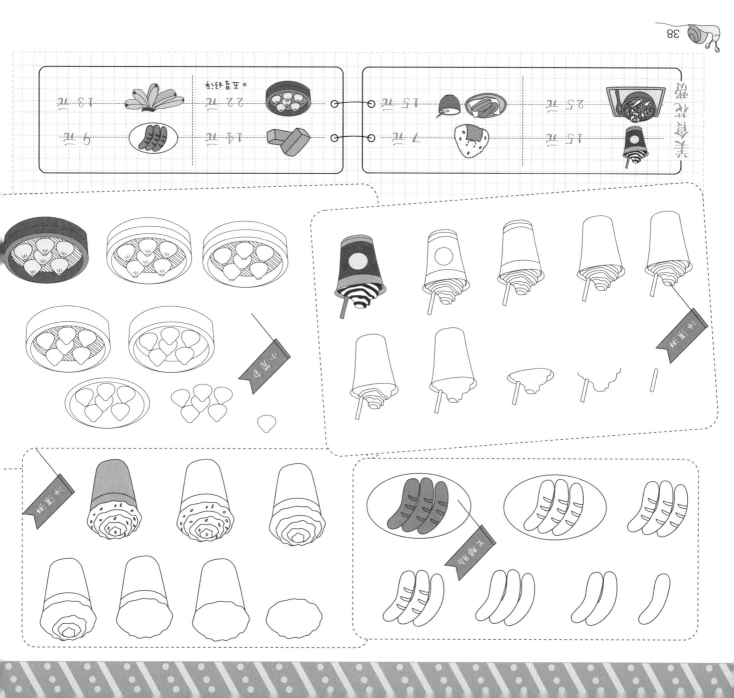

PART 4 再逛好玩的

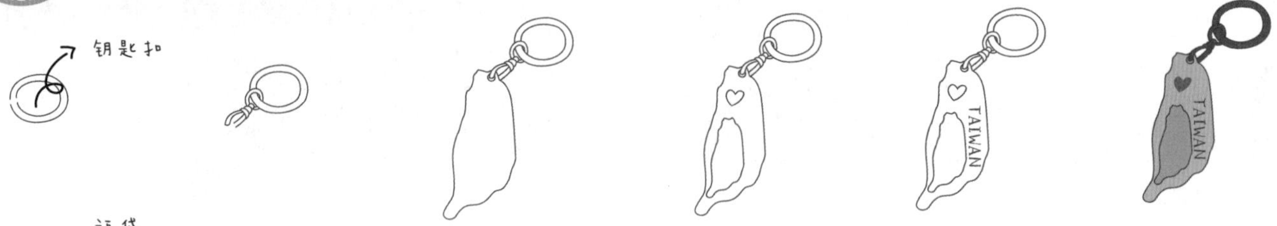

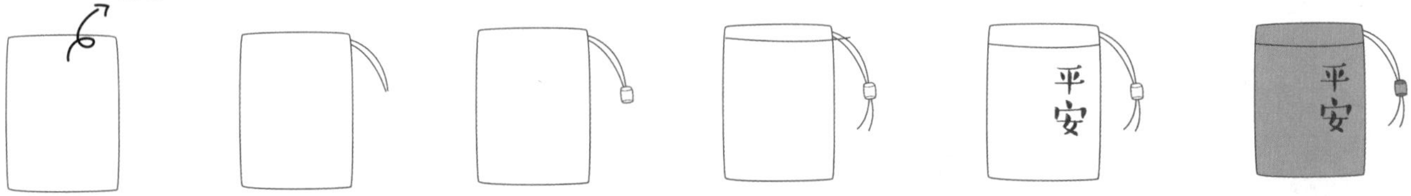

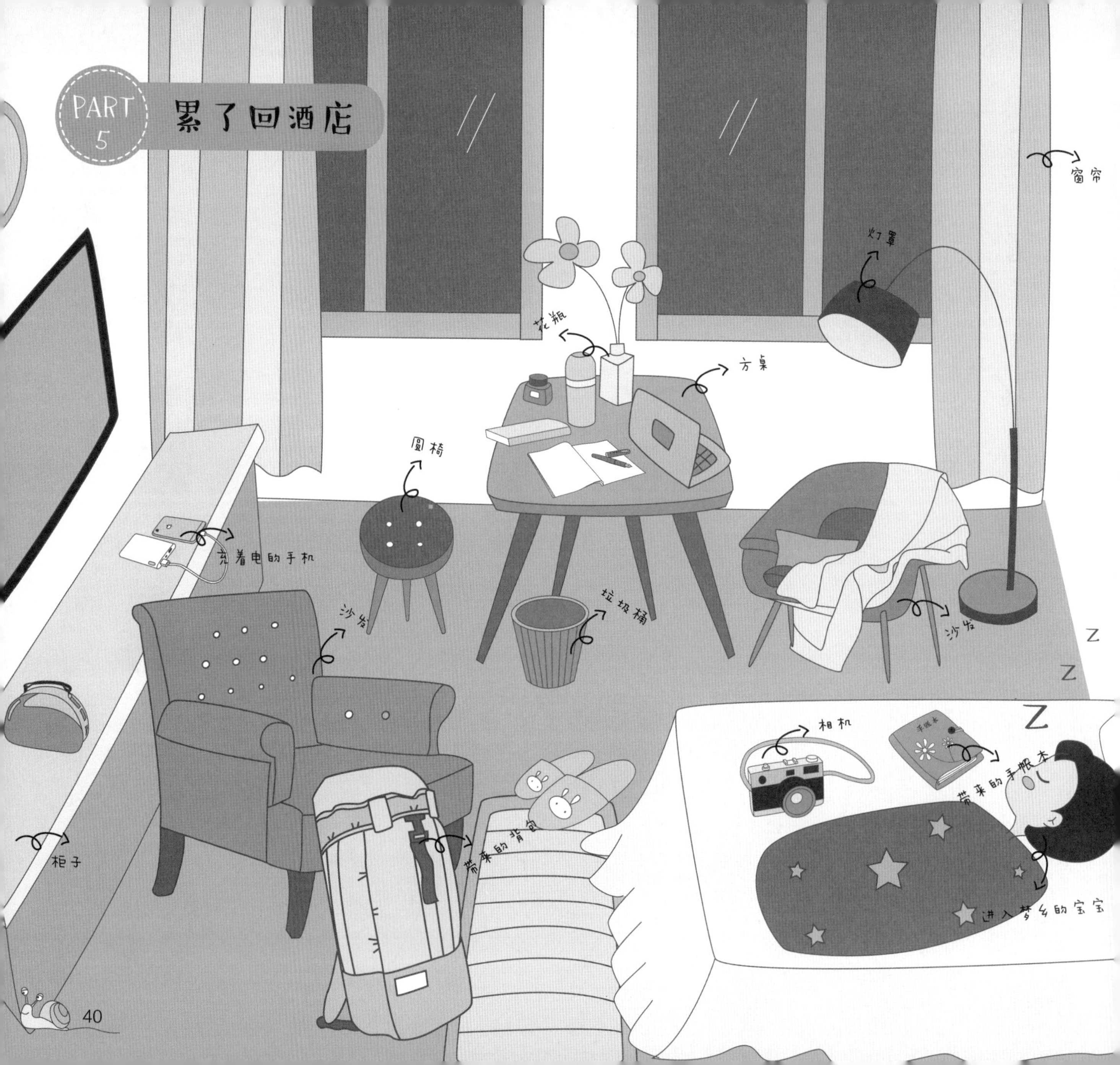
PART 5
累了回酒店
窗帘
灯罩
花瓶
方桌
圆椅
充着电的手机
沙发
垃圾桶
沙发
Z
Z
Z
相机
带来的手帐本
带来的背包
柜子
进入梦乡的宝宝

方桌

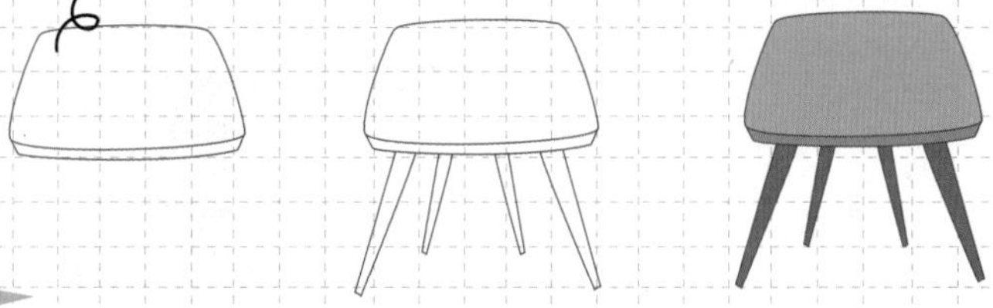

圆椅

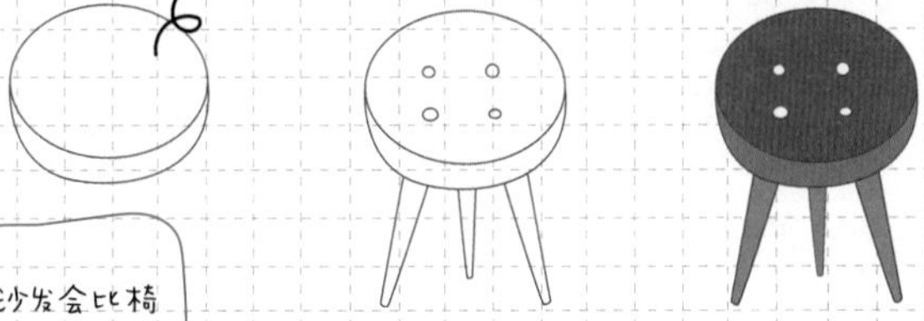

沙发

沙发会比椅子的画法复杂一些。

落地灯

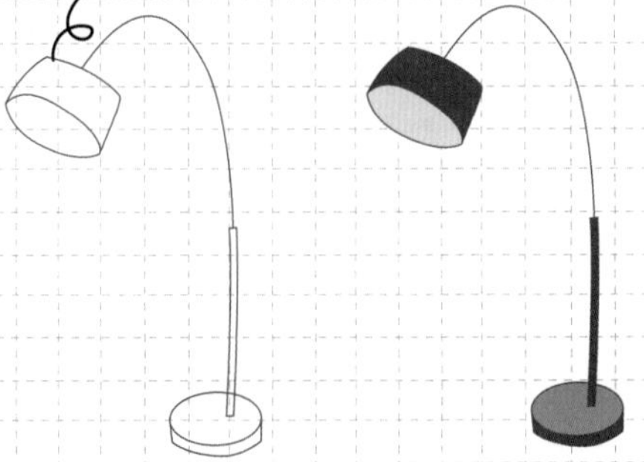

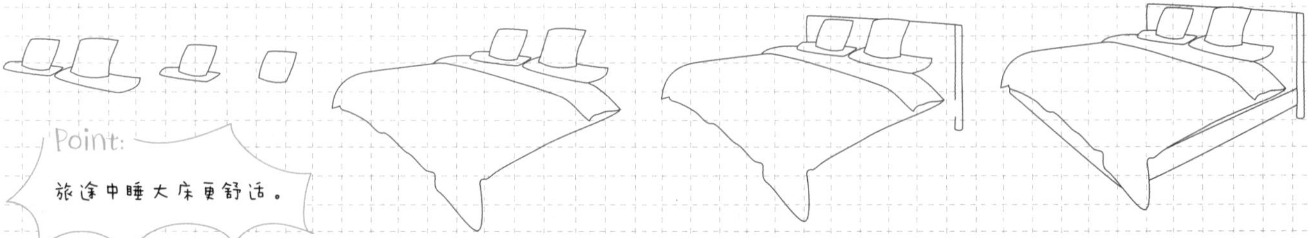

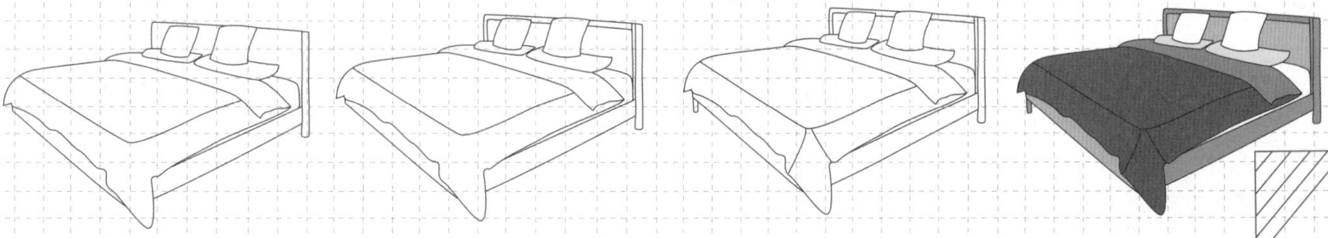

Point:

旅途中睡大床更舒适。

双人床

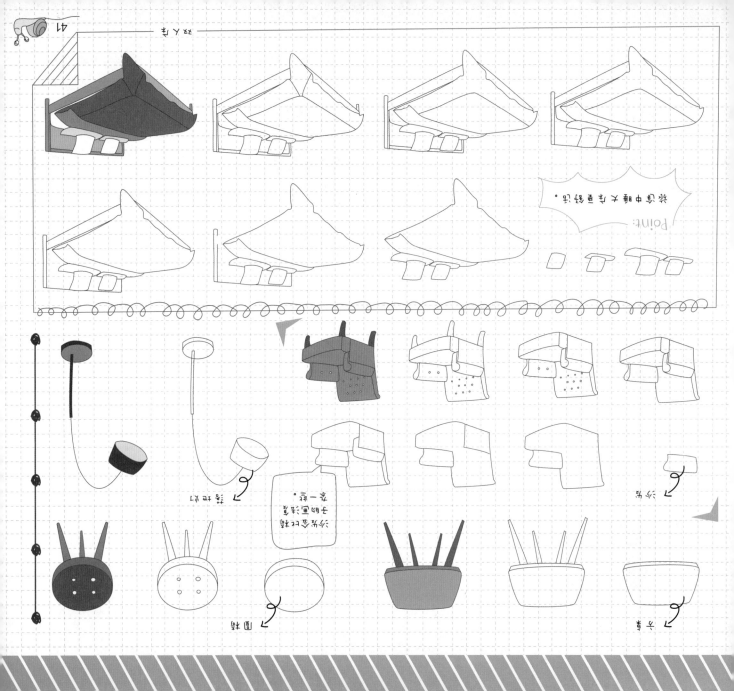

电视机+柜子

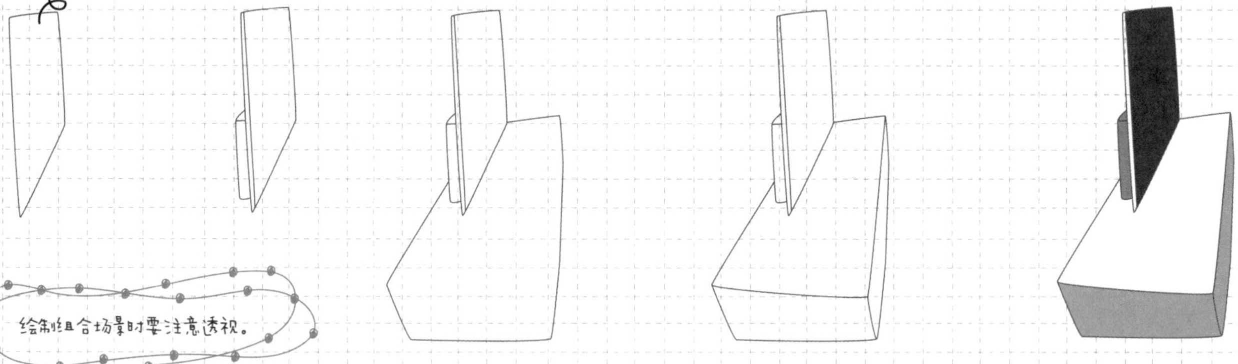

绘制组合场景时要注意透视。

毛垫

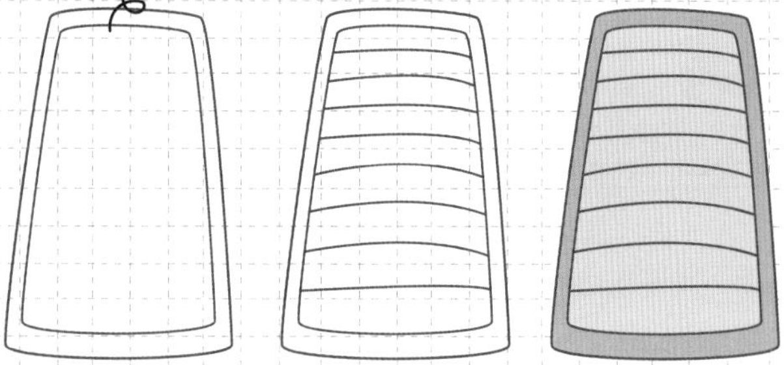

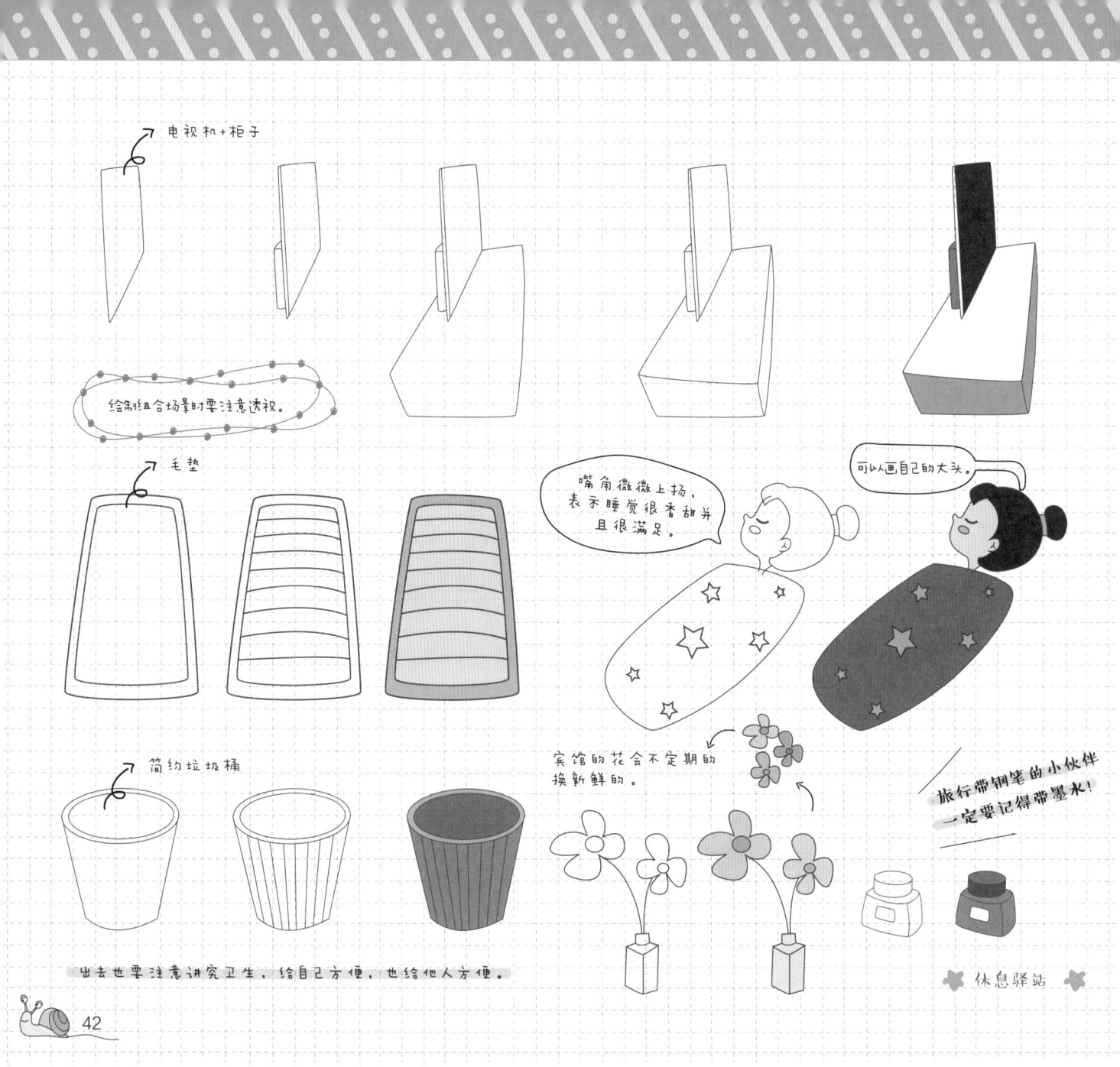

嘴角微微上扬，表示睡觉很香甜并且很满足。

可以画自己的大头。

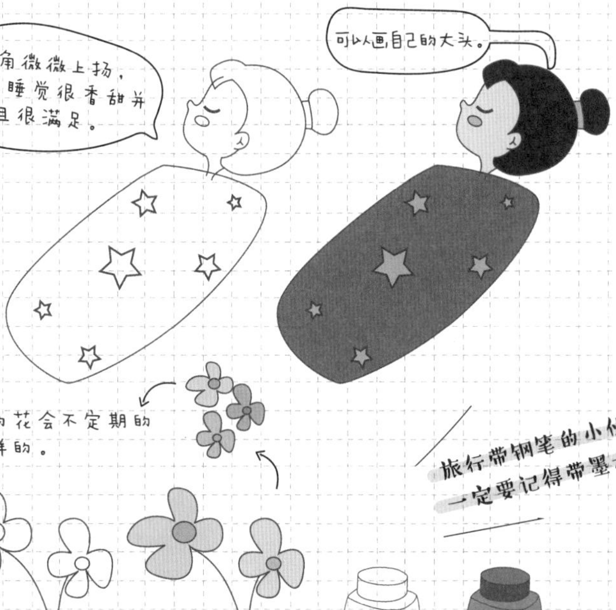

简约垃圾桶

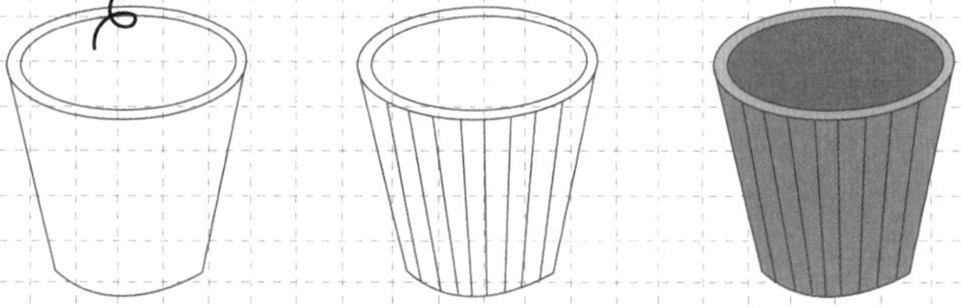

宾馆的花会不定期的换新鲜的。

旅行带钢笔的小伙伴一定要记得带墨水！

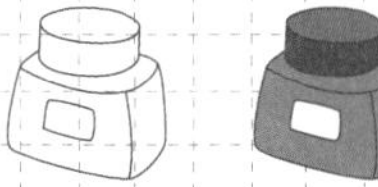

出去也要注意讲究卫生，给自己方便，也给他人方便。

PART 6 第2天、第3天……继续

扫描延伸阅读

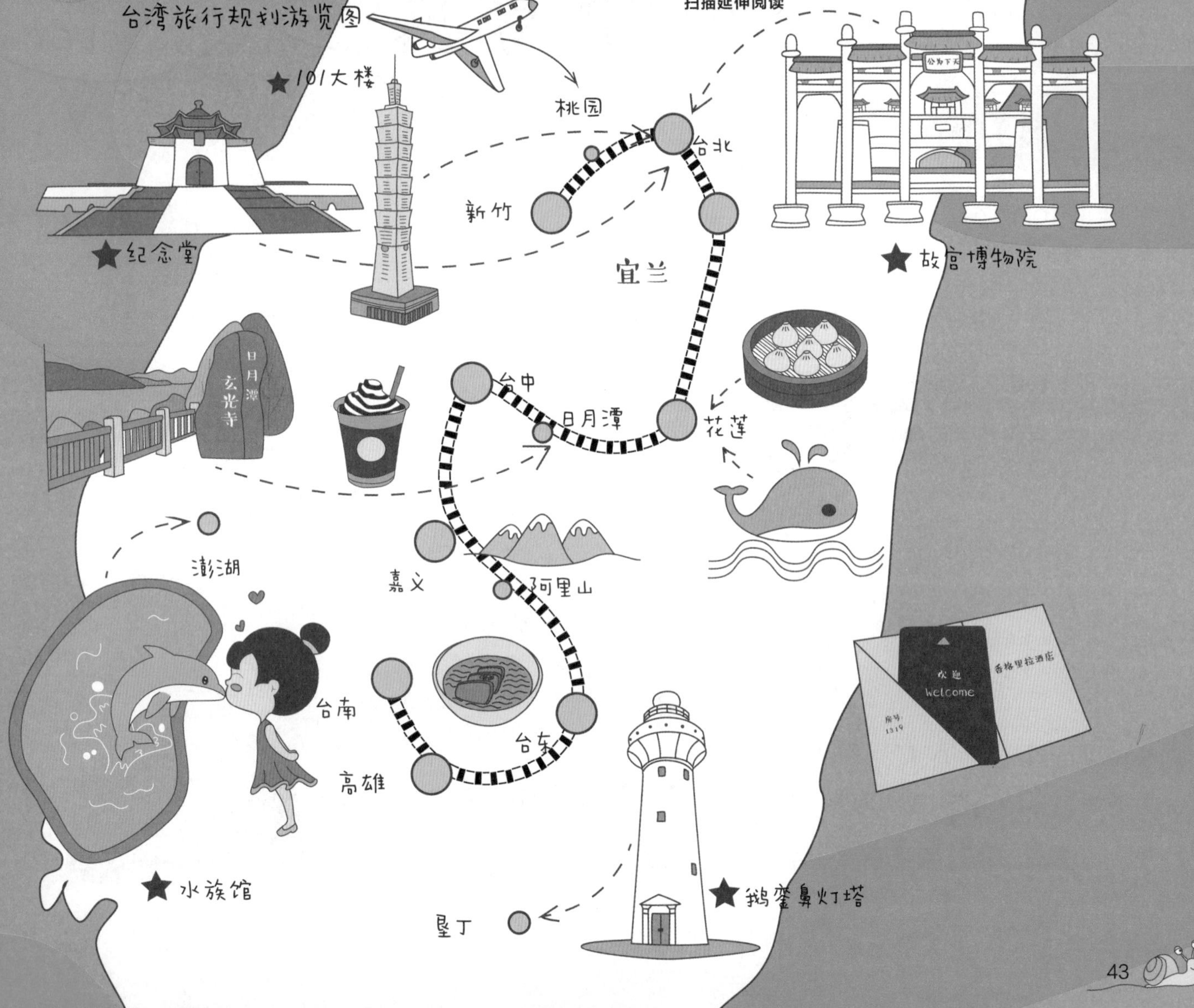

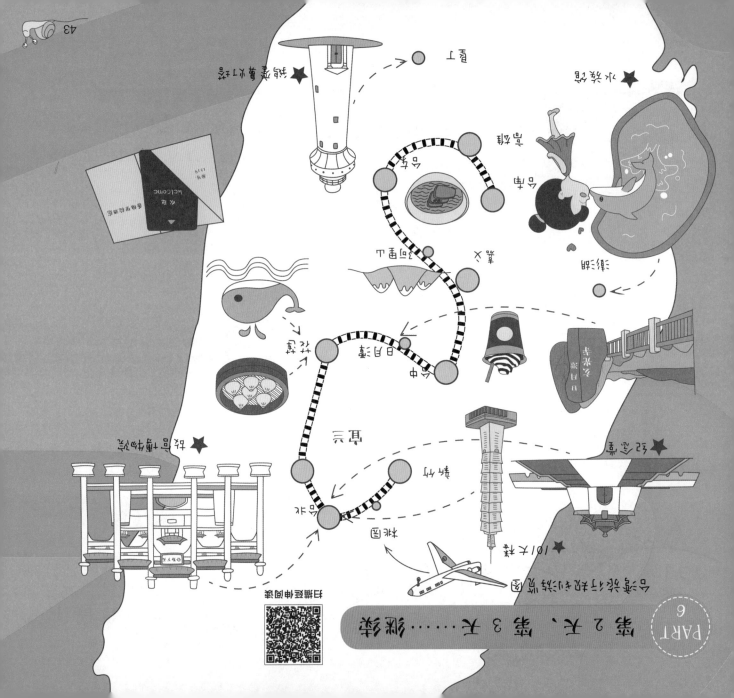

跟着自己的计划开启旅途

18/10/01
October
十一国庆
Monday
01 周一
晴
到地点咯！
来一场说走就走的旅行，去外面看看！
提示：刚刚到达休息的地方不要开始着急去计划的地方应该稍作休息使用手机搜索一下周边好玩的地方先适当了解一下。
Tuesday
02 周二
今天太阳超级大！
记得带伞（太阳伞）
将最近的两个景点逛完
出发！
纪念堂
故宫博物院
提示：晚上重新找个酒店住下。
Wednesday
03 周三
天气非常爽朗，有微风。
绕着湖边走可以看看风景。
玄光寺
日月潭
海外别一洞天之称
台湾最大的天然淡水湖
阿里山
提示：阿里山的日出、云海、晚霞、森林与高山铁路合称阿里山五奇。
04、05、06
去看看台湾的其它地方。
……最后一天
去大商场SHOPPING
买纪念品带回去~
购买回去路上的粮食

纪念堂

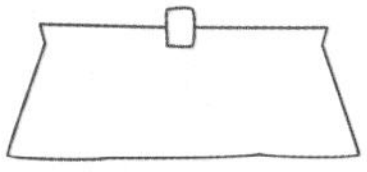
先绘制墙体。

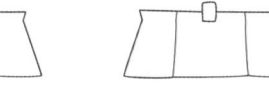

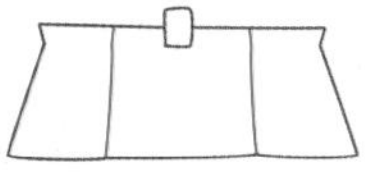
绘制墙体的竖向线条。

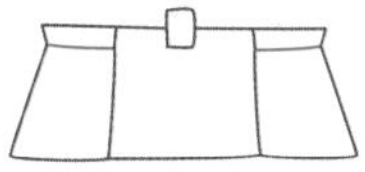
绘制墙体的横向线条。

绘制第二层与第三层八角堂顶外轮廓。

绘制堂顶简缩结构及纪念楼的门。

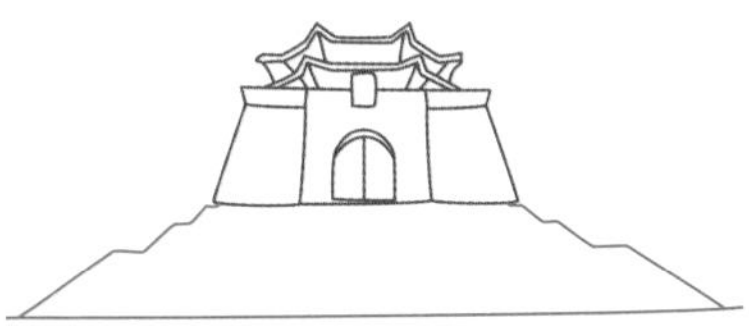
绘制纪念楼两侧瞻仰大道的轮廓。

绘制纪念楼两侧建筑。

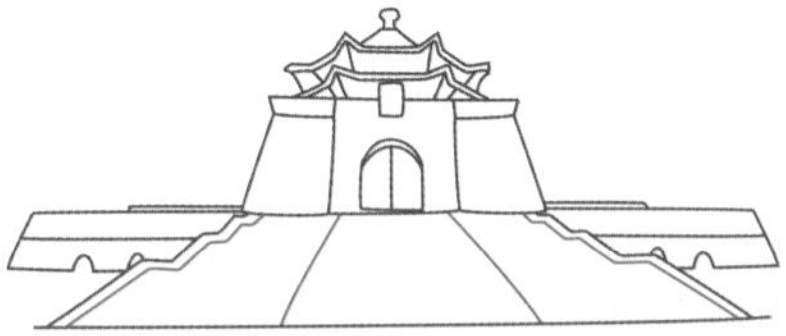
绘制两侧瞻仰大道的细节。

绘制楼梯的细节。

最后为门增加两个把手。

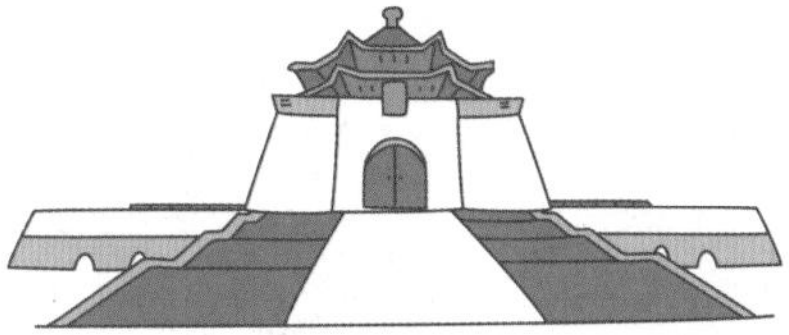
完成上色。

景点介绍：

纪念堂由高耸的纪念楼为中心，包围着蓊郁茂密、迎风摇曳而色彩缤纷的树木花圃与池塘小桥，环境清幽而宁静，纪念楼则肃穆而庄严。

纪念堂以中国庭园造景为主要设计形式，加廊窗棱古典而幽雅，整体建筑则以蓝、白二色搭配相和，有着自由、平等的寓意。宝顶为八角形代表"忠、孝、仁、爱、信、义、和、平"等八德聚于宝顶，上与天接，以寓"天人合一"之思想。

纪念堂（实景照）

101 大楼

先绘大楼楼顶。

开始绘制节式外观。

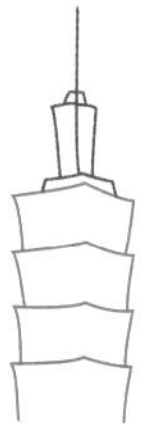

象征着生生不息的寓意。

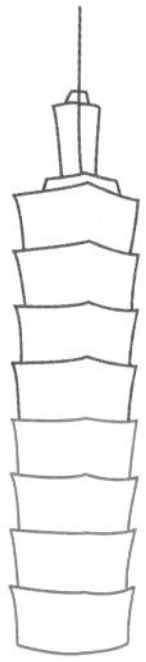

节式外观，以高科技巨型结构确保防灾防风的显著效益。

绘制大楼的八层轮廓。

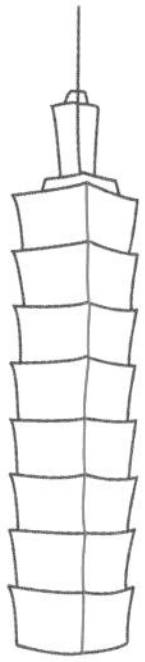

绘制大楼立体感。

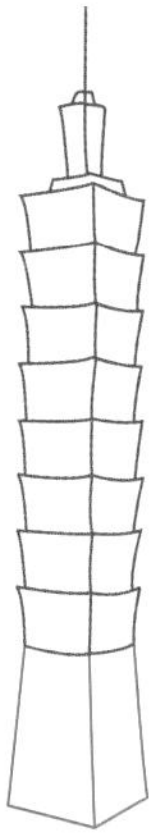

继续绘制大楼。

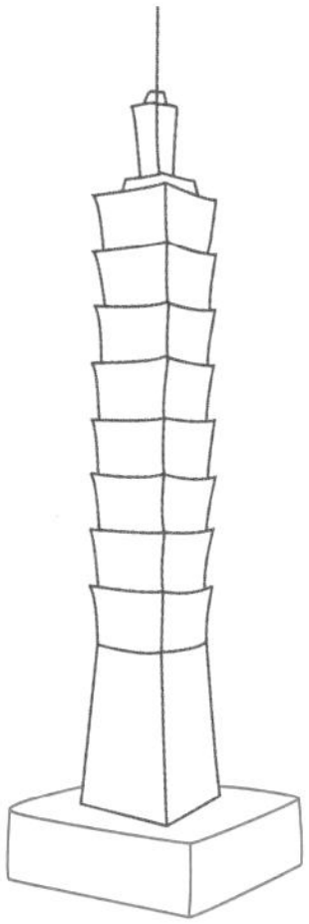

绘制大楼最底部。

提示： 每八层形成一组自主构成的空间，自然化解高层建筑引起的气流对地面造成的风场效应，透过建筑设计绿化植栽区的区隔，确保行人的安全与舒适性。

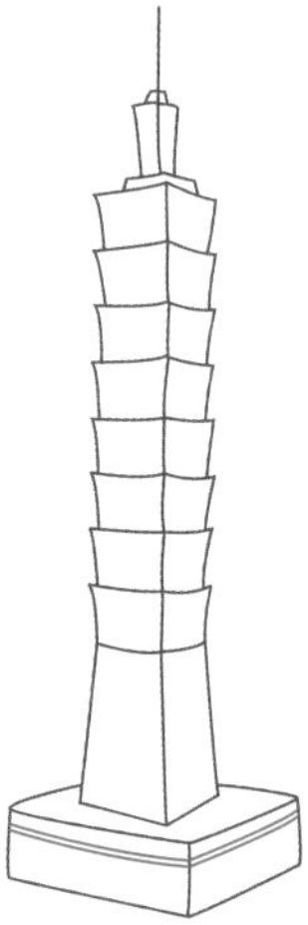

绘制最底部的分层。

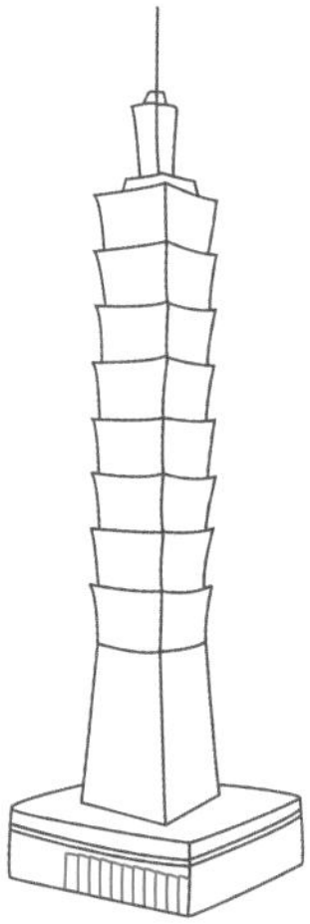

先绘底部细节。

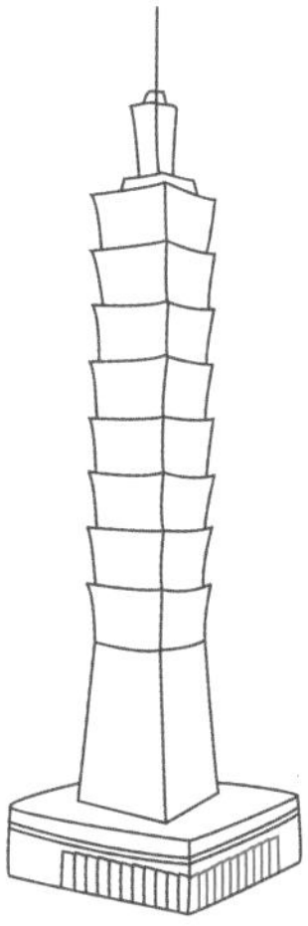

继续绘制细节。

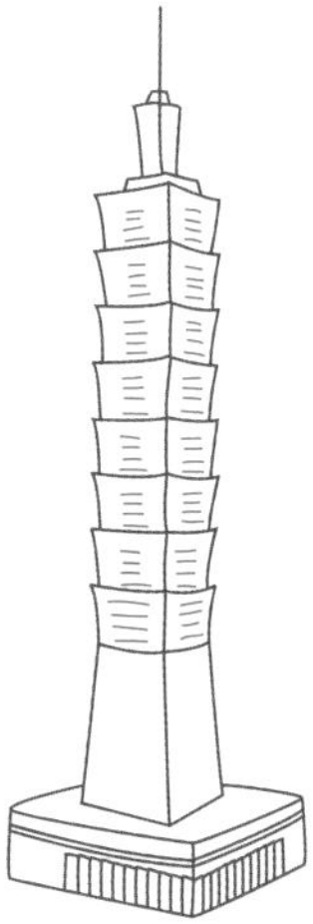

绘制上面8层楼的细节。

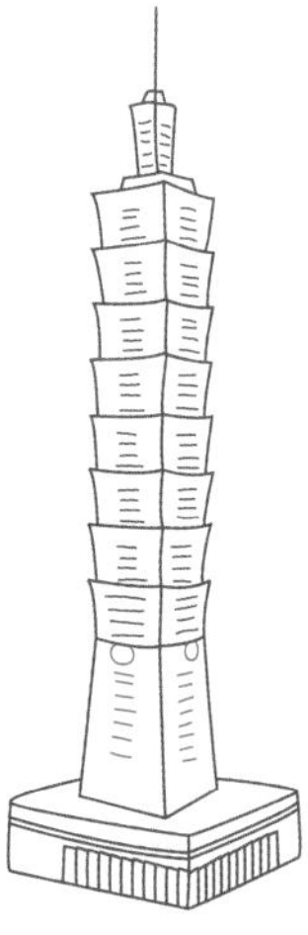

继续绘制底部楼层细节。

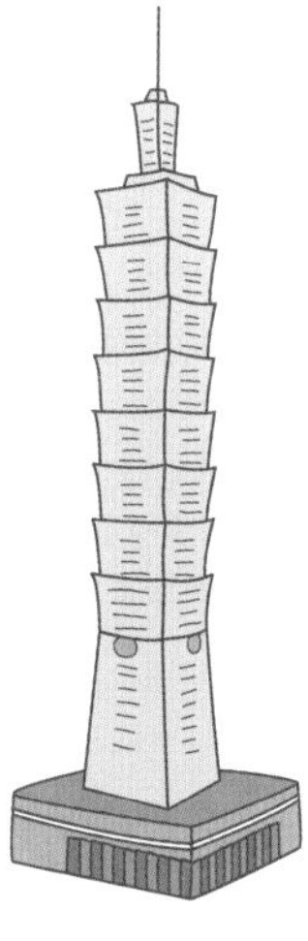

完成上色。

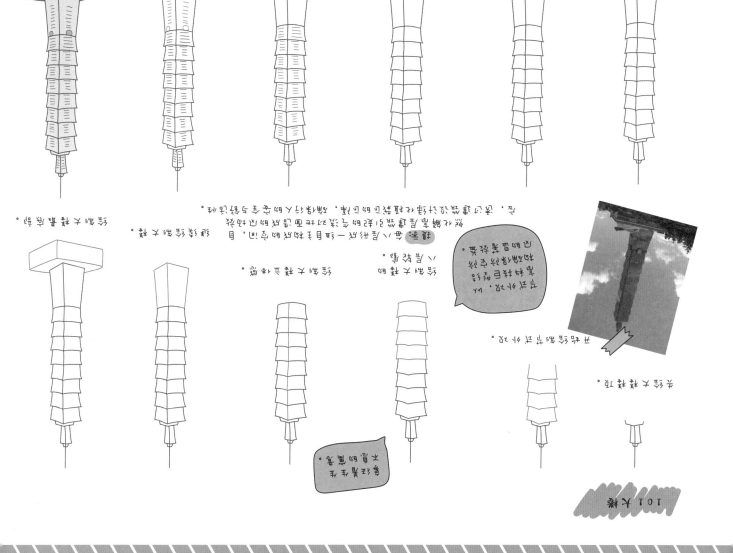

故宫博物院

绘制六根石柱所组成牌坊的一部分。

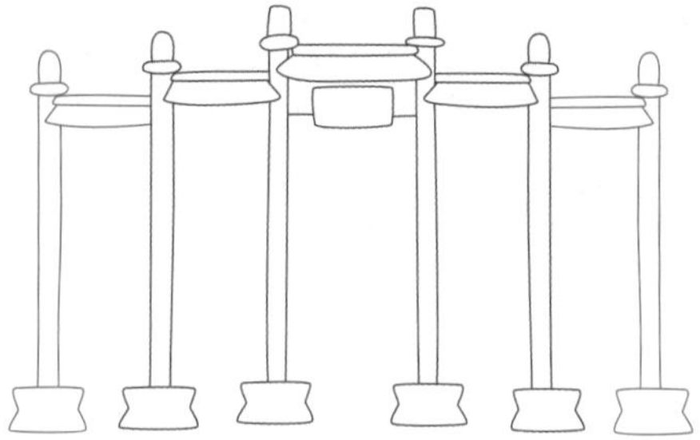

完成牌坊的绘制。

绘制牌坊上的拱形。

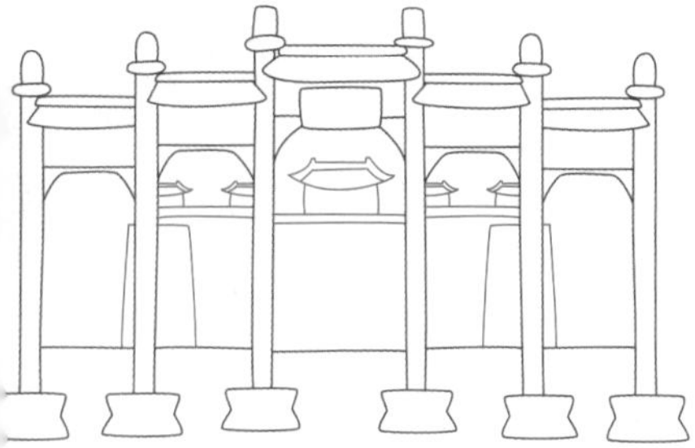

绘制后面故宫博物院的轮廓。

绘制博物院的门及牌匾。

绘制博物院的细节。

绘制牌坊下方石柱的细节。

简单绘制瓦的纹路。

完成上色。

鹅銮鼻灯塔

提示：鹅銮鼻灯塔(东经120°50′、北纬21°53′59″)，是台湾拥有百余年历史的灯塔，位于垦丁国家公园内，为著名历史建筑，灯塔所在地设有鹅銮鼻公园，一度被认为是台湾最南端的标志，后被台湾最南点地标所取代。

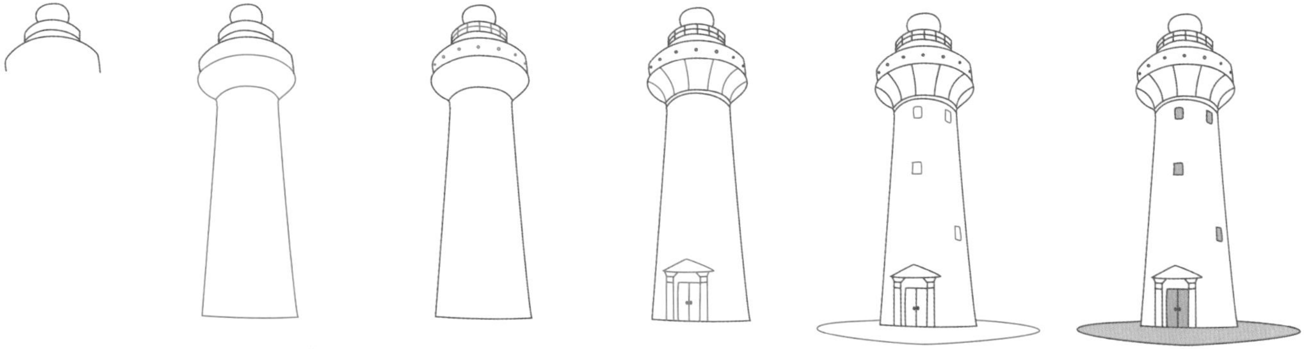

日月潭

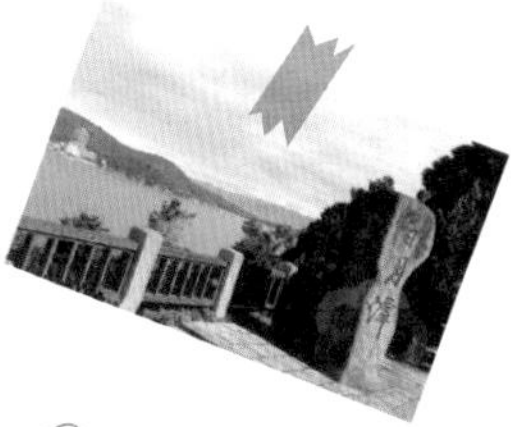

提示：日月潭入选世界纪录协会"台湾最大的天然淡水湖"，在清朝时即被选为台湾八大景之一。

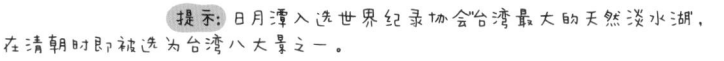

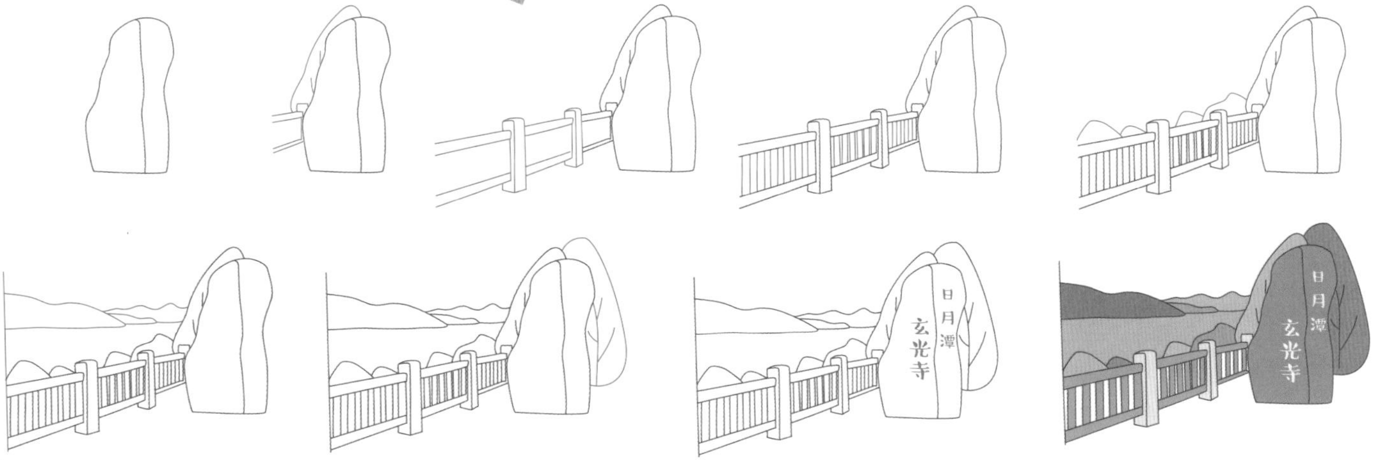

水族馆

先绘制头部轮廓。

绘制发型及绑带。

绘制五官。

绘制裙子前部轮廓。

绘制手臂。

绘制裙子后侧。

绘制裙摆线条。

绘制腿部。

绘制爱心点缀。

完成上色。

台湾澎湖水族馆位于澎湖县白沙乡，占地约二点五公顷，是一座寓教于乐、功能完善的水族馆。它不但拥有种类丰富的海洋生物，还建有一座精心设计、圆弧透明的水底隧道。

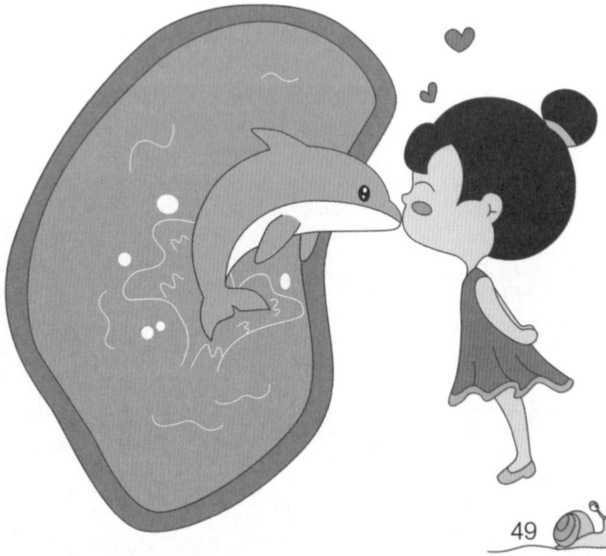

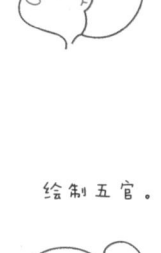

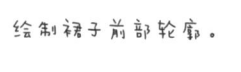

成品西门店

方法 大商场的外侧细节（窗户、招贴等），只需要有直线和曲线绘制就行。

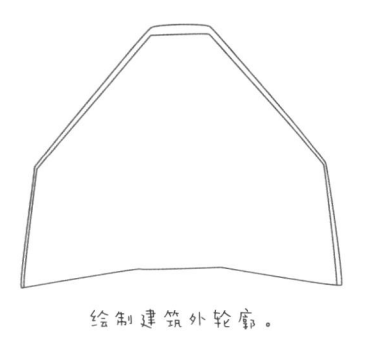

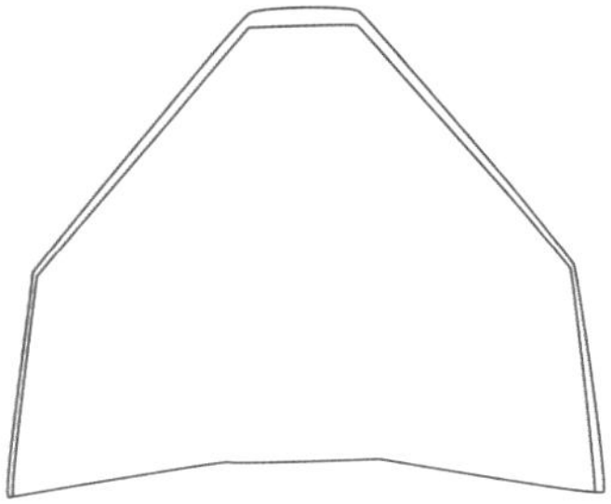

绘制建筑外轮廓。

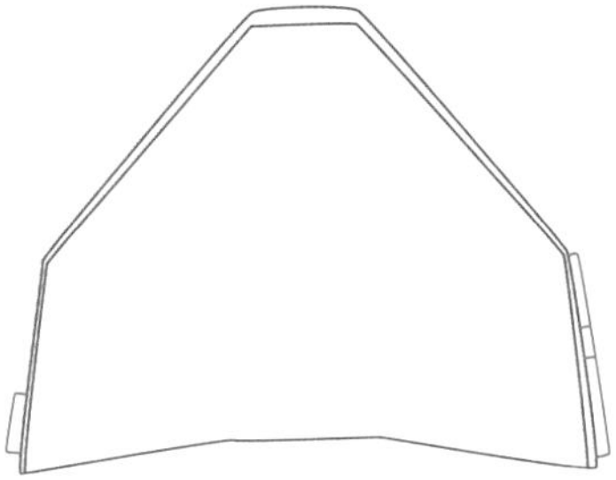

绘制建筑外侧灯箱。

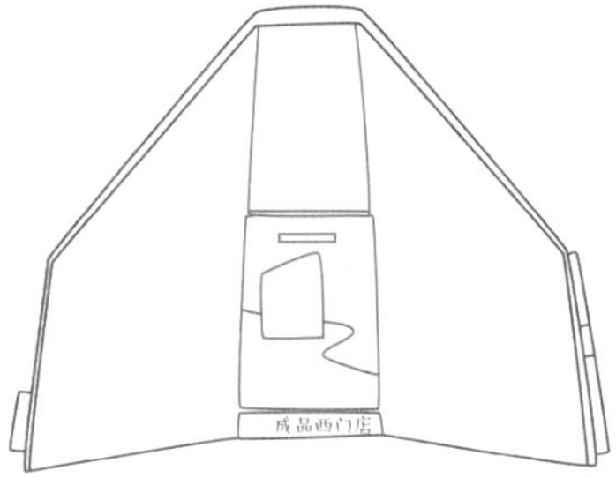

绘制建筑外招贴。

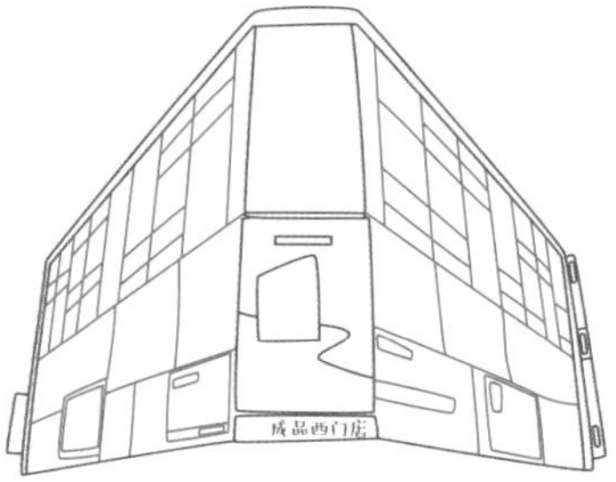

绘制建筑外窗户及建筑特征。

绘制一楼轮廓。

绘制一楼窗户及入口。

绘制入口大门。

增加一些小的细节。

完成上色。

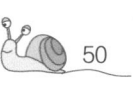

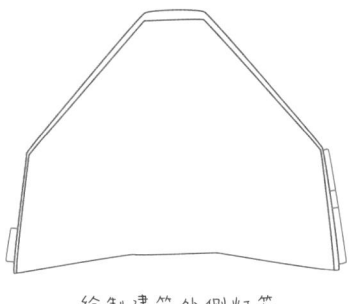

第4课

国外美食工艺品！

在国外也有很多好玩的、好吃的，比如新鲜的水果，让人垂涎欲滴的甜品糕点，包含营养的特色餐饮，美味诱人的快餐食品以及颜值超高的工艺制品，让人目不暇接，下面将教你们如何绘制这些可爱的物件。

PART 1 外国美食

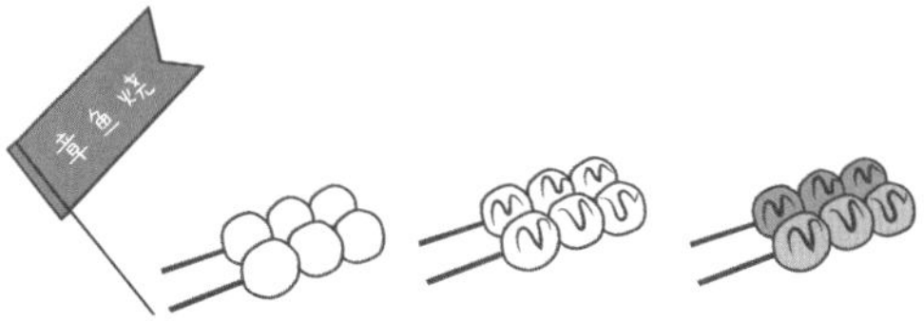

提示：又名章鱼小丸子，在日本已有70多年的历史，是日本民间一种流传很久的风味小吃，据说章鱼烧最早出于大阪的章鱼烧丸专营店会津屋的创始人远藤留吉之手。

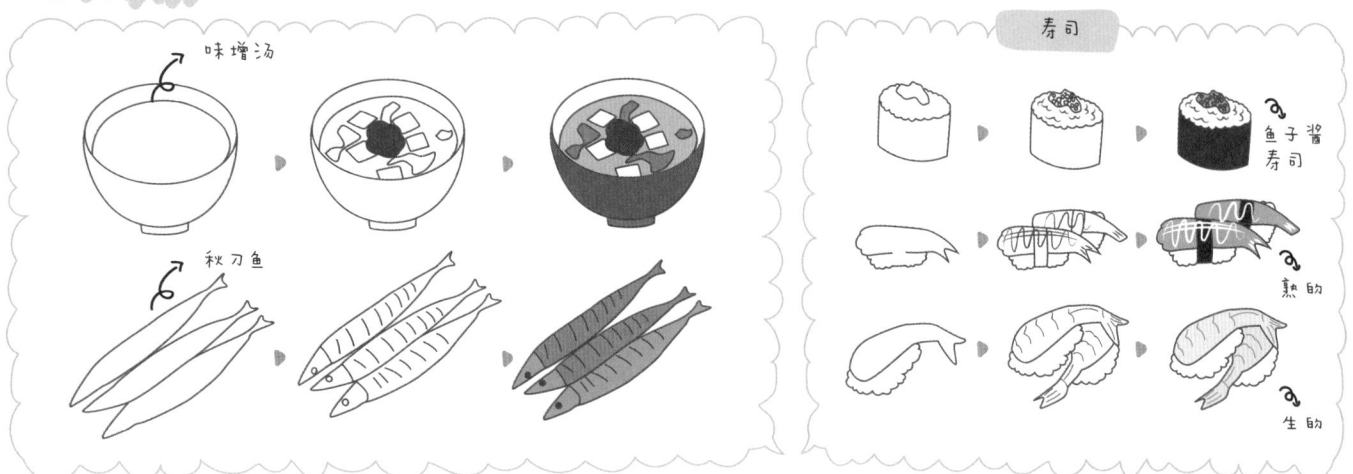

日本美食

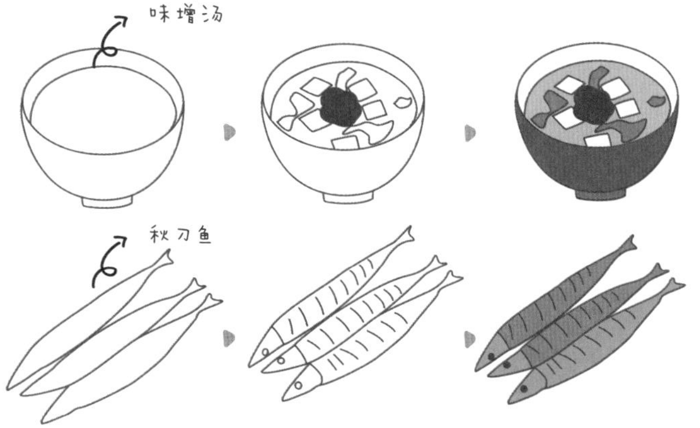

寿司

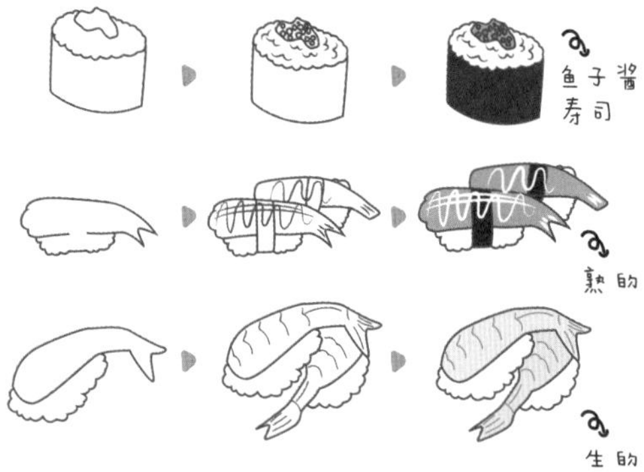

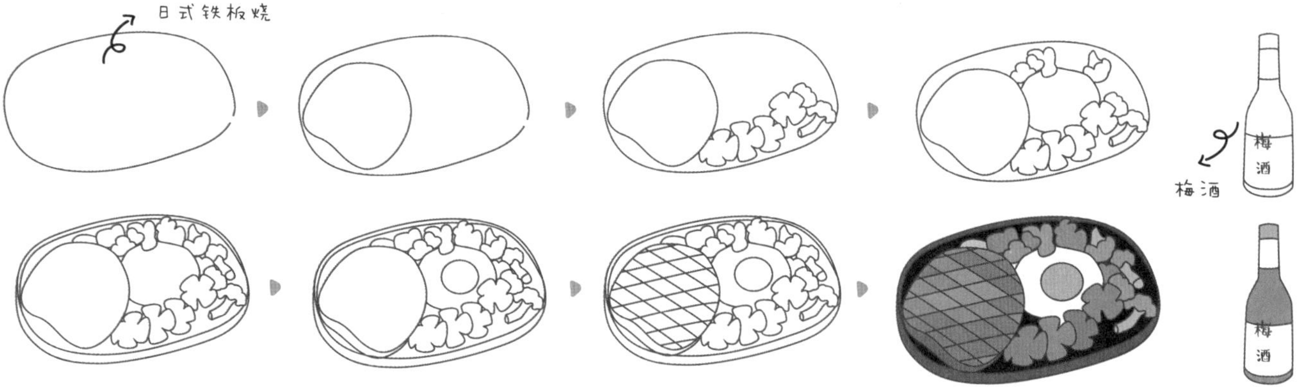

西方快餐

汉堡

披萨

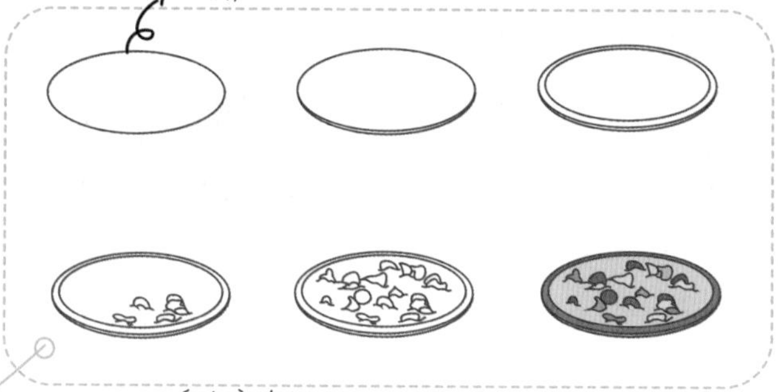

炸鸡腿

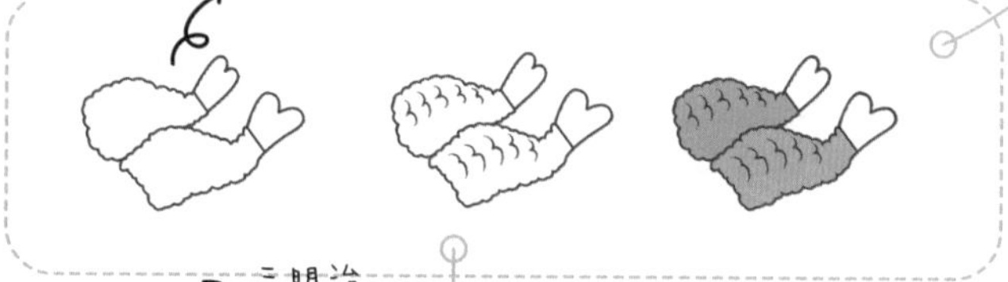

奥尔良鸡翅

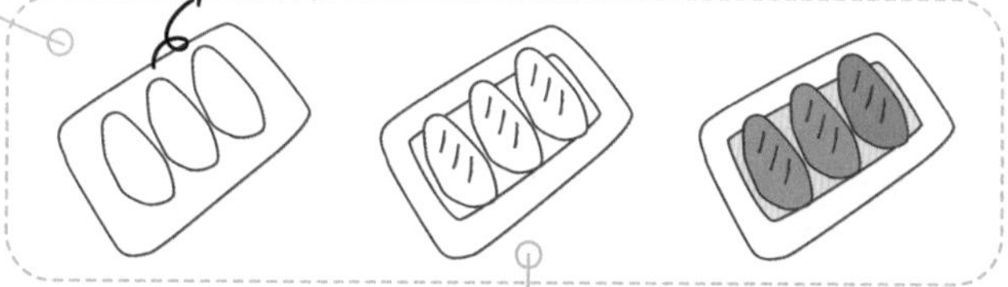

三明治

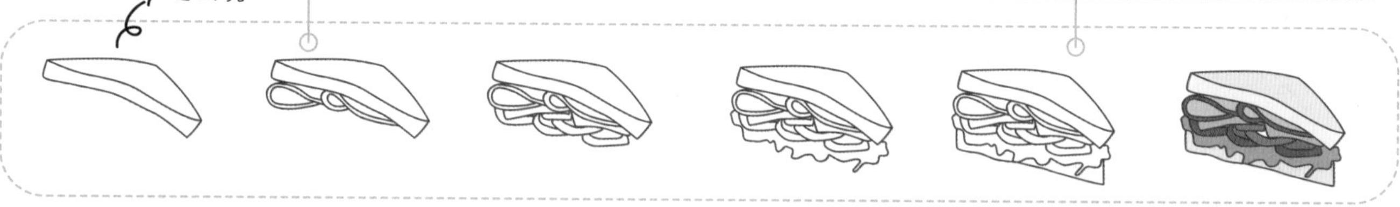

好喝的

提示： 啤酒的起源与谷物的起源密切相关。人类使用谷物制造酒类饮料已有8000多年的历史。已知最古老的酒类文献，是公元前6000年左右巴比伦人用黏土板雕刻的献祭用啤酒制作法。

啤酒

咖啡

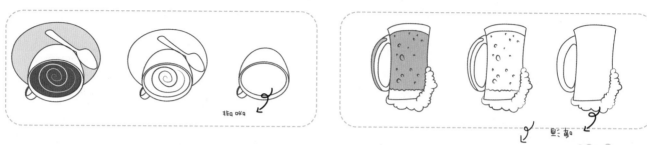

甜品糕点

马卡龙

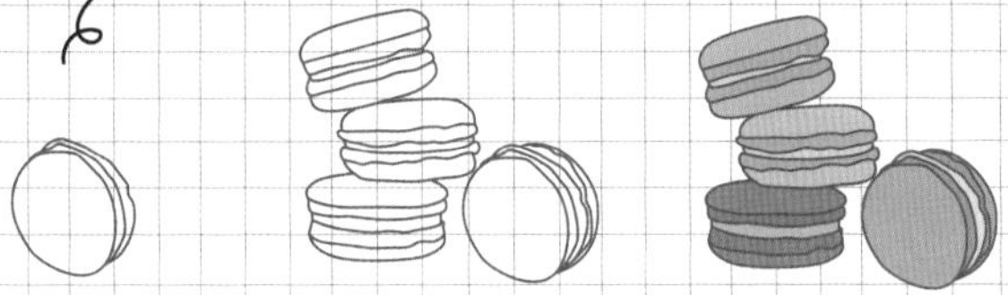

巧克力蛋糕

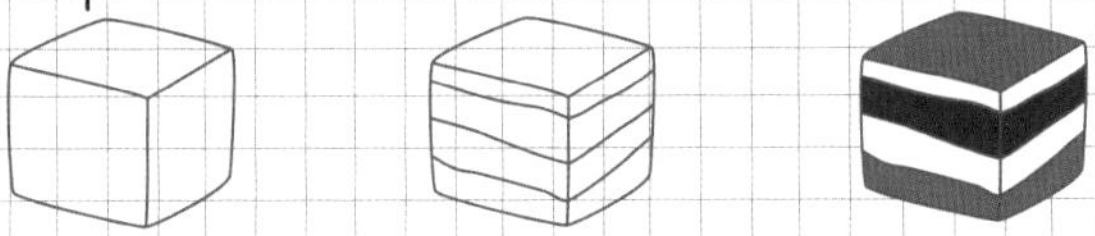

甜甜圈

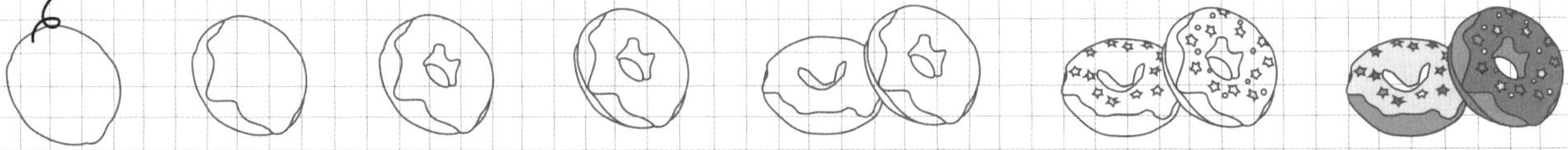

面包

抹茶冰淇淋

布丁

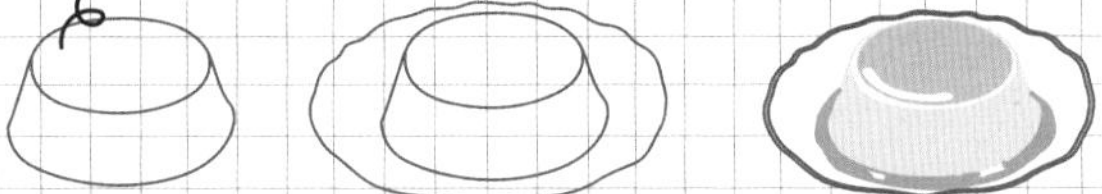

送给贪吃女孩的小贴士

每100公克含热量将近300仟卡

一薄片的起司（25公克75仟卡）

相当於一杯（240cc）全脂牛奶的營養。

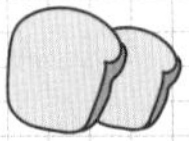

什么甜品糕点热量最少？

第一类：蛋糕、西点一想到提拉米苏和刚出炉的草莓蛋糕，总会让人垂涎三尺，可惜这种人间美味对身材可是极大考验，据说3个cheese蛋糕就可提供身材瘦小的人一天的热量呢。

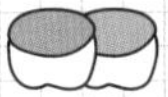

第二类：果冻、中式及日式点心果冻和日式甜点算是热量比较低的点心，脂肪含量相对也比较低，虽然有的比较甜，但是油脂含量也不太高，可以比较放心地吃。而中式点心一般热量较高，最好少吃。

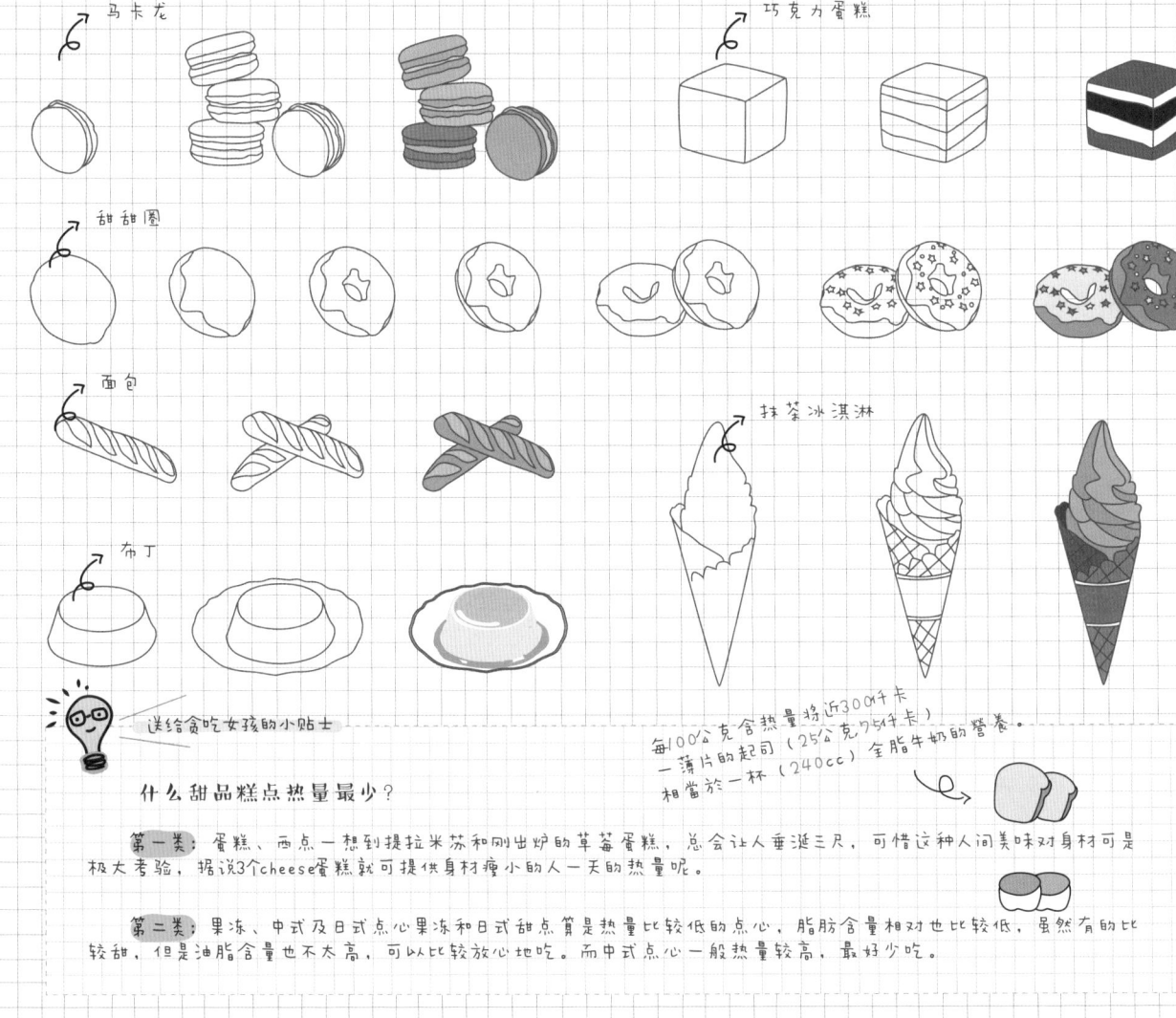

PART 2 各地工艺品

扫描延伸阅读

中国的京剧脸谱面具

换个表情、服装，一系列的套娃是不是就全部画出来啦！

俄罗斯套娃

日本招财猫

日式风铃

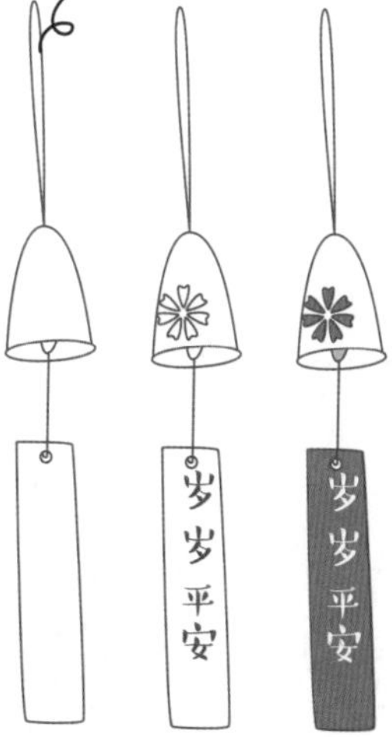

日式木屐

欧洲电话亭玩具

万能的淘宝店，有很多这种日式风铃在售卖！

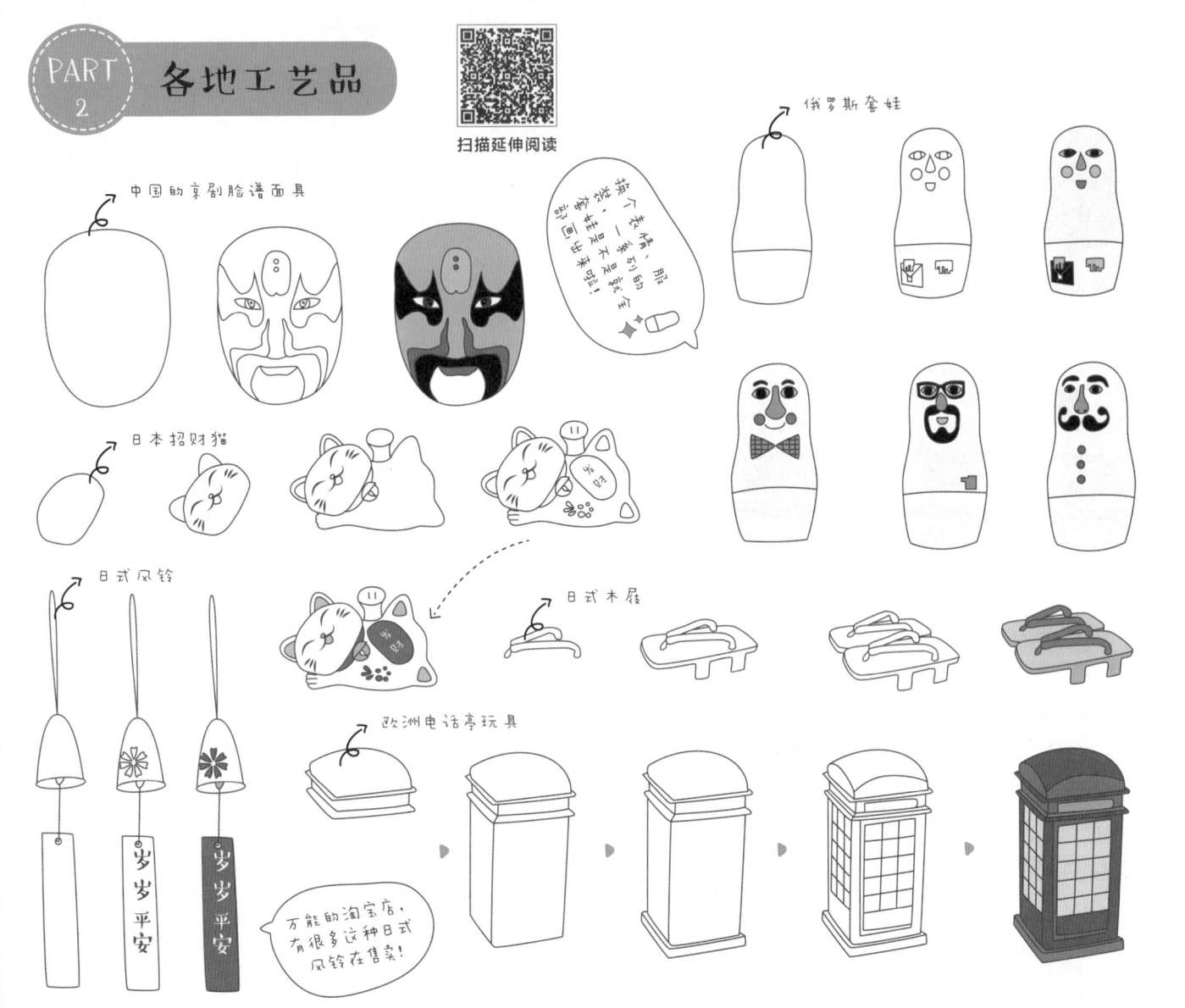

第一步：首先绘制水晶球里面的娃娃，可以寻找一些水晶球的素材进行绘制，当然也可以将自己绘制进水晶球。

绘制头部外轮廓。

绘制发型及耳朵位置。

绘制侧脸轮廓。

绘制五官。

绘制上身动作及裙子。

绘制腿部。

第二步：绘制水晶球的外轮廓。

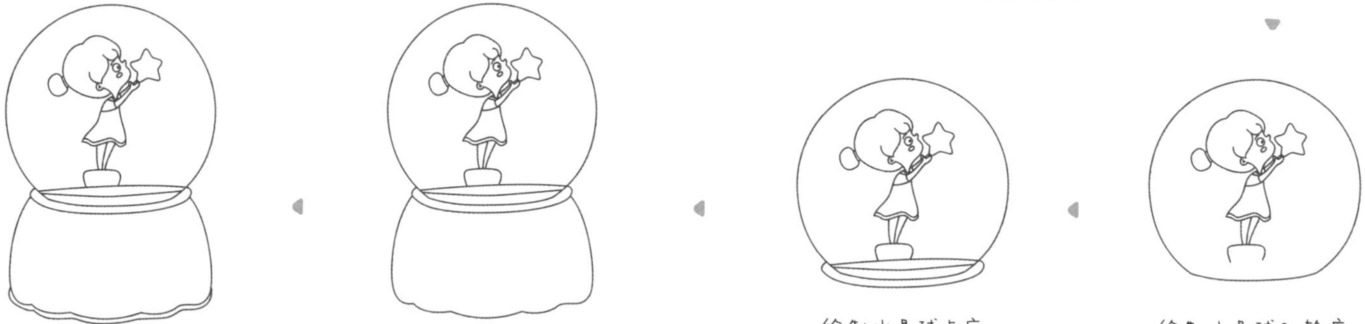

绘制水晶球的轮廓。

绘制水晶球与底座的连接处。

绘制水晶球底座。

绘制水晶球底座细节。

绘制装饰物。

完成上色。

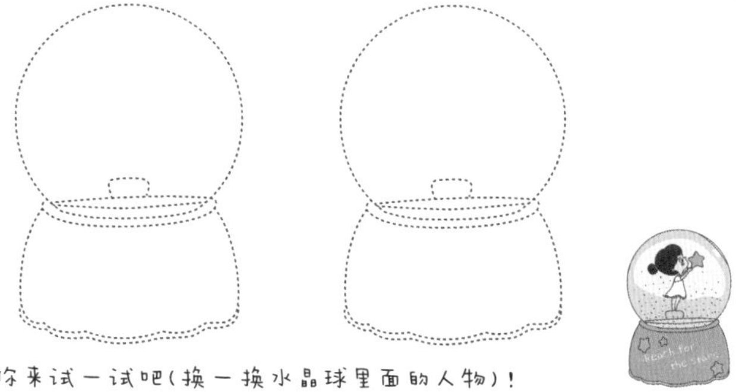

你来试一试吧（换一换水晶球里面的人物）！

第一步：首先绘制音乐盒里面旋转的娃娃。

绘制发型及脸型。

绘制五官轮廓。

绘制上身动作。

绘制芭蕾裙。

绘制腿部。

完成上色。

第二步：绘制音乐盒的造型。

绘制用于翻转的铁片。

开始绘制音乐盒的盒体。

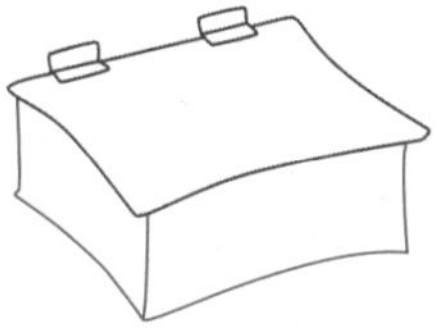

绘制音乐盒的立体造型

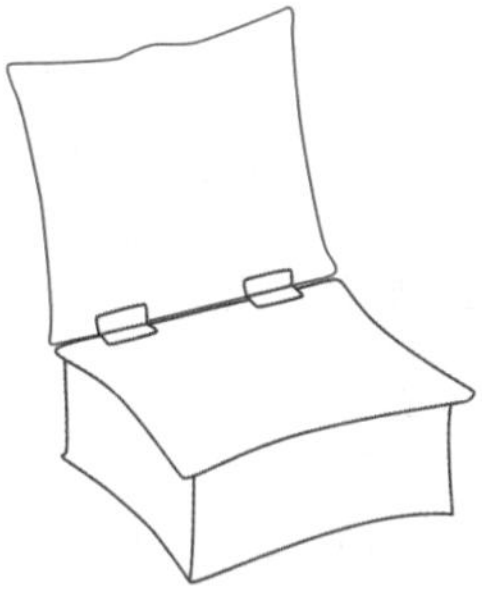

绘制音乐盒的盖子。

绘制音乐盒优雅的底座。

绘制小舞台。

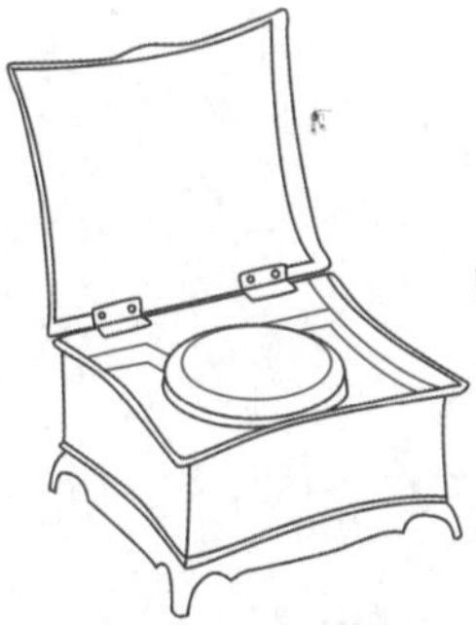

绘制内部细节。

绘制镜子及抽屉。

+

=

完成上色。